高等职业教育计算机类系列教材

路由交换技术

主　编　谭营军　娄松涛
副主编　张　艳　韩　敏
参　编　丁玉涛

机械工业出版社

本书共10个项目，详细介绍了路由和交换的相关技术。主要内容包括路由器和交换机的基本软硬件组成、IOS系统文件及基本的设备配置命令、交换机的工作原理及基本配置、VLAN技术及配置、交换网络中的链路冗余及生成树协议、路由器的相关概念、配置RIP、配置OSPF、路由策略与优化、配置ACL和网络地址转换。在具体章节上融合下一代互联网技术，以适应行业发展需求，如在介绍路由基础知识的时候加入了IPv6的相关配置，在配置RIP章节中加入了RIPng的相关内容，在配置OSPF章节中加入了OSPFv3的介绍和配置。本书以项目任务的形式展开基础知识的讲解，并配有真实的项目实例，既便于教师课堂讲授演示，又适合学生对照进行上机操作学习。同时在每章最后都配有习题和实训内容，用来巩固和应用重要概念及加强学生对章节内容的理解，也便于教师更好地开展实训。

本书内容丰富、层次清晰、通俗易懂、图文并茂、易教易学，注重知识性、基本原理和方法的介绍，更注重上机实践环节。本书适合高职院校计算机网络技术、计算机应用技术和计算机通信等专业使用，也可作为中等职业院校和各类计算机培训班的教材和自学参考书。

为方便教学，本书配备电子课件等教学资源。凡选用本书作为教材的教师均可登录机械工业出版社教育服务网 www.cmpedu.com 免费下载。如有问题请致信 cmpgaozhi@sina.com，或致电 010-88379375 联系营销人员。

图书在版编目（CIP）数据

路由交换技术/谭营军，娄松涛主编. —北京：机械工业出版社，2017.1（2025.7重印）
高等职业教育计算机类系列教材
ISBN 978-7-111-55724-1

Ⅰ.①路… Ⅱ.①谭… ②娄… Ⅲ.①计算机网络-路由选择-高等职业教育-教材 ②计算机网络-信息交换机-高等职业教育-教材 Ⅳ.①TN915.05

中国版本图书馆CIP数据核字（2016）第306564号

机械工业出版社（北京市百万庄大街22号 邮政编码100037）
策划编辑：刘子峰 责任编辑：刘子峰
责任校对：张晓蓉 封面设计：陈 沛
责任印制：常天培
河北虎彩印刷有限公司印刷

2025年7月第1版·第9次印刷
184mm×260mm·13.75印张·346千字
标准书号：ISBN 978-7-111-55724-1
定价：39.00元

电话服务 网络服务
客服电话：010-88361066 机 工 官 网：www.cmpbook.com
010-88379833 机 工 官 博：weibo.com/cmp1952
010-68326294 金 书 网：www.golden-book.com

机工教育服务网：www.cmpedu.com

前 言

随着计算机应用技术和网络技术的迅速发展和日益普及，计算机网络已经成为人们生活的一个重要组成部分，培养大批熟练掌握网络技术的高端技能型人才是当今社会发展的迫切需要。“路由交换技术”是一门实践性非常强的课程，要想掌握网络设备的配置及应用技术，必须在学习一定理论知识的基础上，以实际的项目为依托进行训练，做到理论与实践相结合，方能取得理想的学习效果。

本书是结合“计算机网络技术”省级特色专业建设项目、河南省职业教育特色院校建设项目的要求所申请的教材建设项目，编者长期从事计算机网络技术专业的教学工作，在进行深度校企合作和教学改革实践的基础上，作为项目研究成果，旨在推出一本能体现网络技术技能型人才培养目标与特色的项目化教材。本书在编写过程中，摒弃了枯燥的理论体系，采用项目任务式架构呈现课程内容。在内容和形式上，力求学以致用、简繁适度、突出重点。

本书共包括 10 个项目，分别是 IOS 配置基础、交换机配置基础、配置虚拟局域网、STP 原理与配置、路由器配置基础、配置 RIP、配置 OSPF、路由策略与优化、配置 ACL 实现流量过滤和网络地址转换。每个项目中包含情境引入、学习目标、任务分解、项目小结、项目练习和项目实训。全书图文并茂、条理清晰、通俗易懂、内容丰富，通过配备的大量综合实例和练习，让读者在不断的实际操作中更加牢固地掌握书中讲解的内容。

本书由河南职业技术学院的谭营军和娄松涛担任主编，负责组织策划工作，张艳和韩敏担任副主编，丁玉涛参加编写。其中，项目 1、项目 5 和项目 8 由谭营军编写；项目 9 和项目 10 由娄松涛编写；项目 6 和项目 7 由张艳编写；项目 2、项目 3 和项目 4 由韩敏编写；各章项目实训由丁玉涛编写。

由于作者水平有限，书中难免有不妥和错误之处，欢迎广大读者批评指正。

编 者

目　录

项目1　IOS配置基础

在常见的企业网络中，网络设备和终端设备通过整合，用来提供专门的服务。台式机和便携式计算机等终端设备使用数据线连接到网络交换机，将数据包发送到本地网络之外，网络交换机要连接到网络路由器。网络上的其他基础设施或设备包括无线接入点和专用安全设备，如防火墙。

每种设备的硬件、用途和功能都大不相同。但是无论哪种情况，能够让硬件运行的是操作系统（Operating System，OS）。连接到Internet的所有最终用户和网络设备几乎都要使用操作系统。最终用户设备包括智能手机、平板电脑、台式机和便携式计算机等。网络设备是指用于通过网络传输数据的设备，包括交换机、路由器、无线接入点和防火墙。网络设备上的操作系统称为网络操作系统（Internet OS，IOS）大多数网络设备，无论其大小和种类如何，都离不开IOS。

本章学习目标

1）了解IOS的作用。
2）掌握网络设备上配置文件的作用及配置方法。
3）掌握基本IOS命令的作用和使用方法。
4）掌握对网络设备的IOS进行备份和恢复的方法。

任务1　了解IOS

类似于计算机，路由器和交换机也需要操作系统才能运行。如果没有操作系统，硬件什么事都做不了。Cisco IOS就是为Cisco（思科）设备配备的系统软件。它是Cisco的一项核心技术，应用于Cisco的大多数产品系列。大多数Cisco设备，无论其大小和种类如何，都离不开Cisco IOS，如路由器、局域网交换机、小型无线接入点、具有几十个接口的大型路由器以及许多其他设备。

1.1.1　操作系统概述

连接到Internet的所有终端设备和网络设备需要使用操作系统来帮助执行功能。计算机通电后，将通常位于磁盘驱动器中的操作系统加载到随机读写存储器（RAM）中。操作系统代码中直接与计算机硬件交互的部分称为内核；与应用程序和用户连接的部分则称为外壳（Shell）。用户可以使用命令行界面（CLI）或图形用户界面（GUI）与Shell交互。

使用CLI即用户在命令行提示符下使用键盘输入命令，从而在基于文本的环境中与系统直接交互。系统执行命令通常提供文本输出。GUI让用户能够在使用图形图像、多媒体和文字的环境中与系统交互。GUI比CLI的用户友好性更高，用户只需较少的命令结构知识就能使用系统。由于这个原因，很多用户都依赖于GUI环境。许多操作系统既提供GUI也提供CLI。

家用路由器的操作系统通常称为固件。配置家用路由器的常用方法是使用Web浏览器访问一个易于使用的 GUI。发现新功能或安全漏洞时，大多数家用路由器支持更新固件。中间网络设备使用 IOS，如 Cisco 设备使用的网络操作系统名为 Cisco IOS，访问这些设备的最常用方法是使用 CLI。其他品牌的网络设备也使用 CLI，如 H3C、锐捷等。

1.1.2 操作系统的用途

网络操作系统在许多方面都类似于 PC 操作系统。操作系统在“幕后”执行许多技术功能，让用户能够：

1）使用鼠标。

2）在显示器上查看输出。

3）输入文本命令。

4）在对话框窗口中选择选项。

交换机和路由器的“幕后”功能非常相似。交换机和路由器上的 IOS 为网络技术人员提供一个界面。技术人员可以输入命令来配置设备或为设备编程，使其执行各种网络功能。不同网络设备的 IOS 运行细节不尽相同，具体取决于设备的用途和支持的功能。

Cisco IOS 有许多不同的变体：

1）用于交换机、路由器和其他 Cisco 网络设备的 IOS。

2）用于特定 Cisco 网络设备的 IOS 编号版本。

3）提供不同功能和服务软件包的 IOS 功能集。

网络设备需要运行 IOS 的特定版本。IOS 版本取决于使用的设备类型和所需的功能。所有设备都有默认的 IOS 和功能集，但可以升级 IOS 版本或功能集，以获得更多的功能。

1.1.3 IOS 的存储位置

IOS 文件本身大小为几兆字节，它存储在称为闪存的半永久存储器区域中。闪存可提供非易失性存储，这意味着这种存储器中的内容不会在设备断电时丢失。尽管断电时闪存中的内容不会丢失，但必要时可以更改或覆盖闪存内容，这样可将 IOS 升级到新版本或添加新功能，而无须更换硬件。此外，闪存可以同时存储多个 IOS 软件版本。

在许多 Cisco 设备中，在设备启动时，IOS 将从闪存复制到 RAM。在设备工作时，IOS 从 RAM 中运行。RAM 具有许多功能，包括存储设备用于支持网络运行的数据。运行 RAM 中的 IOS 可以提高设备性能，但是由于重新通电时数据会丢失，因此 RAM 被视为易失性存储器。重新通电是指设备被有意或意外断电再重新接通电源的过程。

特定 IOS 所需要的闪存和 RAM 容量差别很大。为了便于维护和规划网络，确定每个设备的闪存和 RAM 要求非常重要，这包括最大闪存和 RAM 配置。IOS 最新版本的要求可能超过某些设备可以安装的 RAM 和闪存。

1.1.4 IOS 的功能

路由器和交换机的 IOS 能够执行各种功能，网络专家凭借这些功能来使网络正常运行。路由器和交换机执行或支持的主要功能包括以下几个：

1）提供网络安全保障。

2）虚拟和物理接口的 IP 编址。

3）启用接口特定配置来优化对应介质的连接。

4）路由。

5）启用服务质量（QoS）技术。

6）支持网络管理技术。

7）帧交换和数据包转发。

每个功能或服务都有相关的配置命令集合，方便网络技术人员实施。IOS提供的服务通常是通过CLI来访问的。

1.1.5 配置文件

网络设备依靠下列两类软件才能运行：操作系统和配置文件。与任何一台计算机的操作系统一样，网络设备的操作系统有助于设备硬件组件的基本运行。配置文件包括IOS软件命令，这些命令用于自定义设备的功能。当系统启动时或在配置模式下从CLI输入命令时，就会通过IOS软件解析这些命令。

网络管理员通过创建配置文件来定义所需的设备功能。通常配置文件的大小为几百到几千字节。每台Cisco网络设备包含两个配置文件：

1）运行配置文件（running-configuration），用于设备的当前工作过程中；

2）启动配置文件（startup-configuration），用作备份配置，在设备启动时加载。

配置文件还可以存储在远程服务器上进行备份。

1. 启动配置文件

启动配置文件用于在系统启动过程中配置设备，存储在非易失性RAM（NVRAM）中。因为NVRAM具有非易失性，所以当设备关闭后，文件仍保持完好。每次路由器启动或重新加载时，都会将启动配置文件加载到内存中。该配置文件一旦加载到内存中，就被视为运行配置文件。

2. 运行配置文件

此配置文件一旦加载到内存中，即被用于运行网络设备。当网络管理员配置设备时，运行配置文件即被修改。修改运行配置文件会立即影响设备的运行。修改之后，管理员可以选择将更改保存到启动配置文件中，下次重启设备时将会使用修改后的配置。

因为运行配置文件存储在内存中，所以关闭设备电源或重新启动设备时，该配置文件会丢失。如果在设备关闭前，没有把对运行配置文件的更改保存到启动配置文件中，则这些更改也将会丢失。

1.1.6 访问IOS设备

可以通过多种方法访问IOS的CLI环境，最常见的方法有如下几种。

1. 控制台

控制台端口是一种管理端口，可通过该端口对设备进行带外访问。带外访问是指通过用于设备维护的专用管理通道进行访问。使用控制台端口的优势在于，即使没有配置任何网络服务，也可以访问设备，如执行网络设备的初始配置时，运行终端模拟软件的计算机使用特殊电缆连接到设备的控制台端口；用于设置交换机或路由器的配置命令可通过该计算机输入。

当网络服务出现故障导致无法远程访问设备时，也可以使用控制台端口。如果发生这种情况，连接到控制台将便于计算机确定设备的状态。默认情况下，控制台传达设备的启动、调试和错误信息。连接到设备后，网络技术人员可使用控制台会话执行任何配置命令。

对于很多IOS设备来说，默认情况下，控制台访问无需任何形式的安全措施。不过，若要防止未经授权的人员访问设备，应该为控制台配置密码。如果密码遗失，可通过一套特别规程来绕过密码以访问设备。此外，还应该将设备安放在上锁的房间或设备机架内，以防未经授权的人员接触设备。

控制台的主要使用情况如下：

1）初次配置网络设备。

2）在远程访问不可行时进行灾难恢复和故障排除。

3）口令恢复过程。

2. Telnet 和 SSH

控制台提供了在本地访问 IOS CLI 的方法，但还有一些远程访问 CLI 的方法：

1）Telnet。Telnet 是通过虚拟接口在网络中建立远程设备的 CLI 会话的方法。Telnet 会话要求设备启用了网络服务，这一点与控制台不同。必须至少给网络设备的一个活动接口配置 Internet 地址，如 IPv4 地址。IOS 设备包括一个 Telnet 服务器进程，让用户能够从 Telnet 客户端输入配置命令。除支持 Telnet 服务器进程外，IOS 设备还包含一个 Telnet 客户端，让网络管理员能够通过 Telnet 从设备 CLI 连接到其他任何支持 Telnet 服务器进程的设备。

2）SSH。SSH（Secure Shell）协议提供与 Telnet 相似的远程登录功能，不同之处在于，它使用更加安全的网络服务。SSH 提供比 Telnet 更严格的密码身份验证，并在传输会话数据时采用加密手段，这可使用户 ID、密码和管理会话的详细信息保持私密。作为最佳实践，应尽可能用 SSH 代替 Telnet。

大多数 IOS 版本都包括 SSH 服务器。在有些设备中，此服务默认被启用；而有些设备需要手动启动 SSH 服务器。IOS 设备还配备了 SSH 客户端，可用于建立到其他设备的 SSH 会话。

3. AUX 端口

建立远程 CLI 会话的传统方法是，使用连接到路由器辅助（AUX）端口的调制解调器进行拨号连接。类似于控制台，AUX 端口也是带外连接，且不需要在设备上配置或提供任何网络服务。在网络服务出现故障的情况下，远程管理员可以通过电话线访问交换机或路由器。

AUX 端口还有一点与控制台相似：也可以通过运行终端模拟程序的计算机直接连接到 AUX 端口，以从本地使用。然而，排除故障时应优先使用控制台端口而非 AUX 端口，因为控制台端口默认显示启动、调试和错误消息。

任务2　掌握 IOS 模式

1.2.1　IOS 模式概述

要配置、测试 Cisco 网络设备以及排除其故障，技术人员必须知道如何使用 Cisco IOS。本节介绍 IOS 模式相关的基本知识。

1. IOS 操作模式

连接设备后，就可以对该设备进行配置。网络技术人员必须在 IOS 的各种模式之间导航。交换机和路由器的 Cisco IOS 模式非常相似。对于这些模式，CLI 采用了分层结构。

按从最基本到最特殊的分层顺序，主要模式排列如下：

1）用户执行模式。

2）特权执行模式。

3）全局配置模式。

4）其他特定配置模式，如接口配置模式。

表 1-1 描述了这些 IOS 模式及其提示符。

表1-1 主要的IOS模式

模式	描述	提示符
用户执行模式	有限的路由器检查远程访问	Router>
特权执行模式	详细检查路由器调试和测试操作文件远程访问	Router#
全局配置模式	全局配置命令	Router(config)#
其他配置模式	特定服务或接口配置	Router(config-mode)#

每种模式都有独特的提示符，使用仅适用于该模式的一组特定命令来完成特定任务。例如，全局配置模式让技术人员能够配置影响整个设备的设置，如配置设备名称。然而，如果网络技术人员要配置交换机特定端口上的安全设置，则需要进入特定端口的接口配置模式。在接口配置模式下输入的所有配置仅适用于该端口。

配置分层结构可以提高安全性，每种分层模式可能需要不同的身份验证，这样可控制向网络技术人员授予的权限级别。

2. 主要模式

作为一项安全功能，Cisco IOS将执行会话分为两种权限模式。这两种主要的权限模式用在Cisco CLI层次结构中。两种模式具有相似的命令，只不过特权执行模式具有更高的执行权限级别。

（1）命令提示符

当使用CLI时，每种模式由该模式独有的命令提示符来标志。命令提示符位于命令行输入区的左侧，由词语和符号组成。默认情况下，每个提示符都以设备名称开头。设备名称后的部分用于表明模式。例如，某个路由器上全局配置模式的默认提示符可能是：

```
Router(config)#
```

当执行完命令且模式改变后，提示符会相应改变以反映出当前上下文。例如，下面显示在用户执行模式下，执行ping命令：

```
Router>ping 192.168.10.5
```

下面的命令在终端上显示运行文件的内容：

```
Router#show running-config
```

下面的命令在特权模式下执行，将允许输入可以改变运行配置文件的命令：

```
Router#config terminal
```

下面的命令将进入特定的接口配置模式：

```
Router(config)#Interface FastEthernet0/1
```

下面的命令为特定接口配置IP地址和子网掩码：

```
Router(config-if)#ip address 192.168.10.1 255.255.255.0
```

（2）用户执行模式

用户执行模式功能有限，但可用于有效执行某些基本操作。用户执行模式处于模式化层次结构的顶部。此模式是IOS路由器CLI的第一个入口。

用户执行模式仅允许数量有限的基本监控命令，因此又称为仅查看模式。用户执行级别不允许执行任何可能改变设备配置的命令。

默认情况下，从控制台访问用户执行模式时无须身份验证。一种好的做法是确保在初始配置期间配置了身份验证。

用户执行模式由采用“ >”符号结尾的 CLI 提示符标志。下例所示的提示符即包含“ >”符号：

```
Switch >
```

（3）特权执行模式

管理员若要执行配置和管理命令，需要使用特权执行模式或处于其下级的特定模式。

特权执行模式由采用“#”符号结尾的提示符标志，例如：

```
Switch#
```

默认情况下，特权执行不要求身份验证。好的做法应确保配置身份验证。

全局配置模式和其他所有的具体配置模式只能通过特权执行模式访问。

（4）在用户执行模式和特权执行模式间转换

enable 和 disable 命令用于使 CLI 在用户执行模式和特权执行模式间转换。

要访问特权执行模式，请使用 enable 命令。特权执行模式有时也称为使能模式。

用于输入 enable 命令的语法为：

```
Router >enable
```

此命令无需参数或关键字。一旦按下 <Enter> 键，路由器提示符即变为：

```
Router#
```

提示符结尾处的“#”表明该路由器现在处于特权执行模式。

如果为特权执行模式配置了身份验证口令，则 IOS 会提示输入口令。例如：

```
Router >enable
password:
Router#
```

disable 命令用于从特权执行模式返回到用户执行模式，例如：

```
Router#disable
Router >
```

1.2.2 基本 IOS 命令结构

每个 IOS 命令都具有特定的格式或语法，并在相应的提示符下执行。命令大小写不敏感，常规命令语法为命令字后接相应的关键字和参数。

关键字和参数同时提供额外功能并用于向命令解释程序描述特定参数。例如，show 命令用于显示设备信息，有一些可用的关键字来设定想查看的特定信息。如可以在 show 命令后跟关键字 running-config，此关键字指明输出显示运行配置文件：

```
Switch#show running-config
```

有些命令不需要参数。参数一般不是预定义的词，这一点与关键字不同。参数是由用户定义的值或变量。例如，要使用 description 命令为接口应用描述，可输入类似下列的命令行：

```
Switch(config-if)#description MainHQ Office Switch
```

其中，命令为 description，参数为 MainHQ Office Switch。该参数由用户定义。对于此命令，参数可以是长度不超出 80 个字符的任意文本字符串。

输入命令，包括关键字和参数之后，按 <Enter> 键将该命令提交给命令解释程序。命令字后是空格或关键字或参数。

表 1-2 所示为 IOS 命令文档中的一些约定。

表 1-2 IOS 约定

约 定	说 明
黑体字	表示命令和关键字，精确显示输入内容
斜体字	表示参数值由用户输入
[X]	中括号中包含可选内容（关键或参数）
|	表示在可选的或必填的关键字或参数中进行选择
[X|Y]	中括号中以垂直线分割关键字或参数表示可选
{X|Y}	大括号中以垂直线分割关键字或参数表示必填

例如，ping 命令的语法格式如下：

```
Router>ping IP 地址
```

填上参数的例子：

```
Router>ping 10.10.10.5
```

此例中命令为 ping，参数则为 IP 地址。

同理，traceroute 命令的语法格式如下：

```
Switch>traceroute IP 地址
```

填上参数的例子：

```
Switch>traceroute 192.168.254.254
```

此例中命令为 traceroute，参数则为 IP 地址。

命令用于执行操作，关键字则用于确定执行命令的位置或方式。

例如，description 命令的语法格式如下：

```
Router(config-if)#description 字符串
```

填上参数的例子：

```
Switch(config-if)#description Interface to Building a LAN
```

此例中命令为 description，应用到该接口的参数则为文本字符串 Interface to Building a LAN。description 命令是一个基本的标记命令，将显示在配置文件中，用来帮助文档记录和排错。

1.2.3 使用 CLI 帮助

IOS 提供了多种形式的帮助，下面分别进行介绍。

1. 对上下文敏感的帮助

对上下文敏感的帮助在当前模式的上下文范围内提供一个命令列表，该列表有一系列命令及其相关参数。要访问对上下敏感帮助，请在任何提示符后输入一个问号（?）。系统会立即响应，无须按 <Enter> 键。

对上下文敏感的帮助的用处之一就是获取可用命令的列表。当不确定某个命令的名称时，或想知道 IOS 在特定模式下是否支持特定命令时，它就可以派上用场了。例如，要列出用户执行级别下可用的命令，请在 Router > 提示符后键入一个问号（?）：

```
Router >?
```

上下文相关的帮助的另一个用处是显示以特定字符或字符组开头的命令或关键字列表。输入一个字符序列后，如果紧接着输入问号（不带空格），则 IOS 将显示一个命令或关键字列表。例如，输入“sh?”可获取一个命令列表，该列表中的命令都以字符序列 sh 开头。

最后，还有一类上下文相关的帮助用于确定哪些选项、关键字或参数可以设定命令匹配。当输入命令时，输入一个空格，紧接着再输入一个问号（?）可确定随后可以或应该输入的内容。在例 1-1 中，利用 clock 命令可以仔细观察 CLI 的帮助是如何工作的。

【例 1-1】 clock 命令示例。

```
Router#cl?

Clear clock
Router#clock ? Set set the time and date
Router#clock set
Router#clock set ?

Hh:mm:ss current time
Router#clock set 19:50:00
Router#clock set 19:50:00 ?

 <1 -31 > Day of the month
MONTH Month of the year
Router#clock set 19:50:00 25 6
Router#clock set 19:50:00 25 June
Router#clock set 19:50:00 25 June ?

 <1993 -2035 > Year
Router#clock set 19:50:00 25 June 2007
Cisco#
```

2. 命令语法检查

当通过按 <Enter> 键提交命令后，命令行解释程序从左向右解析该命令，以确定用户要求执行的操作。如果解释程序可以理解该命令，则用户要求执行的操作将被执行，且 CLI 将返回到相应的提示符。然而，如果解释程序无法理解用户输入的命令，它将提供反馈，说明该命令存在的问题。

错误消息分为以下 3 类：

1）命令不明确。

2）命令不完整。

3）命令不正确（无效输入）。

IOS返回不明确消息表明输入的字符不足，命令解释器无法识别该命令。例如：

```
Switch#C
%Ambiguous command: 'c'
```

IOS返回不完整错误消息，指明命令行尾需要关键字或参数。例如：

```
Switch#clock set

%Incomplete command
Switch#clock set 19:50:00

%Incomplete command
```

IOS返回（^）符号，指明命令解释器不能解释此命令。例如：

```
Switch#clock set  19:50:00 25 6
%Invalid input detected at |^|marker.
```

表1-3显示了命令语法检查帮助。

表1-3 命令语法检查帮助

错误消息	含义	示例	获取帮助的方法
%Ambiguous command:'command'	输入的字符不足，致使IOS无法识别该命令	Switch#c % Ambiguous command:'c'	重新输入该命令，后跟问号（?），命令与问号之间不留空格。使用该命令可输入的所有关键字都会显示
%Incomplete command	未输入必填的全部关键字或参数	Switch#clock set %Incomplete command	重新输入该命令，后跟问号（?），最后一个字后留一个空格。此时会显示必填的关键字或参数
%Invalid input detected at |^|marker	命令输入不正确。显示插入标志（^）的位置出现了该错误	Switch#clock set 19:50:00 25 6 |^| %Invalid input detected at |^|marker	在“^”标记所指的位置重新输入该命令，后跟问号（?）。可能还需要删除最后的关键字或参数

3. 快捷键和快捷方式

IOS CLI提供快捷键和快捷方式，以便配置、监控和排除故障。表1-4列出了大多数快捷方式，分成3个部分：第一部分是CLI的编辑快捷键；第二部分是当在终端机上看到-More-提示符时可用的快捷方式（当一条命令的输出在一屏显示不下时，屏幕底端会出现此符号）；最后一部分是用来终止命令序列的快捷键。

表 1-4　快捷键和快捷方式

快捷键	说　明
CLI 行编辑	
Tab	补全部分输入的命令项
Backspace	删除光标左边的字符
Ctrl + D	删除光标所在的字符
Ctrl + K	删除从光标到命令行尾的所有字符
Esc D	删除光标所在词里的所有字符
Ctrl + U 或 Ctrl + X	删除从光标到命令行首的所有字符
Ctrl + W	删除光标左边的单字
Ctrl + A	将光标移至行首
←或 Ctrl + B	将光标左移一个字符
Esc F	将光标左移一个单词
→或 Ctrl + F	将光标右移一个字符
Ctrl + E	将光标移至行尾
↑或 Ctrl + P	调出历史记录缓冲区的命令，从最近输入的命令开始
Ctrl + R、Ctrl + I 或 Ctrl + L	收到控制台命令后重新显示系统提示符合命令行
-more-提示符	
Enter	显示下一行
空格键	显示下一屏
其他任何字母键	返回 EXEC 模式
终止键	
Ctrl + C	在任何配置模式下，结束该配置模式并返回特权执行模式。在设置模式下，放弃并返回命令提示符
Ctrl + Z	处于任何配置模式下，结束配置模式返回到特权 EXEC 模式
Ctrl + Shift + 6	全能终止命令序列，用于终止 DNS lookups、tracerouter、ping 命令

注意：“Ctrl + 字母键”表示按住 < Ctrl > 键的同时再按其他字母键；对 escape 序列命令，则是先按 < Esc > 键并释放，再按其他字母键。

下面详细介绍几个特别有用的快捷方式：

（1）Tab

Tab 键用于补全缩写命令或战参数。当已输入足够字符，可以唯一确定命令或关键字时，请按 < Tab > 键，CLI 即显示该命令或参数剩下的部分。

此技巧在学习过程中很有用，因为它可以让用户看到命令或关键字的完整词语。

（2）Ctrl + R

按 < Ctrl + R > 键来重新显示命令行。例如，IOS 可能会在键入命令行的过程中向 CLI 返回一条消息。可以按 < Ctrl + R > 键来刷新该行，这样无须重新键入该行。

在此例中，在输入命令的过程中返回了一条与接口故障相关的消息。

```
Switch#show mac-

16w4d:%LINK-5-CHANGED:Interface FastEthernet0/10,changed state to down
16w4d:%LINEPROTO-5UPDOWN:Line protocol on Interface FastEthernet0/10,changed
state to down
```

要重新显示刚才正在键入的行，可以再次按 <Ctrl + R> 键：

```
Switch#show mac-
```

（3）Ctrl + Z

退出配置模式并返回特权执行模式，请按 <Ctrl + Z> 键。因为 IOS 具有分层次的模式结构，有时用户会发现自己处于很下层的层次中。要想返回处于顶层的特权执行提示符，无须逐级退出，只要按 <Ctrl + Z> 键即可直接返回顶级的 EXEC 模式。

（4）向上和向下方向键

Cisco IOS 软件将用户之前键入的几个命令和字符保存在缓冲区中，以供用户重新调出。缓冲区可重复键入命令而无须重新输入。使用特定的按键序列可以在这些保存在缓冲区中的命令间滚动。向上方向键（Ctrl + P）用于显示输入过的前一个命令。每次按这个键时，将依次显示较早输入的一个命令。向下方向键（Ctrl + N）用于依次显示命令历史记录中较晚输入的一个命令。

（5）Ctrl + Shift + 6

当从 CLI 启动一个 IOS 进程（例如 ping 或 traceroute）后，该命令会运行到完成或被中断为止。当该进程正在运行时，CLI 无响应。要中断输出并与 CLI 交互，请按 <Ctrl + Shift + 6> 键，再按 <X> 键。

（6）Ctrl + C

按 <Ctrl + C> 键，可终止命令的输出并退出配置模式。当正在输入命令，但决定取消该命令并退出配置模式时，可使用此快捷键。

（7）缩写命令或关键字

命令和关键字可缩写为可唯一确定该命令或关键字的最短字符数。例如，configure 命令可缩写为 conf，因为 configure 是唯一一个以 conf 开头的命令；但不能缩写为 con，因为以 con 开头的命令不止一个。关键字也可缩写。

又如，show interfaces 可以缩写为：

```
Router#show interfaces
Router#show int
```

还可以同时缩写命令和关键字，例如：

```
Router#sh int
```

1.2.4 IOS 检查命令

若要验证网络是否正常工作并排除故障，必须检查设备的工作情况。show 是基本的检查命令。

此命令有许多不同的变体。随着使用 IOS 的技能逐步提升，后续将学习使用 show 命令并解释其输出。可使用 show? 命令来获得可在当前上下文或模式下使用的命令的列表。

一些常用的 show 命令如下。

show arp：显示设备的 arp 表。

show mac-address-table：（只用于交换机）显示交换机的 MAC 表。

show startup-config：显示 NVRAM 中存储的配置文件。

show running-config：显示当前运行的配置文件或特定接口、map class 的配置信息。

show ip interfaces：显示路由器上所有接口的统计信息。要查看某个接口的信息，在 show ip interfaces 命令后跟接口的插槽/端口号。此命令的另一重要形式是 show ip interface brief，可以获得接口及其运行状态的摘要信息，见例 1-2。

【例 1-2】 show ip interface brief 命令示例。

```
Router#show ip interface brief

Interface IP-Address OK? Method Status Protocol
FastEthernet0/0 172.16.255.254 YES manual up up FastEthernet0/1 unassigned YES
unset down down
Serial0/0/0 10.10.10.5 YES manual up up
Serial0/0/1 unassigned YES unset down down
```

下面介绍两种最常用的 show 命令。

（1） show interfaces

show interfaces 命令用于显示设备上所有接口的统计信息。要查看某个具体接口的统计信息，请输入 show interfaces 命令，后接具体的接口的插槽/端口号。例如：

```
Router#show interfaces serial0/1
```

（2） show version

show version 命令用于显示当前加载的软件版本以及硬件和设备相关的信息。此命令显示的部分信息如下。

软件版本：IOS 软件版本（存储在闪存中）。

Bootstrap 版本：Bootstrap 版本（存储在引导 ROM 中）。

系统持续运行时间：自上次重新启动以来的时间。

系统重新启动信息：重新启动方法（如重新通电或崩溃）。

软件映像名称：存储在闪存中的 IOS 文件名。

路由器类型和处理器类型：型号和处理器类型。

存储器类型和分配情况（共享/主）：主处理器内存和共享数据包输入/输出缓冲区。

软件功能：支持的协议/功能集。

硬件接口：路由器上提供的接口。

配置寄存器：用于确定启动规范、控制台速度设置和相关参数。

任务 3　利用 IOS 进行基本配置

现在要准备在 Cisco 路由器和交换机上使用基本 IOS 命令建立配置文件了。下面将介绍有关为 Cisco 设备命名、用口令和登录标语管理访问、管理配置文件和配置设备接口的知识。

1.3.1　命名设备

CLI 提示符中会使用主机名。如果未明确配置主机名，则路由器会使用出厂时默认的主机名

Router。交换机的出厂默认主机名为Switch。想象一下，如果网际网络中的多个路由器都采用默认名称Router，将会在网络配置和维护时造成巨大的混乱。

当使用Telnet或SSH访问远程设备时，必须确认已向正确的设备进行了连接。如果所有设备都采用其默认名称，就无法确定连接的是不是正确的设备。

通过谨慎的选择并记录名称，就容易记住、讨论和识别网络设备。要采用一致有效的方式命名设备，需要在整个公司（或至少在整个机房内）建立统一的命名约定。比较好的做法是在建立编址方案的同时建立命名约定，以在整个组织内保持良好的连续性。

在命名设备时，有如下一些规则：

1）以字母开头。

2）不包含空格。

3）以字母或数字结尾。

4）仅由字母、数字和短下划线组成。

5）长度不超过63个字符。

IOS设备中所用的主机名会保留字母的大小写状态。因此，可以像平常那样采用大写字母表示名称。这与大多数Internet命名方案不区分大小写字母所不同。RFC 1178为用户提供了一个规则可作为设备命名的参考。作为设备配置的一部分，应该为每台设备配置一个特有的主机名。

一旦确定命名约定后，接下来的步骤就是使用CLI将名称应用到路由器。从特权执行模式中输入configure terminal命令进入全局配置模式：

```
Router#configure terminal
```

命令执行后，提示符会变为：

```
Router(config)#
```

在全局配置模式下，输入主机名：

```
Router(config)#hostname R1
```

命令执行后，提示符会变为：

```
R1(config)#
```

请注意，该主机名出现在提示符中。要退出全局配置模式，请使用exit命令。

每次添加或修改设备时，请确保更新相关文档。请在文档中通过地点、用途和地址来标志设备。

要消除命令的影响，请在该命令前面添加no关键字。例如，要删除某设备的名称，请使用：

```
R1(config)#no hostname
Router(config)#
```

请注意，no hostname命令使该路由器恢复到其默认主机名Router。

1.3.2　配置密码和标语

使用机柜和上锁的机架物理上限制人员实际接触网络设备是不错的做法，但口令仍是防范未经授权的人员访问网络设备的主要手段。必须从本地为每台设备配置口令以限制访问。

IOS使用分层模式来提高设备安全性。作为此安全措施的一部分，IOS可以通过不同的口令来提供不同的设备访问权限。

常用的口令有以下几种。

1）控制台口令：用于限制通过控制台连接的访问。

2）使能口令：用于限制访问特权执行模式。

3）使能加密口令：经加密，用于限制访问特权执行模式。

4）VTY 口令：限制通过 Telnet 的访问。

好的做法应该为这些权限级别分别采用不同的身份验证口令。尽管使用多个不同的口令登录不太方便，但这是防范未经授权的人员访问网络基础设施的必要预防措施。

此外，应使用不容易猜到的强口令。使用弱口令或容易猜到的口令一直是商业世界中无处不在的安全隐患。

选择口令时请考虑下列关键因素：

1）口令长度应大于 8 个字符。

2）在口令中组合使用小写字母、大写字母和数字序列。

3）避免为所有设备使用同一个口令。

4）避免使用常用词语，如 password 或 administrator，因为这些词语容易被猜到。

当提示用户输入口令时，不会将用户输入的口令显示出来。换句话说，键入口令时，口令字符不会出现。这么做是出于安全考虑，因为很多口令都是因遭偷窥而泄漏的。

1. 控制台口令

Cisco IOS 设备的控制台端口具有特别权限。作为最低限度的安全措施，必须为所有网络设备的控制台端口配置强口令。这可降低未经授权的人员将电缆插入设备来访问设备的风险。

可在全局配置模式下使用下列命令来为控制台线路设置口令：

```
Switch(config)#line console 0
Switch(config-line)#password 密码
Switch(config-line)#login
```

命令 line console 0 用于从全局配置模式进入控制台线路配置模式。其中 0 代表路由器的第一个（而且在大多数情况下是唯一的一个）控制台接口。

password 命令用于为一条线路指定口令。

login 命令用于将路由器配置为在用户登录时要求身份验证。当启用了登录且设置了口令后，设备将提示用户输入口令。

一旦这 3 个命令执行完成后，每次用户尝试访问控制台端口时，都会出现要求输入口令的提示。

2. enable 口令和 enable 加密口令

enable password 命令或 enable secret 命令可提供更多的安全性。使用这两个命令设置的口令都可用于在用户访问特权执行模式（使能模式）前进行身份验证。

请尽可能使用 enable secret 命令，而不要使用较老版本的 enable password 命令。enable secret 命令可提供更强的安全性，因为使用此命令设置的口令会被加密。enable password 命令仅在尚未使用 enable secret 命令设置口令时才能使用。

如果设备使用的 Cisco IOS 软件版本较旧，无法识别 enable secret 命令，则可使用 enable password 命令。

以下命令用于设置口令：

```
Router(config)#enable password password
```

```
Router(config)#enable secret password
```

如果 enable password 或 enable secret 均未设置，则 IOS 将不允许用户通过 Telnet 会话访问特权 EXEC 模式。

若未设置 enable password，Telnet 会话将作出如下响应：

```
Switch >enable
%No password set
Switch >
```

3. VTY 口令

VTY 线路使用户可通过 Telnet 访问路由器。许多 Cisco 设备默认支持 5 条 VTY 线路，这些线路的编号为 0 到 4。所有可用的 VTY 线路均需要设置口令。可为所有连接设置同一个口令。然而，理想的做法是为其中的一条线路设置不同的口令，这样可以为管理员提供一条保留通道，当其他连接均被使用时，管理员可以通过此保留通道访问设备以进行管理工作。

下列命令用于为 VTY 线路设置口令：

```
Router(config)#line vty 0 4
Router(config-line)#password 密码
Router(config-line)#login
```

默认情况下，IOS 自动为 VTY 线路执行了 login 命令，这可防止设备在用户通过 Telnet 访问设备时不事先要求其进行身份验证。如果用户错误的使用了 no login 命令，则会取消身份验证要求，这样未经授权的人员就可通过 Telnet 连接到该线路，这是一项重大的安全风险。

4. 口令显示加密

另一个很有用的命令可在显示配置文件时防止将口令显示为明文，此命令是 service password-encryption。它可在用户配置口令后使口令加密显示。另外，service password-encryption 命令对所有未加密的口令进行弱加密。当通过介质发送口令时，此加密手段不适用，它仅适用于配置文件中的口令。此命令的用途在于防止未经授权的人员查看配置文件中的口令。

如果在尚未执行 service password-encryption 命令时执行 show running-config 或 show startup-config 命令，则可在配置输出中看到未加密的口令。然后可执行 service password-encryption 命令，执行完成后，口令即被加密。口令一旦加密，即使取消加密服务，也不会消除加密效果。

5. 标语消息

尽管要求用户输入口令是防止未经授权的人员进入网络的有效方法，但同时必须向试图访问设备的人员声明仅授权人员才可访问设备。出于此目的，可向设备输出中加入一条标语。

标语的确切内容或措辞取决于当地法律和企业政策。下面列举几例可用在标语中的信息：

1）仅授权人员才可使用设备（Use of the device is specifically for authorized personnel）。

2）活动可能被监控（Activity may be monitored）。

3）未经授权擅自使用设备将招致诉讼（Legal action will be pursued for any unauthorized use）。

因为任何试图登录的人员均可看到标语，因此标语信息应该谨慎措辞。任何暗含“欢迎登录”或“邀请登录”意味的词语都不合适。如果标语有邀请意味，则当某人未授权进入网络并进行破坏后，会很难举证。

标语应清楚说明仅允许授权人员访问设备。此外，标语可以涉及影响所有网络用户的信息，例如系统关机安排和其他信息。

IOS 提供多种类型的标语，当日消息（MOTD）就是其中常用的一种。它常用于发布法律通知，因为它会向连接的所有终端显示。

MOTD 在全局配置模式下通过输入 banner motd 命令来配置：

```
Switch(config)#banner motd # message #
```

一旦命令执行完毕，系统将向之后访问设备的所有用户显示该标语，直到该标语被删除为止。

1.3.3 管理配置文件

修改运行配置文件会立即影响设备的运行。下面介绍用于管理配置文件的一些命令。例如，更改该配置后，可考虑选择下列后续步骤：

1）使更改后的配置成为新的启动配置。

2）使设备恢复为其原始配置。

3）脱机备份配置文件。

4）删除设备中的所有配置。

5）利用文本捕获（HyperTerminal 或 TeraTerm ）备份配置文件。

6）恢复文本配置。

1. 使更改后的配置成为新的启动配置

注意，因为运行配置文件存储在内存中，所以它仅临时在 Cisco 设备运行（保持通电）期间有效。如果路由器断电或重新启动，除非事前保存过，否则所有配置都会丢失。通过将运行配置保存到 NVRAM 内的启动配置文件中，可将配置更改存入新的启动配置文件中。

在提交更改前，请使用适当的 show 命令验证设备的运行情况。可使用 show running-config 命令查看运行配置文件。

当验证表明更改正确后，请在特权执行模式提示符后使用 copy running-config startup-config 命令，示例如下：

```
Switch#copy running-config startup-config
```

命令一旦执行完成，运行配置文件就会取代启动配置文件。

2. 使设备恢复为其原始配置

如果更改运行配置未能实现预期的效果，可能有必要将设备恢复到之前的配置。假设我们尚未使用更改覆盖启动配置，则可使用启动配置来取代运行配置。这最好通过重新启动设备来完成，要重新启动，请在特权执行模式提示符后使用 reload 命令。

当开始重新加载时，IOS 会检测到用户对运行配置的更改尚未保存到启动配置中。因此，它将显示一则提示消息，询问用户是否保存所做的更改。要放弃更改，请输入“n”或“no”。

此时将出现另一提示，请用户确认重新加载。要确认，请按 <Enter> 键。按其他任何键将中止该过程。

【例 1-3】reload 命令示例。

```
Router#reload
System configuration has been modified. Save? [yes/no]:n Proceed with reload? [confirm]
*Apr 13 01:34:15.758: %SYS-5-RELOAD: Reload requested by console. Reload Reason: Reload Command.
System Bootstrap, Version 12.3(8r)T8, RELEASE SOFTWARE (fc1)
```

```
Technical Support:

http://www.cisco.com/techsupport Copyright 2004 by cisco Systems, Inc.
PLD version 0x10 GIO ASIC version 0x127
C1841 processor with 131072 Kbytes of main memory
Main memory is configured to 64 bit mode with parity disabled
```

3. 脱机备份配置文件

当出现问题时，应将配置文件存储为备份文件。配置文件可存储到简单文件传输协议（TFTP）服务器、CD或U盘等存储介质中。此外，还应将配置文件记录到网络文档中。

在TFTP服务器备份是指将运行配置或启动配置保存到TFTP服务器。使用copy running-config tftp或copy startup-config tftp命令，并按照下列步骤执行：

1）输入copy running-config tftp命令。

2）输入要存储配置文件的主机的IP地址。

3）输入要为配置文件指定的名称。

4）回答"yes"以确认每次选择。

例1-4显示了此过程。

【例1-4】 将配置文件复制到TFTP服务器。

```
Router#copy running-config tftp

Remote host []? 131.108.2.155
Name of configuration file to write [Tokyo-config]? tokyo.w
Write file tokyo.2 to 131.108.2.155? [confirm]y
Writing tokyo.2 !!!!!! [OK]
```

4. 删除所有配置

如果将不理想的更改保存到了启动配置中，可能有必要清除所有配置。这需要删除启动配置并重新启动设备。

启动配置通过erase startup-config命令来删除。要删除启动配置文件，请在特权执行模式提示符后使用erase NVRAM: startup-config或erase startup-config命令：

```
Router#erase startup-config
```

提交命令后，路由器将提示确认：

Erasing the nvram filesystem will remove all configuration files! Continue? [confirm]

confirm是默认回答。要确认并删除启动配置文件，请按<Enter>键。按其他任何键将中止该过程。

注意，使用删除命令时要小心。此命令可用于删除设备上的任何文件，因此错误使用此命令可删除IOS自身或其他重要文件。

从NVRAM中删除启动配置后，请重新加载设备以从内存中清除当前的运行配置文件。然后，设备会将出厂默认的启动配置加载到运行配置中。

1.3.4 配置接口

出于设备管理的目的，大多数中间网络设备具有IP地址。某些设备，例如交换机和无线接入点无需IP地址也可工作。

因为路由器的用途是在不同的网络之间提供互连，因此路由器的每个接口都有自己唯一的IPv4 地址。分配给每个接口的地址处于此接口相连的网络地址范围内。

可以为路由器接口配置许多参数。下面将讨论最基本的接口命令。

1. 启用接口

接口默认被禁用。要启用接口，请在接口配置模式下输入 no shutdown 命令。如果因维护或故障排除而需要禁用接口，请使用 shutdown 命令。

2. 配置路由器以太网接口

路由器以太网接口用作局域网中直接连接到路由器的网络中的终端设备的网关。每个以太网接口必须拥有一个 IP 地址和一个子网掩码才能路由 IP 数据包。

要配置以太网接口，请按照下列步骤执行：

1）进入全局配置模式。

2）进入接口配置模式。

3）指定接口 IP 地址和子网掩码。

4）启用该接口。

使用下列命令配置以太网接口的 IP 地址：

```
Router(config)#interface FastEthernet 0/0
Router(config-if)#ip address IP 地址子网掩码
Router(config-if)#no shutdown
```

3. 配置路由器串行接口

串行接口用于通过广域网连接到远程站点或 ISP 处的路由器。要配置串行接口，请按照下列步骤执行：

1）进入全局配置模式。

2）进入接口配置模式。

3）指定接口 IP 地址和子网掩码。

4）如果连接了 DCE 电缆，请设置时钟频率；如果连接了 DTE 电缆，则跳过此步骤。

5）启动该接口。

连接的每个串行接口必须拥有一个 IP 地址和一个子网掩码才能路由 IP 数据包。使用下列命令配置 IP 地址：

```
Router(config)#interface Serial0/0/0
Router(config-if)#ip address IP 地址子网掩码
```

串行接口需要时钟信号来控制通信定时。在大多数环境中，诸如 CSU/DSU 之类的 DCE 设备会提供时钟。默认情况下，Cisco 路由器是 DTE 设备，但它们可被配置为 DCE 设备。

在直接互连的串行链路上，例如在实验环境中，其中一端必须作为 DCE 提供时钟信号。时钟功能的启用及其速度是使用 clock rate 命令来设定的。特定串行接口可能不提供某些比特率，这取决于特定接口的性能。在实验中，如果需要确定 DCE 的接口设置始终频率，请使用 56000（Hz）时钟频率。

用于设置时钟频率以及启用串行接口的命令如下：

```
Router(config)#interface Serial0/0/0
Router(config-if)#clock rate 56000
Router(config-if)#no shutdown
```

一旦更改了路由器配置后，请记得使用 show 命令验证更改的准确性，然后将更改后的配置保存为启动配置。

4. 接口描述

正如主机名可帮助在网络中标识设备一样，接口描述用于说明接口的用途。应该在配置每个接口的过程中描述接口的作用以及接口连接的位置，此描述有助于排除故障。

接口描述会出现在下列命令的输出中：show startup-config、show running-config 和 show interfaces。

下面的例子提供与接口用途相关的有用信息：

This interface is the gateway for the administration LAN(此接口是用于管理局域网的网关)

接口描述还可帮助确定该接口所连接的设备或位置。以下为另一个示例：

Interface F0/0 is connected to the main switch in the administration building(接口 F0/0 连接到管理楼的主交换机)

如果支持人员可以轻易确定接口或其连接的设备的用途，他们就更容易理解问题的范围，从而可更快解决问题。

接口描述中还可包括电路和触点信息。下列串行接口描述可帮助管理员确定是否需要测试广域网电路。此描述说明了电路的终止位置、电路 ID 以及电路提供商的电话号码：

```
FR to GAD1 circuit ID:AA.HCGN.556460 DLCI 511-Support#555.1212
```

要创建接口描述，请使用 description 命令。本例所示为创建快速以太网接口描述的命令：

```
HQ-switch1#configure terminal
HQ-switch1(config)#interface fa0/0
HQ-switch1(config-if)#description Connects to main switch in Building A
```

一旦将描述应用到接口后，请使用 show interfaces 命令来确认描述正确。

5. 配置交换机接口

LAN 交换机是一种中间设备，用于为网络中各个网段提供互连。因此，交换机上的物理接口没有 IP 地址。路由器上的物理接口连接到不同的网络，而交换机上的物理接口则不同，它们连接网络内的设备。

交换机接口是默认启用的。如例 1-5 中所示，可以指定描述，但不必启用接口。

【例 1-5】交换机接口描述。

```
Switch#configure terminal
Switch(config)#interface FastEthernet0/0
Switch(config-if)#description To TAM switch
Switch(config-if)#exit
Switch(config)#hostname Flour_Bluff
Flour_Bluff(config)#exit
Flour_Bluff#
```

要管理交换机，需要为其分配 IP 地址，然后就可通过 Telnet、ssh 或 Web 服务访问该交换机。

交换机的 IP 地址被分配给称为虚拟局域网（VLAN）接口的虚拟接口。大多数情况下，该接口为 VLAN1。在例 1-6 中，为 VLAN1 接口分配了一个 IP 地址。此接口与路由器的物理接口相似，也必须通过 no shutdown 命令启用此接口。

【例 1-6】交换机接口 VLAN1。

```
Switch#configure terminal
Enter configuration commands, one per line.End with CNTL/Z.
Switch(config)#interface vlan1
Switch(config-if)#ip address 192.168.1.2 255.255.255.0
Switch(config-if)#no shutdown
Switch(config-if)#exit
Switch(config)#ip default-gateway 192.168.1.1
Switch(config)#exit
Switch#
```

交换机与其他任何主机一样，也需要一个网关地址才能与本地网络之外的设备通信。如例 1-6 中所示，使用 ip default-gateway 命令分配了此网关。

1.3.5 校验连通性

对路由器和交换机进行基本配置后，如何验证网络的连通性呢？ping 和 trace 命令是比较常用的检查连通性的命令。检验网络连通性的大概步骤如下：

1）使用 ping 命令来验证本地主机的内部 IP 配置。这将验证从网络层到物理层再返回网络层的协议簇是否工作正常，而不会向网络介质发送任何信号。

2）使用 ping 命令来验证本地主机是否能与网关地址连接。这一点非常重要，因为网关是主机通向外部网络的出入口。如果 ping 命令返回了成功的响应，则验证了主机与网关之间的连通性。

3）一旦本地局域网和网关验证完成，即可继续进行序列中的下一步，测试远程主机。

4）测试序列中的下一步是进行追踪（trace）。追踪可用于返回数据包在网络中传输时沿途经过的跳的列表。该命令的形式取决于发出命令的位置。若从 PC 上执行追踪，请使用 tracert 命令。若从路由器 CLI 中执行追踪，请使用 traceroute 命令。

项目小结

IOS 是各种网络设备运行的众多操作系统的统称。技术人员可以输入命令来配置设备或为设备编程，以便执行各种网络功能。IOS 提供的服务通常使用 CLI（命令行界面）访问，该访问可以通过控制台端口、AUX 端口、Telnet 或 SSH 进行访问。本章介绍了 IOS，详细分析了 IOS 的不同模式和用于配置它的基本命令结构，以及 IOS 交换机和路由器的初始设置，包括设置名称、限制对设备配置的访问、配置标语消息以及保存配置等。

通过本章学习，应掌握 IOS 的用途、访问 IOS 的方法以及常用的 IOS 命令结构，能够使用 CLI 配置设备的主机名、密码及接口信息等，还应该掌握设备的配置文件的主要作用及如何对 IOS 进行备份和恢复。

项目练习

1. 可以使用（　　）连接来对交换机做初始配置。

A. AUX 端口　　B. 控制台端口　　C. Telnet　　D. SSH

2. 设备启动时，使用存储在（　　）中的配置。

A. 运行配置　　B. 闪存　　C. 启动配置　　D. 终端模拟程序

3. 下列命令中用来打开路由器接口的是（　　）。
   A. Router(config-if)#enable　　B. Router(config-if)#no down
   C. Router(config-if)#interface up　　D. Router(config-if)#no shutdown
4. IOS enable secret 命令的作用是（　　）。
   A. 对 Telnet 会话设置口令保护　　B. 对控制台终端设置口令保护
   C. 允许用户访问用户模式　　D. 允许用户输入加密口令
5. 下列命令中用来显示路由器上所有接口的统计信息的是（　　）。
   A. list interfaces　　B. show interfaces
   C. show processes　　D. show statistics
6. 下列命令中用来显示查看路由器状态的命令列表的是（　　）。
   A. Router#?Show　　B. Router#sh?　　C. Router#help　　D. Router#show?
7. 路由器使用（　　）为数据包选择最佳路径。
   A. ARP 表　　B. 桥接表　　C. 路由表　　D. 交换表
8. 管理员配置了一台新路由器并命名为 R1，需要建立控制台会话连接时所需的口令。下列命令中可设置控制台口令为 test 的是（　　）。
   A. R1(config)#enable password test
   B. R1(config)#line con 0
      R1(config-line)#login
      R1(config-line)#enable password test
   C. R1(config)#enable console password test
   D. R1(config)#line con 0
      R1(config-line)#login
      R1(config-line)#password test

项目实训

利用 IOS 进行基本配置

1. 实训目的

1）了解 IOS 的作用。

2）掌握网络设备上配置文件的作用及配置方法。

3）掌握基本 IOS 命令的作用和使用方法。

2. 实训设备

1）路由器 1 台。

2）PC 两台。

3. 实训拓扑图

实训拓扑图如图 1-1 所示。

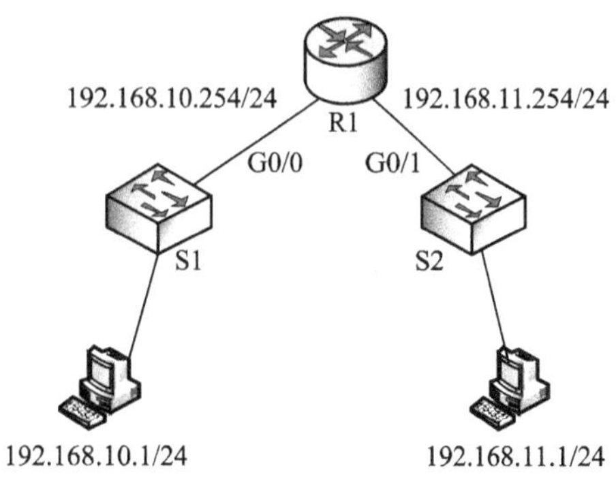

图 1-1　设备基本配置拓扑图

4. 实训任务

1）配置主机和路由器接口 IP 地址。

2）配置路由器的主机名、控制台密码、特权密码和 VTY 密码。

3）测试主机连通性和远程访问。

项目2　交换机配置基础

集线器作为第一类广泛应用的网络集线设备，曾经在各大局域网中应用非常广泛。但随着网络传输媒体类型的日益丰富，图形、图像及各种流媒体等多媒体内容的出现，人们对网络数据传输速率和传输性能的要求日益提高。集线器的共享介质传输、单工数据操作和广播数据发送方式等先天特性都决定了其很难满足用户的上述要求。在用户的迫切需求以及全球各大网络设备开发商的努力下，一种更新、更实用的集线设备——交换机出现了。交换机完全克服了集线器的上述种种不足，在短时间内得到了业界的广泛认可。随后，交换机技术也得到了飞速发展，数据传输速率大幅提升。

本章学习目标

1）掌握交换机的工作原理。
2）掌握交换机的配置。
3）掌握交换机端口的安全设置。

任务1　了解交换机的基础知识

交换机是第二层网络设备，主要作为工作站、服务器、路由器、集线器和其他交换机的集中点。交换机是一台多端口的网桥，是当前采用星形拓扑结构的以太网常用设备，为所连接的两台设备提供一条独享的点对点的虚线路，因此避免了冲突。交换机可以工作在全双工模式下，这意味着它可以同时发送和接收数据。

2.1.1　交换机的工作原理

以太网交换机（以下简称交换机）是工作在 OSI 参考模型数据链路层的设备，外表和集线器相似。它通过判断数据帧的目的 MAC 地址，从而将帧从合适的端口发送出去。交换机的冲突域仅局限于交换机的一个端口上。例如，一个站点向网络发送数据，集线器将会向所有端口转发，而交换机将通过对帧的识别，只将帧单点转发到目的地址对应的端口，而不是向所有端口转发，从而有效地提高了网络的可利用带宽。以太网交换机实现数据帧的单点转发是通过 MAC 地址学习和维护更新机制来实现的。以太网交换机的主要功能包括 MAC 地址学习、帧的转发及通信过滤和避免回路。

以太网交换机通过以下 5 个基本操作来完成其功能：

1）学习。交换机 MAC 地址表包含 MAC 地址和其对应的端口。每一个帧进入交换机时，交换机审查源 MAC 地址并进行查找，如果 MAC 地址表中没包含这个 MAC 地址，则创建一个新的条目，包括源 MAC 地址和接收的端口。以后如果有去往这个 MAC 地址的帧，交换机则往对应的端口进行转发。

2）老化。交换机中的 MAC 地址条目有一个生存时间。每学到一个 MAC 地址条目，都附加一个时间值。随着时间的流逝，该数值一直减小，当数据值减小到 0 时，清除该 MAC 地址条目。如果有包含该 MAC 地址的新的帧到达，则刷新 MAC 地址的老化时间值。

3）泛洪。如果交换机收到一个数据帧，则可在交换机的MAC地址表中查找，若找不到该数据帧的目的MAC地址，交换机将转发该数据帧到除接收端口以外的所有端口，即广播该数据帧。如果交换机收到一个广播的数据帧，即数据帧的目的MAC地址是“FFFFFFFFFFFF”，也会转发该数据帧到除接收端口外的所有端口，因为没有设备的MAC地址是“FFFFFFFFFFFF”，交换机根据数据帧的源MAC地址进行学习，永远也不会学到这个MAC地址。

4）选择性转发。当交换机收到某个数据帧时，在MAC地址表中查找该数据帧的目的MAC地址，如果已经学到这个MAC地址，数据帧将被转发到该MAC地址的对应的端口，而不用泛洪到所有的端口。

5）过滤。在某些情况下，帧不会被转发，这个过程被称为帧过滤，一种情况是交换机不转发帧到接收到的端口；另一种情况是，如果一个帧的CRC校验失败，帧也会被丢弃。实用帧过滤的另一个原因是安全方面的考虑，可以阻止或允许交换机转发特定的MAC地址到特定的端口。

2.1.2　交换机的转发方式

以太网交换机转发数据帧有存储转发（Store-and-forward）与直通交换（Cut-through）两种交换转发方式。

（1）存储转发

工作在存储转发模式下的交换机将从输入端口接收的数据帧缓存起来，直到收到一个完整的数据帧之后再进行CRC校验，在确认数据帧无误之后，取出数据帧头中的目的MAC地址，通过查找MAC地址表获得输出端口，然后再将该数据帧从输出端口转发出去。存储转发方式具有错误帧不会转发、允许在不同速率的输入/输出端口之间进行数据转发等优点，同时也具有传输延迟大、当网络负载较大时交换机性能下降而导致数据帧的丢失等缺点。目前市场上大部分交换机型号都基于存储转发方式工作。

（2）直通交换

工作在直通交换模式下的交换机在收到数据帧的目的MAC地址时立即处理数据，此时交换机并没有收到完整的数据帧。交换机只缓冲了数据帧的一部分，就根据缓存中的目的MAC地址做出转发决定，并转发该数据帧。由于没有对转发的数据帧执行任何错误检查，因此直通交换方式具有转发速度快、延迟小等优点。但是，由于交换机没有对数据帧进行错误检查，因此，对损坏的帧也会进行转发，这些错误帧的传输会占用链路带宽。另外，工作在直通模式下的交换机不能在不同速率的输入/输出端口之间进行数据转发。根据缓冲的数据帧长度不同，直通交换进一步分为以下两种方式：

1）快速转发（Fast-forward）。快速转发是指交换机只要检测到数据帧中的目的MAC地址，就立即查找MAC表获得输出端口，并将输入与输出端口交叉连通，迅速把数据帧转发到相应的输出端口。快速转发方式由于只检查数据帧帧头目的MAC地址字段，不需要存储，因此在所有转发方式中交换速度最快、延迟最小。但快速转发因不对转发的数据帧进行完整性判断，会导致错误帧也在网上传输。

2）无碎片（Fragment-free）交换。无碎片交换是介于快速转发和存储转发之间的一种解决方案。工作在无碎片交换模式下的交换机在转发数据帧之前，不仅要检测到目的MAC地址，还要求已收到的数据帧必须大于最小帧长（64个字节），任何长度小于64个字节的数据帧都会被立即丢弃。由于大部分网络错误和冲突都发生在数据帧传输前64个字节数据的过程中，因此，无碎片交换方式可以在不显著增加转发延迟时间的前提下有效降低转发错误帧的概率。

2.1.3　交换机的分类

交换机的分类标准多种多样。例如，根据网络覆盖范围，可分为局域网交换机和广域网交换机，以太网交换机属于局域网交换机。如果没有特别指明，本书中的交换机特指以太网交换机。以下是几种以太网交换机常见的分类。

（1）对称交换机与非对称交换机

根据交换机所有端口速率是否相同，可将交换机分为对称交换机与非对称交换机两类。

对称交换机所有端口的带宽都相同，对称交换可优化为合理分配流量负载，如在点对点桌面环境中。非对称交换机端口的带宽不同，非对称交换使更多带宽能专用于服务器交换机端口，以防止产生瓶颈，实现了更为平滑的流量传输，使多台客户端可同时与服务器通信。非对称交换机的数据转发方式为储存转发方式。

图 2-1 给出了对称交换机与非对称交换机的示例。

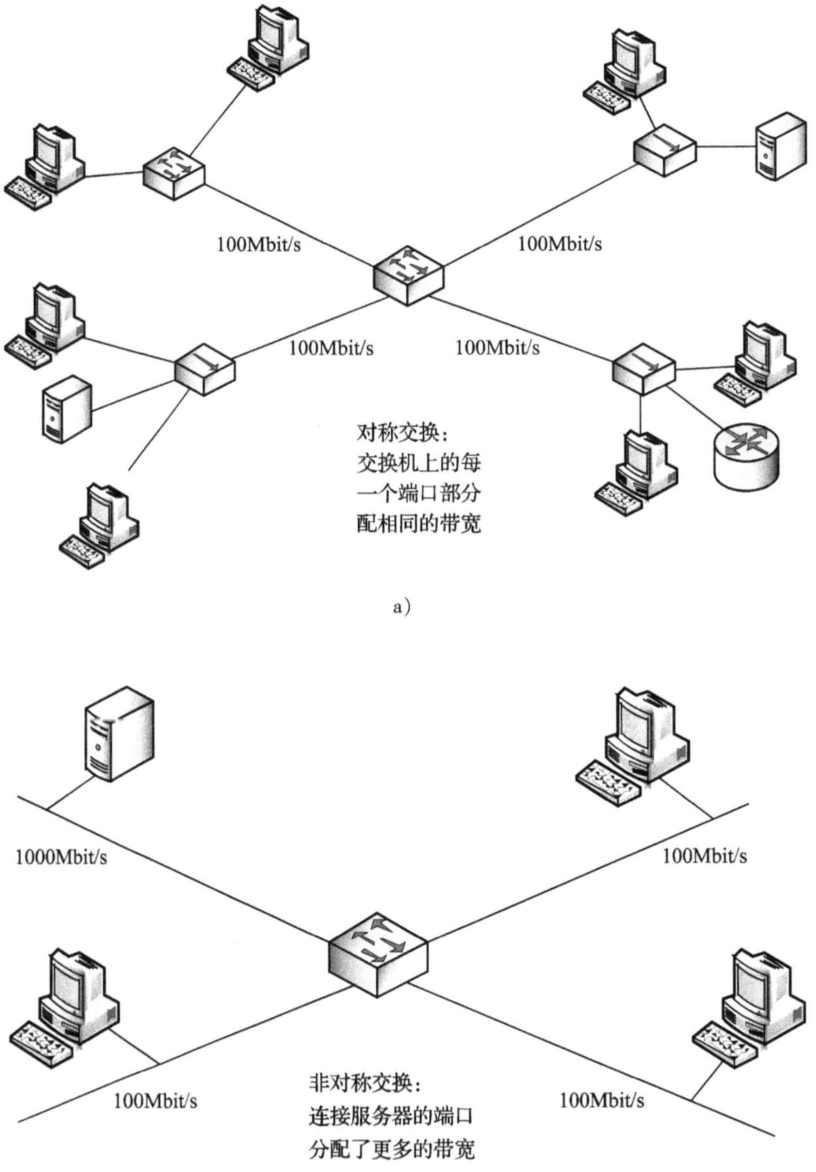

图 2-1　对称交换机与非对称交换机

a）对称交换机　b）非对称交换机

(2) 模块化交换机与固定端口交换机

根据交换机体系架构不同，可将交换机分为固定端口交换机与模块化交换机两类。

固定端口顾名思义就是它所带有的端口是固定的，如果是 8 端口的，就只能有 8 个端口不能再添加；16 个端口也就只能有 16 个端口，不能再扩展。固定端口交换机端口数量没有明确的规定，一般的端口标准是 8 端口、16 端口和 24 端口。固定端口交换机虽然相对来说价格便宜一些，但由于它只能提供有限的端口和固定类型的接口，因此，无论从可连接的用户数量上，还是从可使用的传输介质上来讲都具有一定的局限性，但这种交换机在工作组中应用较多，一般适用于小型网络、桌面交换环境。

模块化交换机虽然在价格上要贵很多，但拥有更大的灵活性和可扩充性，用户可任意选择不同数量、不同速率和不同接口类型的模块，以适应千变万化的网络需求。而且，模块化交换机大都有很强的容错能力，支持交换模块的冗余备份，并且往往拥有可热插拔的双电源，以保证交换机的电力供应。在选择交换机时，应按照需要和经费综合考虑选择模块化或固定方式。一般来说，企业级交换机应考虑其扩充性、兼容性和排错性，因此，应当选用模块化交换机；而骨干交换机和工作组交换机则由于任务较为单一，故可采用简单明了的固定式交换机。图 2-2 给出了模块化交换机与固定端口交换机的外观图。

a)　　　　b)

图 2-2　模块化交换机与固定端口交换机

a) 模块化交换机　b) 固定端口交换机

(3) 可堆积叠交换机和不可堆叠交换机

可堆叠交换机是指具有“堆叠”功能的网络交换机，是一种网络设备。所谓堆叠是用专用连接电缆，通过交换机的堆叠端口把两台或两台以上的交换机连接起来，以实现单台交换机端口数的扩充。

当多台交换机堆叠在一起时，其作用就像一个模块化交换机一样，可以当作一个单元设备来进行管理，也就是说，堆叠中所有的交换机从逻辑上可视为一台交换机。一般情况下，堆叠在一起的交换机中至少应该有一台可网管交换机，利用该交换机可对堆叠在一起的其他交换机进行管理。可堆叠交换机方便地实现网络的扩充，是新建网络时最为理想的选择。

堆叠交换机一般有两种堆叠方式：菊花链式堆叠和矩阵堆叠。

菊花链式堆叠是一种基于级联结构的堆叠技术，对交换机硬件上没有特殊的要求，通过相对高速的端口串接和软件的支持，最终实现构建一个多交换机的层叠结构，通过环路，可以在一定程度上实现冗余。菊花链式堆叠模式不存在拓扑管理，适用于高密度端口需求的单节点机构，可用于网络边缘。

而矩阵堆叠模式适用于要求高效率、高密度端口的单节点 LAN，它克服了菊花链式堆叠模式多层次转发时的高时延影响，但需要提供高带宽矩阵，因此成本较高，而且矩阵接口一般不具有通用性，无论是堆叠中心还是成员交换机的堆叠端口都不能用来连接其他网络设备。

图 2-3 给出了菊花链式堆叠和矩阵堆叠的示例。

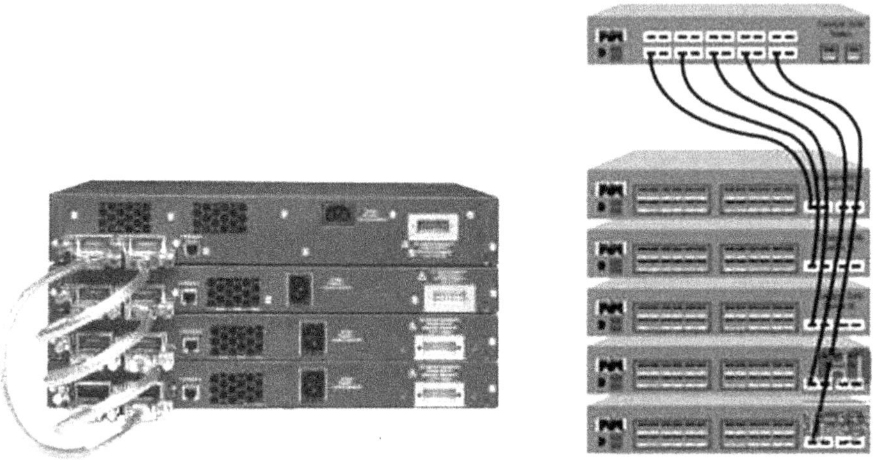

a)　　　　b)

图 2-3　堆叠交换机

a）菊花链堆叠　b）矩阵堆叠

（4）二层交换机与三层交换机

二层交换技术从网桥发展到 VLAN（虚拟局域网），在局域网建设和改造中得到了广泛应用。二层交换工作在 OSI 参考模型中的第二层，即数据链路层。它按照所接收到数据包的目的 MAC 地址来进行转发，对于网络层或者高层协议来说是透明的。它不处理网络层的 IP 地址，不处理高层协议的诸如 TCP、UDP 的端口地址，只需要数据包的物理地址即 MAC 地址，数据交换是靠硬件来实现的，其速度相当快，这是二层交换的一个显著的优点。但是，它不能处理不同 IP 子网之间的数据交换。传统的路由器可以处理大量的跨越 IP 子网的数据包，但是它的转发效率比二层低，因此要想利用二层转发效率高这一优点，又要处理三层 IP 数据包，三层交换技术就诞生了。

三层交换工作在 OSI 参考模型中的第三层即网络层，是利用第三层协议中的 IP 包的包头信息来对后续数据业务流进行标记，具有同一标记的业务流的后续报文被交换到第二层数据链路层，从而打通源 IP 地址和目的 IP 地址之间的一条通路，这条通路经过第二层链路层。有了这条通路，三层交换机就没有必要每次将接收到的数据包进行拆包来判断路由，而是直接将数据包进行转发，将数据流进行交换。

由于三层交换机转发速度比路由器快，价格比路由器便宜，因此在园区网内部通常使用三层交换机实现不同网段之间的路由。但三层交换机并不具备路由器的所有功能，它不能完全取代网络中的路由器。例如，路由器可以实现异构网络的互连，三层交换机只支持以太网系列端口，不支持广域网端口，也不支持其他局域网端口；路由器的路由功能比三层交换机更强大，通常路由器可以支持 IP、IPX、Appletalk 等网络层可路由协议（Routed Protocol），而三层交换机只支持 IP 可路由协议。

任务 2　掌握交换机的基本配置

新的交换机会有预先设置好的配置，该配置使用厂家设定的默认值，但有时难以达到网络管理员的要求。可以通过命令行界面来配置和管理交换机，越来越多的联网设备也可以通过使用基于 Web 的界面和浏览器来进行设置与管理。

为了有效地管理含有交换机的网络，网络管理员必须熟悉许多管理任务。有些任务与维护交换机及其网络操作系统（IOS）有关，而另外一些任务则是为了获得最优的、稳定的和安全的操作而管理交换机的接口和各种表。

2.2.1 交换机的启动

交换机是一台专用的特殊的计算机，它包括中央处理器（CPU）、RAM 和操作系统。交换机通常会有若干端口用于连接主机，同时还会有几个专用的管理端口，如图 2-4 所示。通过连接到交换机控制台端口，可以对交换机进行管理，并查看和变更交换机的配置。交换机通常没有用于开启和关闭的电源开关，而是简单地通过连接/断开电源进行控制。

图 2-4 交换机管理端口

在电源线连接好之后，交换机会启动一系列加电自检（POST）的测试用于检测交换机是否工作正常。系统指示灯会显示 POST 成功与否，如果交换机已经加电，系统指示灯是灭的，说明 POST 正在进行。如果系统指示灯变为绿色，说明 POST 已经成功。如果系统指示灯为琥珀色，则 POST 失败，这是一个致命的错误，因为如果 POST 失败，则交换机不能可靠地工作。端口状态指示灯也会在 POST 过程中有所变化，在交换机发现网络拓扑结构并搜索环路时，端口状态指示灯变为琥珀色并持续大约 30s。如果端口状态指示灯变为绿色，说明交换机的一个端口已经和目标成功建立连接。如果端口指示灯不亮，说明交换机确定没有连接到端口的设备。

2.2.2 查看交换机的配置信息

在交换机的工作模式下，使用命令来完成交换机的配置、查看和调试工作。可通过执行“show?”命令来获得可查看信息的详细列表。交换机操作系统和路由器操作系统类似，也提供了在线帮助功能，帮助用户完成相关的配置命令，即在交换机的任何状态以及在任何模式，都可以键入“?”得到系统的帮助。

下面主要介绍几个最常用的查看命令。

（1）查看交换机的默认配置信息

与路由器不同，交换机在没有做任何配置之前，就已经有默认的配置存在于运行配置文件中。当交换机第一次启动时，这个默认的配置就被调入到内存运行。在这个默认配置中，交换机的名字叫作 Switch，交换机的控制台或虚拟终端线路都没有配置口令。对于 Cisco 基于 IOS 命令的交换机，可以用 show running-config 命令来显示交换机的默认配置。

例如，查看交换机的默认配置：

```
Switch#show running-config
```

（2）查看交换机端口配置信息

可以使用 show interface 命令检查交换机接口上的默认配置。接口默认的是自动双工和自动速率，也就是说该接口的双工模式和速率模式都是由其连接的设备决定的。

例如，查看快速以太网接口 f0/1 默认接口属性：

```
Switch#show interface f0/1
```

（3）查看接口的摘要信息

例如，查看所有端口的摘要信息：

```
Switch#show ip interface brief
```

（4）查看 VLAN 配置信息

交换机的所有端口属于 VLAN1。VLAN1 作为默认管理 VLAN。使用 show vlan 命令可以显示交换机中所定义的 VLAN 的相关信息。默认情况下所有端口初始化时都属于 VLAN1。

例如，查看交换机 VLAN 属性：

```
Switch#show vlan
```

（5）查看闪存目录信息

由于新交换机还没有配置过，闪存目录中没有包含 VLAN 的数据库文件（vlan. dat），也没有保存的配置文件（config. text）。其中，vlan. dat 文件用来储存本地 VLAN 的信息，交换机使用该文件与其他交换机共享 VLAN 的信息。默认情况下，闪存目录里有一个包含 IOS 的镜像文件、一个称为 env_ vars 的文件以及一个称为 html 的子目录。使用 show flash 或者 dir flash 命令可以显示闪存目录的内容。

例如，查看默认闪存目录：

```
Switch#dir flash:
```

（6）查看 IOS 版本信息

使用 show version 命令来验证 IOS 版本和配置寄存器的设置。交换机的其他信息也可以在该输出中看到，如 IOS 系统映像文件名、交换机型号、序列号码、内存大小以及端口号码和类型。

例如，显示 IOS 版本和配置寄存器的设置：

```
Switch#show version
```

2.2.3　交换机的配置

交换机配置一般可分为两种方式：一是本地配置；二是远程管理配置。后一种配置方法只有在前一种配置成功后才可进行。

（1）本地配置方式

用于网络管理中的交换机上都有一个 Console（控制台）端口，它是专门用于对交换机进行配置和管理的。也可使用其他若干种配置和管理交换机的方式（如 Web 方式、Telnet 方式等），但是，这些方式必须通过 Console 端口进行基本配置后才能进行。因为其他方式往往需要借助于 IP 地址、域名或设备名称才可以实现，而新购买的交换机显然不可能内置有这些参数，所以通过 Console 端口连接并配置交换机是最常用、最基本的，也是网络管理员必须掌握的管理和配置方式。在配置过程中需要将控制线的 RJ-45 水晶头一端插到交换机的 Console 端口，另一端 DB-9 插头连接到充当控制终端的计算机 COM 口上。

对于可管理交换机，管理的方式有命令行和 Web 管理两种。Web 管理方式以网页形式对交换机进行管理，这种方式直观且容易理解，但配置功能思路不清晰；使用命令行对交换机进行管理是最常用的一种方式，用户可通过配置线连接到交换机的配置口或通过网络使用远程登录对交换机进行管理。命令行方式使用不同的模式来完成相应的功能，因此学习交换机命令配置首先应掌握进入和退出各种模式的命令，为后面的学习打下基础。交换机的模式分类如图 2-5 所示。

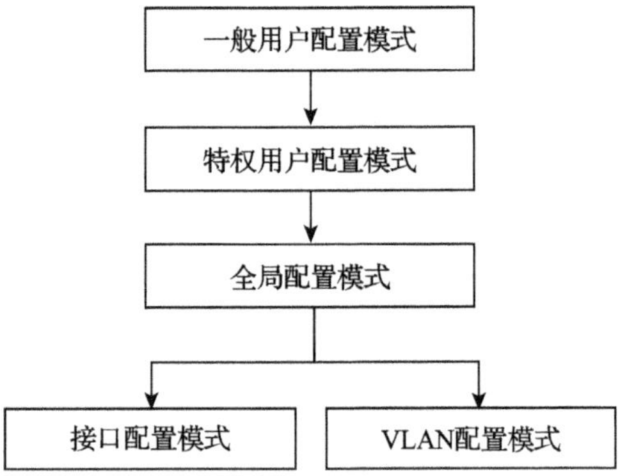

图 2-5　交换机的模式分类

在交换机命令行配置模式下，不同的配置模式提示符不同，见表2-1。

表2-1 交换机的提示符及模式切换表

模式名称	提 示 符	模式切换示例
用户模式	Switch >	交换机正常启动后自动进入
特权模式	Switch#	Switch > enable
全局配置模式	Switch(config)#	Switch#config terminal
VLAN 配置模式	Switch(vlan)#	Switch#vlan database
接口配置模式	Switch(config-if)#	Switch(config)#interface f0/0

Cisco 交换机的常见配置命令如下：

```
Switch(config)#hostname Cisco     //设置交换机的主机名
Switch(config)#enable secret Cisco1     //设置特权加密口令
Switch(config)#enable password Cisco8     //设置特权非密口令
Switch(config)#line console 0     //进入控制台端口
Switch(config-line)#line vty 0 4     //进入虚拟终端
Switch(config-line)#login     //虚拟终端允许登录
Switch(config-line)#password Cisco6     //设置虚拟终端登录口令 Cisco6
Switch#exit     //返回命令
```

（2）交换机远程管理配置

除了可以使用 Console 端口访问交换机外，还可以远程登录交换机进行配置与管理工作。为便于远程管理和维护交换机，交换机通常要设置一个管理 IP，以支持 Telnet 登录管理。

三层交换机可利用已有的接口地址来登录，即不需要单独设置管理地址，使用交换机中的任意一个接口地址来登录。对于二层交换机，交换机所有端口都属于 VLAN1，VLAN1 也是交换机的默认管理 VLAN，然而使用 VLAN1 作为管理 VLAN 存在安全风险，因此通常创建一个其他 VLAN 作为管理 VLAN。由于创建 VLAN 的知识在以后的章节中才会学到，因此在本章交换机管理地址配置示例中，将管理地址配置在 VLAN1 接口上。

默认情况下，配置交换机的管理 IP 地址主要步骤如下：进入管理 VLAN 接口配置模式，设置管理 IP 地址和子网掩码以及激活管理 VLAN 接口，然后在全局模式下配置默认网关。

下面以一个示例来说明交换机管理 IP 的配置过程。假如一台 Cisco 二层交换机 SW1 属于 192. 168. 0. 0/24 网段，网关地址为 192. 168. 0. 1，现要设置该交换机的管理地址为 192. 168. 0. 254，则设置方法如图 2-6 所示。

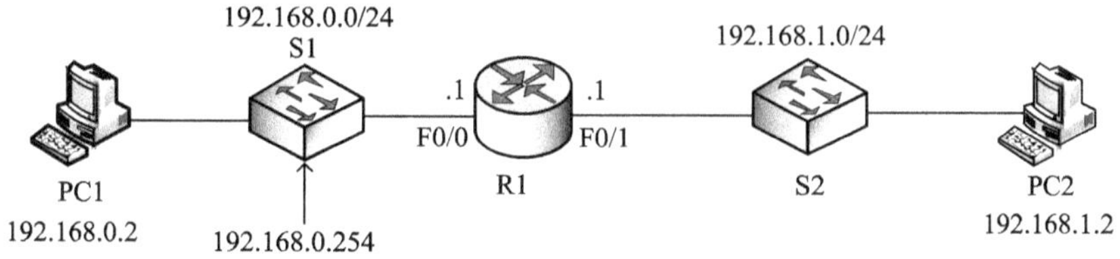

图 2-6 交换机远程管理示例

如下代码给出了配置交换机 S1 的管理 IP 地址为 192. 168. 0. 254、子网掩码为 255. 255. 255. 0 和激活管理 VLAN 端口：

```
S1(config)#interface vlan1 //进入管理 vlan1 端口,并进入相应的接口配置模式
S1(config-if)#ip address 192.168.0.254 255.255.255.0 //配置接口的 IP 地址和子网掩码
S1(config-if)#no shutdown //激活接口
S1(config-if)#end
```

若要取消管理地址，可执行 no ip address 命令。

管理地址配置后，在同一网段的其他主机可利用 Telnet 192. 168. 0. 254 命令来登录该交换机。若要跨网段登录连接该交换机，必须给交换机配置指定默认网关地址，使该交换机能与其他主机进行通信。

如下代码给出了配置交换机 S1 的默认网关地址为 192. 168. 0. 1：

```
Switch(config)#ip default-gateway 192.168.0.1 //配置交换机的默认网关地址
S1(config)#end
S1#copy running-config startup-config//将运行配置保存到启动配置
```

2.2.4 交换机端口的配置

1. 选择端口

在对端口配置前，必须先选择要配置的端口，Cisco 交换机选择端口的命令为 interface。

1）选择单个端口。命令如下：

```
interface interface-type interface-number
```

用户要配置以太网端口的相关参数，必须先使用 interface 命令进入以太网端口视图。其中各参数说明如下。

interface-type：端口类型，取值可以为 Aux、Ethernet、GigabitEthernet、LoopBack、NULL 或 Vlan-interface。

interface-number：端口编号，采用 Unit ID/槽位编号/端口编号的格式。

2）选择多个端口。在对端口进行配置时，有时需要选择多个端口进行相同的配置操作，此时需要同时选择多个连续的端口，以简化配置操作。命令如下：

```
interface range interface-type slot/startport-endport
```

其中，startport 代表要选择的起始端口号，endport 表示末尾的端口号。

2. 端口的基本配置

交换机端口默认为启用状态，通常交换机端口的配置包括速度、描述、双工等设置。二层交换机端口的双工操作模式可以设置为以下 3 种设置。

1）full：设置端口为全双工模式。工作在全双工模式的端口可以同时发送与接收数据。

2）half：设置端口为半双工模式。工作在半双工模式的端口能够发送数据，也能接收数据，但不能实现在同一时刻同时发送与接收数据。当交换机端口连接的是集线器等不支持全双工的网络设备时，交换机端口必须工作在半双工才能正常工作。

3）auto：设置端口为自动协商双工模式。工作在自动协商双工模式的端口通过与对方通信来决定双工的最佳操作模式。

可以使用特定的双工和速度设置手动配置交换机端口，使用 duplex 接口配置模式命令手动指定交换机端口的双工模式。例如，使用 speed 接口配置模式命令手动指定交换机端口的速度，使用 duplex 命令的 full 关键字和 speed 命令关键字配置交换机 S1 上的端口，见表 2-2。

表 2-2　端口基本配置表

命　令	说　明
S1#configure t	进入全局配置模式
S1(config)#interface f0/1	进入接口配置模式
S1(config-if)#duplex full	配置接口双工模式
S1(config-if-range)#speed 100	配置接口速度
S1(config-if-range)#end	返回特权 EXEC 模式
S1#copy running-config startup-config	将运行配置保存到启动配置

如果没有使用 duplex 命令指定二层交换机端口的双工模式，也没有使用 speed 命令指定端口传输速度，默认情况下，Cisco Catalyst 2960 和 3560 交换机上交换机端口双工和速度的默认设置都是 auto。

任务 3　配置交换机端口安全

交换机端口安全功能，是指针对交换机的端口进行安全属性的配置，从而控制用户的安全接入。交换机端口安全主要有两种类项：一是限制交换机端口的最大连接数；二是针对交换机端口进行 MAC 地址和 IP 地址的绑定。限制交换机端口的最大连接数可以控制交换机端口下连的主机数，并防止用户进行恶意的 ARP 欺骗。交换机端口的地址绑定，可以针对 IP 地址、MAC 地址以及 IP + MAC 进行灵活的绑定。可以实现对用户进行严格的控制，保证用户的安全接入和防止常见的内网的网络攻击，如 ARP 欺骗、IP 或 MAC 地址欺骗以及 IP 地址攻击等。

2.3.1　端口安全 MAC 地址类型

（1）静态安全 MAC 地址

静态 MAC 地址是使用 switchport port-security mac-address mac-address 接口配置命令手动配置的。以此方法配置的 MAC 地址存储在地址表中，并添加到交换机的运行配置中。

（2）动态安全 MAC 地址

动态 MAC 地址是动态获取的，并且仅存储在地址表中。以此方式配置的 MAC 地址在交换机重新启动时将被移除。

（3）粘滞安全 MAC 地址

可以将端口配置为动态获得 MAC 地址，然后将这些 MAC 地址保存到运行配置中。

粘滞安全 MAC 地址有以下几个特性：

1）当使用 switchport port-security mac-address sticky 接口配置命令启用粘滞获取时，接口将所有动态安全 MAC 地址（包括在启用粘滞获取之前动态获得的 MAC 地址）转换为粘滞安全 MAC 地址，并将所有粘滞安全 MAC 地址添加到运行配置。

2）当使用 no switchport port-security mac-address sticky 接口配置命令禁用粘滞获取时，粘滞安全 MAC 地址仍作为地址表的一部分，但是已从运行配置中移除。已经被删除的地址可以作为动态地址被重新配置和添加到地址表。

3）当使用 switchport port-security mac-address stickymac-address 接口配置命令配置粘滞安全 MAC 地址时，这些地址将添加到地址表和运行配置中。如果禁用端口安全性，则粘滞安全 MAC 地址仍保留在运行配置中。

4）如果将粘滞安全 MAC 地址保存在启动配置文件中，则当交换机重新启动或者接口关闭时，接口不需要重新获取这些地址。如果不保存粘滞安全地址，则它们将丢失。如果粘滞获取被禁用，粘滞安全 MAC 地址则被转换为动态安全地址，并被从运行配置中删除。

如果禁用粘滞获取并输入 switchport port-security mac-address sticky mac-address 接口配置命令，则会出现错误消息，并且粘滞安全 MAC 地址不会添加到运行配置。

2.3.2 端口安全违规模式

当出现以下任一情况时，会发生安全违规：

1）地址表中添加了最大数量的安全 MAC 地址，有工作站试图访问接口，而该工作站的 MAC 地址未出现在该地址表中。

2）在一个安全接口上获取或配置的地址出现在同一个 VLAN 中的另一个安全接口上。

根据出现违规时要采取的操作，可以将接口配置为以下 3 种违规模式之一：

1）保护。当安全 MAC 地址的数量达到端口允许的限制时，带有未知源地址的数据包将被丢弃，直至移除足够数量的安全 MAC 地址或增加允许的最大地址数。在此模式下不会得到发生安全违规的通知。

2）限制。当安全 MAC 地址的数量达到端口允许的限制时，带有未知源地址的数据包将被丢弃，直至移除足够数量的安全 MAC 地址或增加允许的最大地址数。在此模式下，用户会得到发生安全违规的通知。具体而言就是，将有 SNMP 陷阱发出、syslog 消息记入日志，以及违规计数器的计数增加。

3）关闭。在此模式下，端口安全违规将造成接口立即变为错误禁用（error-disabled）状态，并关闭端口 LED。该模式还会发送 SNMP 陷阱、将 syslog 消息记入日志，以及增加违规计数器的计数。当安全端口处于错误禁用状态时，先输入 shutdown 再输入 no shutdown 接口配置命令可使其脱离此状态。

2.3.3 端口安全配置

（1）配置接口模式为 access

交换机端口处于默认模式（动态协商）时，不能启用端口安全，要明确配置指定端口为 access 端口。配置命令如下：

```
switchport mode access
```

（2）启用端口安全

要在一个接口上启用端口安全，在接口配置模式下，使用 switchport port-security 命令。配置命令如下：

```
S1(config-if)#switchport port-security
```

（3）配置指定端口授权访问的最大 MAC 地址数

要设置一个端口上安全 MAC 地址的最大数量，在接口配置模式下，使用 switchport port-security maximum 命令。要返回到默认设置，使用该命令的 no 形式。switchport port-security maximum 命令的格式如下：

```
switchport port-security maximum maximum[vlan vlan | vlan-list]
no switchport port-security maximum
```

其中，maximum 是接口安全地址的最大数量，vlan vlan | vlan-list（可选项）是一个 VLAN 或 VLAN 列表。

例如，设置端口上安全MAC地址的最大数量：

```
S1(config-if)#switchport port-security maximum 5
```

（4）配置指定授权访问的主机的MAC地址

要添加一个MAC地址到安全MAC地址列表，在接口配置模式下，使用switchport port-security mac-address命令。要从安全MAC地址列表中移除一个MAC地址，使用该命令的no形式。switchport port-security mac-address命令的格式如下：

```
switchport port-security mac-address{mac-addr|{sticky[mac-addr]}}
no switchport port-security mac-address{mac-addr|{sticky[mac-addr]}}
```

其中，mac-addr是MAC地址，sticky是粘贴地址。

例如，配置安全MAC地址：

```
S1(config-if)#switchport port-security mac-address 1000.2000.3000
```

在接口上启用粘性特性：

```
S1(config-if)#switchport port-security mac-address sticky
```

指定MAC地址作为粘性地址：

```
S1(config-if)# switchport port-security mac-address sticky 0000.0000.0001
```

（5）配置端口安全违规后的行为

要设置安全违反发生时采取的行动，在接口配置模式下，使用switchport port-security violation命令。要返回到默认设置，使用该命令的no形式。switchport port-security violation命令的格式如下：

```
switchport port-security violation {shutdown|restrict|protect}
no switchport port-security violation {shutdown|restrict|protect}
```

其中，shutdown表示关闭接口；restrict表示丢弃所有来自不安全主机的包，增加安全违反计数；protect表示丢弃所有来自不安全主机的包，但不增加安全违反计数。

例如，当安全违反发生时，设置采用的动作：

```
S1(config-if)#Switchport port-security violation restrict
```

2.3.4 端口安全检验

在交换机上配置了端口安全后，要检验端口安全是否配置正确。

（1）检验端口安全设置。命令如下：

```
S1#show port-security interface f0/18
```

（2）检验安全MAC地址。命令如下：

```
S1#show port-security address
```

项目小结

本章主要介绍了交换机的工作原理，交换机启动和相关信息配置，并介绍了交换机的端口安全的配置和检验。

项目练习

1. 以太网交换机根据（　　）转发数据包。
   A. IP 地址　　B. MAC 地址　　C. LLC 地址　　D. PORT 地址
2. 一台 16 端口的交换机可以产生（　　）个冲突域。
   A. 1　　B. 2　　C. 14　　D. 16
3. 以下设备提供局域网的逻辑分段的是（　　）。
   A. 路由器　　B. 网桥　　C. 交换机　　D. 集线器
4. LAN 交换机工作的特征是（　　）。
   A. 工作在第一层的多端口中继器　　B. 工作在第二层的多端口中继器
   C. 工作在第三层的多端口中继器　　D. 工作在第二层的多端口网桥
5. 以下描述中，不正确的是（　　）。
   A. 设置了交换机的管理地址后，就可使用 Telnet 方式来登录连接交换机，并实现对交换的管理与配置
   B. 首次配置交换机时，必须采用 Console 端口登录配置
   C. 默认情况下，交换机的所有端口均属于 VLAN1，设置管理地址，实际上就是设置 VLAN1 接口的地址
   D. 交换机允许同时建立多个 Telnet 登录连接
6. 交换机通过（　　）知道将帧转发到哪个端口。
   A. 用 MAC 地址表　　B. 用 ARP 地址表
   C. 读取源 ARP 地址　　D. 读取源 MAC 地址
7. 以太网交换机的每一个端口可以看作一个（　　）。
   A. 冲突域　　B. 广播域　　C. 管理域　　D. 阻塞域
8. 以太网交换机一个端口在接收到数据帧时，如果没有在 MAC 地址表中查找到目的 MAC 地址，通常（　　）。
   A. 把以太网帧复制到所有端口
   B. 把以太网帧单点传送到特定端口
   C. 把以太网帧发送到除本端口以外的所有端口
   D. 丢弃该帧
9. 以太网交换机端口 A 配置成 10/100Mbit/s 自协商工作状态，与 100Mbit/s 共享式集线器（Hub）连接，自协商过程结束后端口 A 的工作状态是（　　）。
   A. 10Mbit/s 半双工　　B. 10Mbit/s 全双工
   C. 100Mbit/s 半双工　　D. 100Mbit/s 全双工
10. 下列可以看作是一种多端口的网桥设备的是（　　）。
   A. 中继器　　B. 交换机　　C. 路由器　　D. 集线器

项目实训

交换机的配置模式

1. 实训目的

1）掌握清除交换机现有配置的方法。

2）掌握创建基本交换机配置的方法。

2. 实训设备

1）二层交换机 1 台。

2）PC 两台。

3）Console 线 1 根。

4）路由器 1 台。

3. 实训拓扑图和 IP 地址表

实训拓扑图如图 2-7 所示，IP 地址分配见表 2-3。

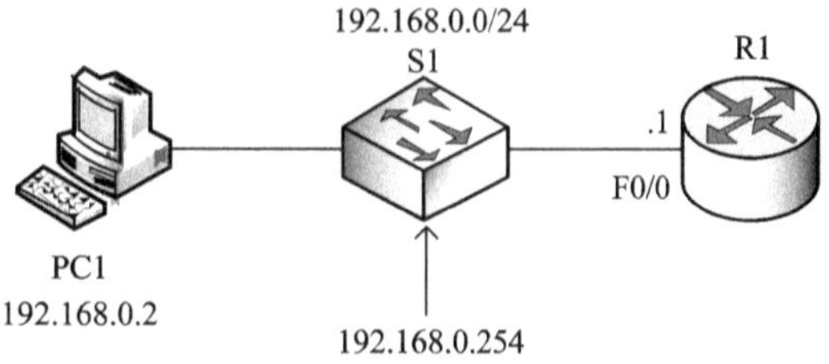

图 2-7　静态路由的配置拓扑图

4. 实训任务

1）清除交换机现有配置。

2）配置交换机管理 IP 地址。

3）配置交换机的默认网关。

4）将运行配置保存到启动配置。

5）检验交换机配置。

表 2-3　路由设备接口及 IP 地址分配

设备名	接口	IP 地址	子网掩码
PC1	网卡	192. 168. 0. 2	255. 255. 255. 0
S1	VLAN99	192. 168. 0. 254	255. 255. 255. 0
R1	F0/0	192. 168. 0. 1	255. 255. 255. 0

项目 3　配置虚拟局域网

VLAN（虚拟局域网）是一种通过将局域网内的设备逻辑地而不是物理地划分成一个个网段，从而实现虚拟工作组的新兴技术，在功能和操作上和传统的 LAN 基本相同。VLAN 技术是目前网络界最热门的技术之一，也是交换网络中最重要的技术之一，它的出现是和局域网的交换技术的发展分不开的。VLAN 的出现打破了传统网络的许多固有观念，使网络结构变得灵活、方便。

随着网络技术日新月异的发展，现代局域网已进入高速交换时代。以交换技术为基础产生的 VLAN 技术是一种新的热门技术，目前正在得到越来越广泛的应用。从某种角度讲，VLAN 技术已经成为现代大型局域网建设、管理和应用不可缺少的技术。研究 VLAN 技术的应用，对于网络的建设、管理和应用具有十分重要的意义。

本章学习目标

1）了解 VLAN 技术。
2）了解 VLAN 的工作原理。
3）掌握 VLAN 配置启动过程。
4）掌握中继链路的配置。

任务 1　了解 VLAN 的工作原理

3.1.1　VLAN 的定义

VLAN（Virtual Local Area Network，虚拟局域网）是一种通过将局域网内的设备逻辑地而不是物理地划分成一个个网段，从而实现虚拟工作组的技术。VLAN 工作在 OSI 参考模型的第二层和第三层，一个 VLAN 就是一个广播域，VLAN 之间的通信是通过路由来完成的。划分 VLAN 后，由于广播域的缩小，网络中广播包消耗带宽所占的比例大大降低，网络的性能得到显著提高。与传统的局域网技术相比，VLAN 技术更加灵活。

图 3-1 所示为创建的 3 个 VLAN，这 3 个 VLAN 不受物理位置的限制，而是根据用户需求进行网络分段，将位于不同楼层的用户或者不同部门的用户根据需要加入不同的虚拟局域网。这种划分是对网络用户的逻辑分段，这样可以方便地按部门来分割网段，实现按权限访问，提高了安全性。

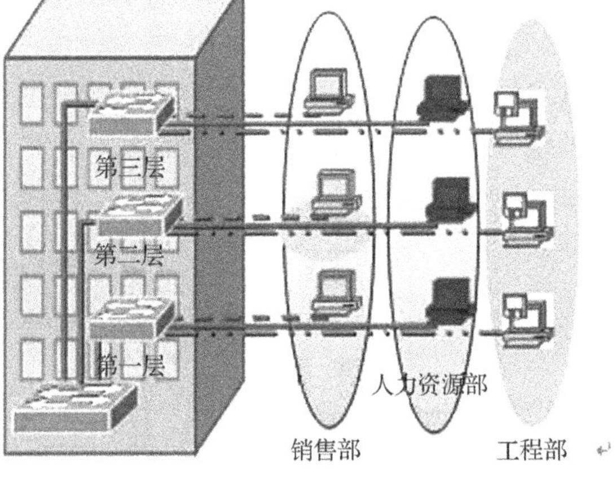

图 3-1　逻辑定义网络 VLAN

3.1.2　VLAN 的工作原理

VLAN 技术通过将连在交换机上的主机划分到不同的网段，并将广播通信量限制在每个网段内部，从而增加了广播域的数目，减少了广播对网络的不利影响。网络管理人员通过手工方式将交换机的不同端口标记为属于不同的 VLAN，接入到某个端口中的主机将自动成为该 VLAN 的成员。交换机并不在各 VLAN 之间传输任何用户数据，它只是在某个 VLAN 所属的端口之间转发数据包。

交换机是如何区分不同 VLAN 的数据包呢？实际上，交换机是通过给不同 VLAN 的数据打标记来区分 VLAN 的，数据包流入交换机端口时，被加上 VLAN 标记符，将数据包从端口发出前再拿掉 VLAN 标记符。换句话说，带有 VLAN 标记的数据包不会从交换机任何端口发出，除非是主干端口。主干端口用来级连多个交换机，并在主干道上传送多个 VLAN 的数据。

3.1.3　VLAN 的优点

相对于传统的 LAN 技术，VLAN 具有如下几个优势：

1）防止广播风暴。在共享网络中，一个物理的网段就是一个广播域。而在交换网络中，广播域可以是有一组任意选定的第二层网络地址（MAC 地址）组成的虚拟网段。这样，网络中工作组的划分可以突破共享网络中的地理位置限制，而完全根据管理功能来划分。

2）安全性更高。这种基于工作流的分组模式，大大提高了网络规划和重组的管理功能。在同一个 VLAN 中的工作站，不论它们实际与哪个交换机连接，它们之间的通信就好像在独立的交换机上一样。同一个 VLAN 中的广播只有 VLAN 中的成员才能听到，而不会传输到其他的 VLAN 中去，这样可以很好地控制不必要的广播风暴的产生。同时，若没有路由，不同 VLAN 之间不能相互通信，这样增加了企业网络中不同部门之间的安全性。

3）改进管理效率。VLAN 提供了有效的机制来控制由于企业结构、人事或资源变化对网络系统所造成的影响。例如，当用户从一个地点移到另一个地点时，只需对交换机的配置稍作改动即可，大大简化了重新布线、配置和测试的步骤。

3.1.4　VLAN 的划分

在交换网络中实施 VLAN 时，会涉及默认 VLAN、管理 VLAN 以及本征 VLAN 等术语。下面介绍了一些常见的 VLAN 术语。

（1）数据 VLAN

数据 VLAN 只传送用户产生的流量。VLAN 也可以传送语音流量或用于传送管理交换机的流量，但这种流量可以从数据 VLAN 中隔离开。为了强调用户数据与交换机管理控制数据和语音流量分隔开这一点，使用了一个特别的术语——数据 VLAN 来标识这种只传送用户数据的 VLAN。数据 VLAN 有时也称为用户 VLAN。

（2）默认 VLAN

在交换机初始启动之后，交换机的所有端口即加入到默认 VLAN 中。让所有这些交换机端口参与默认 VLAN 会使这些端口全部位于同一个广播域中。这样一来，连接到交换机任何端口的任何设备都能与连接到其他端口的其他设备通信。Cisco 交换机的默认 VLAN 是 VLAN1。VLAN1 具有 VLAN 的所有功能，但是不能对它进行重命名，也不能删除。第二层的控制流量（如 CDP 流量和生成树协议流量）始终从属于 VLAN1——这一点无法改变。

（3）本征 VLAN

本征 VLAN 分配给 802.1Q 中继端口。802.1Q 中继端口支持来自多个 VLAN 的流量（有标记流量），也支持来自 VLAN 以外的流量（无标记流量）。802.1Q 中继端口会将无标记流量发送到本征 VLAN。如果交换机端口配置了本征 VLAN，则连接到该端口的计算机将产生无标记流量。本征 VLAN 在 IEEE 802.1Q 规范中说明，其作用是向下兼容传统 LAN 方案中的无标记流量。对用户来说，本征 VLAN 的目的是充当中继链路两端的公共标识。最佳做法是使用 VLAN1 以外的 VLAN 作为本征 VLAN。

（4）管理 VLAN

管理 VLAN 是配置用于访问交换机管理功能的 VLAN。如果没有主动定义一个唯一的 VLAN 作为管理 VLAN，则 VLAN1 会默认充当管理 VLAN。用户需要为管理 VLAN 分配 IP 地址和子网掩码。交换机可通过 HTTP、Telnet、SSH 或 SNMP 进行管理。Cisco 交换机的出厂配置是将 VLAN1 作为默认 VLAN，一般为了网络安全，最好将默认 VLAN 设置为其他 VLAN。

3.1.5 VLAN 的标准

对于 VLAN 的标准，这里介绍两种比较通用的标准和一种 Cisco 自己的 ISL 标准。ISL 虽然不是一种大众化的标准，但是由于 Cisco Catalyst 交换机的大量使用，ISL 也成为一种不是标准的标准。

（1）802.10 VLAN 标准

在 1995 年，Cisco 提倡使用 IEEE 802.10 协议，并试图采用优化后的 802.10 帧格式在网络上传输 Fram Tagging 模式中所必需的 VLAN 标签。然而，大多数 802 委员会的成员都反对推广 802.10。因为，该协议是基于 Frame Tagging 方式的。

（2）802.1Q

在 1996 年 3 月，IEEE 802.1 Internetworking 委员会出台的标准进一步完善了 VLAN 的体系结构，统一了不同厂商的标签格式，并定制了 VLAN 标准未来的发展方向，形成的 802.1Q 标准在业界得到了广泛的推广。

（3）Cisco ISL（Inter-Switch Link）

它是 Cisco 的专有封装方式，因此只能在 Cisco 的设备上支持。ISL 是一个在交换机之间、交换机与路由器之间及交换机与服务器之间传递多个 VLAN 信息及 VLAN 数据流的协议，通过在交换机直接的端口配置 ISL 封装，即可跨越交换机进行整个网络的 VLAN 分配和配置。

任务 2 配置静态 VLAN

静态 VLAN 的配置是把交换机的端口手动地分配到 VLAN 的过程。这个过程可以使用网络管理软件完成。但是在大多数情况下，是通过在交换机上直接以命令行的方式配置。交换机的一个端口只能属于一个 VLAN（配置为 Trunk 的端口除外）。端口一旦被属于哪个 VLAN，除非重新修改端口的 VLAN 属性，否则该端口将一直属于该 VLAN。

在配置 VLAN 时要注意，VLAN1 是交换机的默认 VLAN，在没有对交换机进行任何配置，也就是交换机在出厂时，所有交换机端口都属于 VLAN1。在对交换机进行配置时也要注意，VLAN1 是管理 VLAN，CDP 消息和 VLAN Trunk 协议（VTP）域的管理信息是通过 VLAN1 在交换机之间传递的，所以一定要在交换机上保留 VLAN1 作为管理 VLAN。

3.2.1 创建 VLAN

根据应用的需要，VLAN 的创建可以在二层交换机上创建，也可在三层交换机上创建。创建 VLAN 的配置步骤如下：

1）进入全局配置模式。

2）创建 VLAN。命令如下：

```
Switch(config)#vlan vlan-ID
```

默认情况下，交换机会自动创建和管理 VLAN1，所有交换机端口默认均属于 VLAN1，用户不能删除该 VLAN。用户可创建的 VLAN 数受交换机硬件条件限制，不同型号的交换机，允许创建的 VLAN 数有所不同。如果输入的是一个新的 VLAN ID，则交换机会创建一个 VLAN，并进入到 VLAN 配置模式，如果输入的是已经存在的 VLAN ID，则进入到 VLAN 配置模式修改相应的 VLAN 配置。例如：

```
Switch(config)#vlan 10
```

3.2.2 命名 VLAN

为区分不同的 VLAN，应对 VLAN 取一个名字。命名 VLAN 的配置步骤如下：

1）进入 VLAN。

2）命名 VLAN。命令如下：

```
Switch(config-vlan)#name vlan-name
```

其中，vlan-name 为 VLAN 的名字。例如：

```
Switch(config-vlan)#name test
```

3.2.3 为 VLAN 分配端口

在接口模式下可利用如下命令将选中的端口划分到一个已经创建的 VLAN 中。如果把一个接口分配给一个不存在的 VLAN，那么这个 VLAN 将自动被创建。

为 VLAN 分配端口的配置命令如下：

```
Switch(config-if)#switchport access vlan vlan-id
```

例如，把 F0/1 端口划分进入 VLAN10：

```
Switch(config)#interface f0/1
Switch(config-if)#switchport access vlan 10
```

又如，一次性划分多个端口进入同一 VLAN。把 1 ~5 端口以及 9 端口划分进入 VLAN10。

```
Switch(config)#inter range f0/1-5, f0/9
Switch(config-if)#switchport access vlan 10
```

3.2.4 删除 VLAN

删除已经创建的 VLAN，使用的配置命令如下：

```
Switch(config)#no vlan vlan-id
```

其中，vlan-id 是要删除的 VLAN。删除后原来属于该 VLAN 的交换机端口将仍然属于该 VLAN，不会自动划归到 VLAN1。此时这些端口将处于非活动状态，由于所属的 VLAN 已被删除，在查看 VLAN 时看不到这些端口。因此，在删除 VLAN 之前，最好先将属于该 VLAN 的端口划归到 VLAN1，然后再删除该 VLAN。例如：

```
Switch(config)#no vlan 10
```

3.2.5　查看 VLAN

在特权模式下，才可以查看 VLAN 的信息。查看的信息包括 vlan-id、VLAN 状态、VLAN 成员端口以及 VLAN 配置信息。

查看 VLAN 的配置命令如下：

```
Switch#Show vlan [brief | id vlan-id | name name]
```

其中，brief（可选项）是显示 VLAN 概要信息；id vlan-id（可选项）是显示由 VLAN ID 号标识的 VLAN 信息；name name（可选项）显示由 VLAN 名称标识的 VLAN 信息。

例如，显示所有 VLAN 的 VLAN 参数：

```
Switch#show vlan
```

又如，只显示 VLAN 名称、状态和关联端口：

```
Switch#show vlan brief
```

任务 3　配置中继链路

3.3.1　中继链路概述

VLAN Trunk（虚拟局域网中继）的作用是让连接在不同交换机上的相同 VLAN 中的主机互通。

同一个 VLAN 中的主机，彼此间可以通信，当 VLAN 成员分布在两台交换机的端口时，如何实现彼此间的通信呢？可以通过在交换机上各拿出一个端口，实现这两台交换机的级联，有多少个 VLAN，就对应地需要占用多少个端口，但每增加一个 VLAN，就需要在交换机间添加一条级联链路，而且还要额外占用交换机端口。为避免这种低效率的连接方式和对交换机端口的大量占用，可将这些级联的链路汇聚到一条链路上，该条链路允许各 VLAN 间的数据通过，这条用于实现各 VLAN 在交换机间通信的链路称为中继链路。

在如图 3-2 所示网络中划分了 VLAN10 和 VLAN20 两个 VLAN，当同属于 VLAN10 的两个主机 PC1 和 PC3 之间相互通信时，使用交换机 S1 的 F0/1 端口和 S2 的 F0/1 端口所连的物理链路，当同属于 VLAN20 的两个主机 PC2 与 PC4 之间相互通信时，使用交换机 S1 的 F0/2 端口和 S2 的 F0/2 的端口所连的物理链路，使用这种方法的缺点是如果局域网内 VLAN 的数目很大，会大量的占用交换机的物理端口。

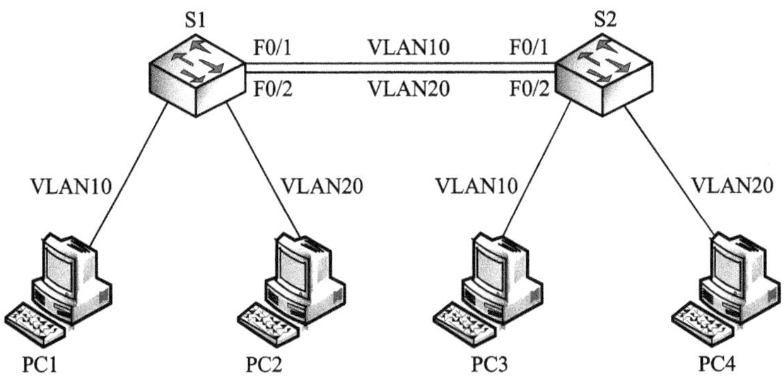

图 3-2　VLAN 示例

在如图3-3所示网络中只有一条物理链路将交换机S1与S2连接起来，将这条物理线路配置为中继链路后，VLAN10和VLAN20的数据帧都可以通过该链路进行传输。

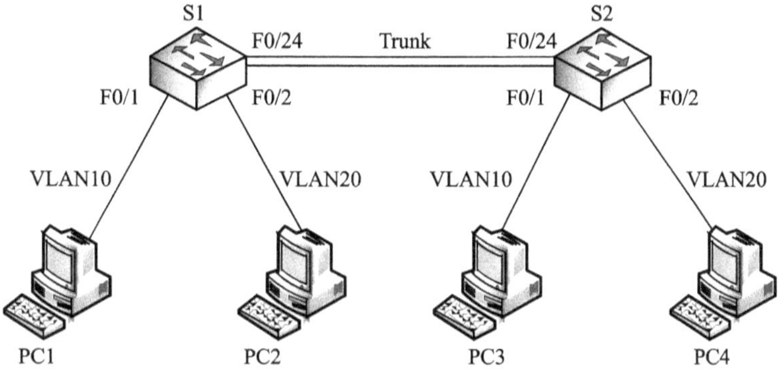

图3-3　中继示例

3.3.2　中继链路协议

由于在中继链路上承载了来自多个VLAN的不同数据，在交换机上需要有一种机制使交换机能够识别中继链路上的数据帧来源于哪个VLAN，以进行正确的转发。在VLAN技术中通常采用在以太网帧的帧头中插入一个标签（Tag）的方法来识别中继链路中的数据帧属于哪个VLAN。当前帧标记最常用的封装协议是IEEE 802.1Q，它是一个开放的封装协议，所有厂商都支持。此外，还有Cisco的私有中继封装协议ISL，但ISL只有在Cisco交换机上才能使用。

为了保证不同厂商生产的交换机设备相互兼容，IEEE 802.1Q标准严格规定了统一的帧格式。IEEE 802.1Q的帧格式如图3-4所示，它相当于在标准的以太网帧头添加了4个字节，成为带有VLAN标签的帧。在添加的4个字节中，2个字节为标记协议标识符（Tag Protocol Identifier，TPID），2个字节为标签控制信息段（Tag Control Information，TCI）。

8个字节	6个字节	6个字节	2个字节	2个字节	2个字节	46～1500个字节	4个字节
前导码	目的MAC地址	源MAC地址	标记协议标识	标签控制信息	类型	数据	帧校验序列

图3-4　IEEE 802.1Q的帧格式

标记协议标识符：长度为2个字节，其值固定为0X8100，表示该帧是带有IEEE 802.1Q标记信息的帧。

标签控制信息字段：共2个字节，包含的是帧的控制信息。它包括3比特用户优先级（User Priority）、1比特规范格式指示器（Canonical Format Indicator，CFI）和12比特VLAN标记（VLAN Identifier，VID）。其中，用户优先级用于定义数据帧的优先级，有8个优先级别；规范格式标识用于指示以太网和令牌环网之间的转发，CFI在以太网交换机中总被设置为0，若一个以太网端口接收帧的CFI值为1，表示不对该帧进行转发；12比特的VLAN标记用于标识帧所属的VLAN，VID的有效值为0～4095，其中0、1和4095被保留。

3.3.3　中继链路的配置

当一条链路需要有多个VLAN流量通过时，该条链路就必须配置成Trunk链路。下面主要介绍Trunk链路的配置方法。

（1）配置接口工作模式

交换机接口的工作模式分为Access（访问连接端口）和Trunk两种，默认为Access。可使用 switchport mode 命令配置。使用该命令的 no 形式复位设备的默认模式。命令格式如下：

```
switchport mode access | trunk
no switchport mode
```

例如，设置接口为 Trunk 模式：

```
Switch(config-if)#switchport mode trunk
```

（2）配置 Trunk 封装协议

当接口为 Trunk 模式时，为接口设置 Trunk 封装的格式，使用 switchport trunk encapsulation 命令。为复位到默认值，使用该命令的 no 形式。命令格式如下：

```
switchport trunk encapsulation {isl | dot1q | negotiate}
no switchport trunk encapsulation {isl | dot1q | negotiate}
```

其中，encapsulation isl 是 Trunk 封装格式为 ISL；encapsulation dot1q 是 Trunk 封装格式为 DOT1Q；encapsulation negotiate 是协商解决封装格式，协商失败则为 ISL。

对于 Cisco 交换机，一般都同时支持 ISL 和 802.1Q 协议，而其他厂商设备仅支持 802.1Q 协议。

例如，指定 Trunk 封装的类型：

```
Switch(config-if)#switchport trunk encapsulation dot1q
```

（3）配置 Trunk 允许 VLAN 列表

默认情况下，Trunk 链路允许所有 VLAN 的流量通过。有时需要限制通过 Trunk 链路的 VLAN，此时用户可以从允许列表中删除指定的 VLAN。

当接口为 Trunk 模式时，为设置 Trunk 允许列表，在接口配置模式下，使用 switchport trunk allowed vlan 命令。为复位到默认值，使用该命令的 no 形式。命令格式如下：

```
switchport trunk allowed vlan vlan-list
no switchport trunk allowed vlan
```

其中，vlan-list 的格式是 all | add | remove | except vlan-list ［，vlan-list…］。

all：指定所有 VLAN。

add：添加定义的 VLAN 到当前设置的 VLAN 列表。

remove：从当前设置的 VLAN 列表移除定义的 VLAN。

except：通过定义的 VLAN 列表反转计算 VLAN 列表。

vlan-list：VLAN 列表。

例如，从允许 VLAN 列表中删除 VLAN3 和 10 ~ 15：

```
Switch(config)#interface f0/1
Switch(config-if)#switchport trunk allowed vlan remove 3 10-15
```

（4）配置本征 VLAN

本征（Native）VLAN 的作用是在 Trunk 链路使用 802.1Q 协议封装时，指定哪个 VLAN 的数据不用做 802.1Q 标记，除本征 VLAN 外的其他 VLAN 数据都会做 802.1Q 封装的标记。

使用本征 VLAN 原因是交换的管理流量以及未指定 VLAN 的流量，默认使用本征 VLAN（默认为 VLAN1）来传送，这些流量不需要做 802.1Q 封装。

当接口为 Trunk 模式时，为设置本征 VLAN，在接口配置模式下，使用 switchport trunk native vlan 命令。为复位到默认值，使用该命令的 no 形式。命令格式如下：

```
switchport trunk native vlan vlan-id
no switchport trunk native vlan
```

其中，native vlan 是本征 VLAN，vlan-id 是本征 VLAN 号码，默认为 1。

例如，配置 VLAN3 作为发送不带标签的流量的本征 VLAN：

```
Switch(config-if)#switchport trunk native vlan 3
```

（5）配置实例

下面通过图 3-3 所示实例介绍中继链路具体配置过程。

1）配置 VLAN。在 S1 上创建 VLAN，可使用命令 vlan vlan-id 创建 VLAN，使用 name vlan-name 命令为 VLAN 命名。具体命令如下：

```
S1(config)#vlan10
S1(config-vlan)#name teacher
S1(config-vlan)#vlan 20
S1(config-vlan)#name student
S1(config-vlan)#vlan 99
S1(config-vlan)#name Management
S1(config-vlan)#exit
```

2）为 VLAN 分配端口。switchport mode access 命令将接口配置为接入端口，switchport access vlan vlan-id 命令将 VLAN 分配给该端口。注意只能为一个接入端口分配一个接入 VLAN。具体命令如下：

```
S1(config)#interface f0/1
S1(config-if)#switchport mode access
S1(config-if)#switchport access vlan 10
S1(config-if)#exit
S1(config)#interface f0/2
S1(config-if)#switchport mode access
S1(config-if)#switchport access vlan 20
S1(config-if)#exit
```

3）配置中继。S1 的 F0/24 配置为中继，并使用 VLAN99 作为本征 VLAN。具体命令如下：

```
S1(config)#interface f0/24
S1(config-if)#switchport mode trunk
S1(config-if)#switchport trunk native vlan 99
```

任务4　了解 VLAN 间路由

3.4.1　什么是 VLAN 间路由

在交换机上划分 VLAN 后，两台交换机之间可以通过 Trunk 的链接，达到两台交换机所链接的相同 VLAN 中的主机互相通信的目的，但是 VLAN 间的主机就无法通信了。VLAN 间的通信需要借助第三层设备，可以使用路由器和三层交换机来实现这个功能。无论使用何种设备，使用路由将网络流量从一个 VLAN 转发至另一 VLAN 的过程称为 VLAN 间路由。下面将介绍使用路由器来实现 VLAN 间路由。

3.4.2 传统 VLAN 间路由

（1）传统 VLAN 间路由原理

处于不同 VLAN 的计算机即使是在同一交换机上，它们之间的通信也必须使用路由器。在每个 VLAN 上都有一个以太网口和路由器连接。采用这种方法，如果要实现 N 个 VLAN 间的通信，则路由器需要 N 个以太网接口，同时也会占用了 N 个交换上的以太网接口，如图3-5所示。

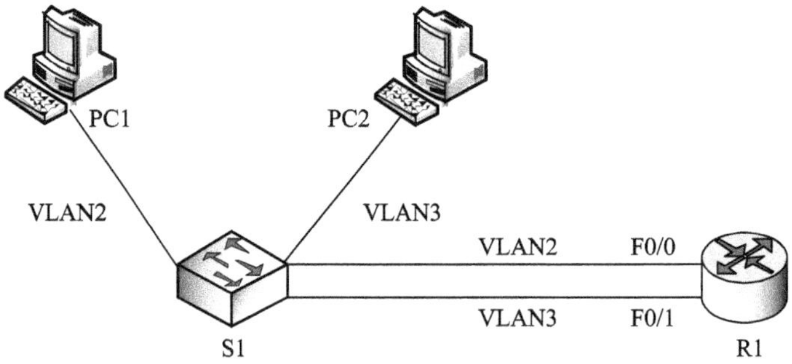

图 3-5 不同 VLAN 的主机通过路由器互相通信

（2）传统 VLAN 间路由配置过程

配置 VLAN 间路由，实现 PC 1 与 PC 2 之间的通信，如图 3-6 所示。

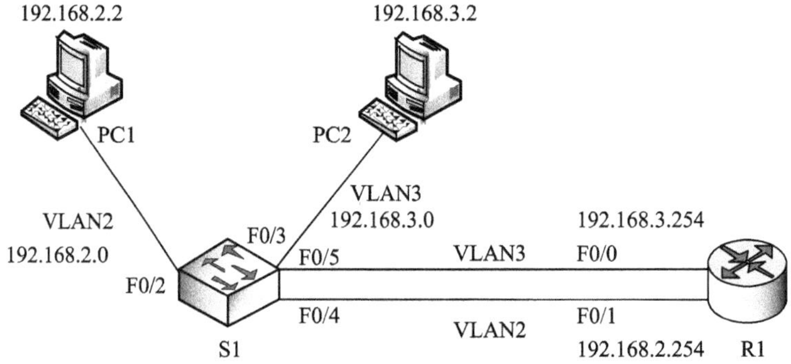

图 3-6 传统 VLAN 间路由配置

1）配置交换机。配置交换机后才能开始配置传统 VLAN 间路由。具体命令如下：

```
S1(config)#vlan 2
S1(config-vlan)#vlan 3
S1(config-vlan)#exit
S1(config)#interface f0/2
S1(config-if)#switchport mode access
S1(config-if)#switchport access vlan 2
S1(config-if)#exit
S1(config)#interface f0/3
S1(config-if)#switchport mode access
S1(config-if)#switchport access vlan 3
S1(config-if)#exit
S1(config)#interface f0/4
S1(config-if)#switchport mode access
```

```
S1(config-if)#switchport access vlan 2
S1(config-if)#exit
S1(config)#interface f0/5
S1(config-if)#switchport mode access
S1(config-if)#switchport access vlan 3
S1(config-if)#end
S1#copy running-config startup-config
```

2）配置路由器。接下来，配置路由器以执行 VLAN 间路由。具体命令如下：

```
Router(config)#interface f0/0
Router(config-if)#ip address 192.168.3.254 255.255.255.0
Router(config-if)#no shutdown
Router(config-if)#exit
Router(config)#interface f0/1
Router(config-if)#ip address 192.168.2.254 255.255.255.0
Router(config-if)#no shutdown
```

3.4.3 单臂路由

（1）单臂路由的原理

单臂路由提供另外一种解决方案。路由器只需要一个以太网接口和交换机连接，交换机的这个接口设置为 Trunk 接口。在路由器上创建多个子接口和不同的 VLAN 连接，子接口是路由器物理接口上的逻辑接口。如图 3-7 所示，当交换机收到 VLAN2 的计算机发送的数据帧后，从它的 Trunk 接口发送数据给路由器，由于该链路是 Trunk 链路，帧中带有 VLAN2 的标签，帧到了路由器后，如果数据要转发到 VLAN3 上，路由器将把数据帧的 VLAN2 标签去掉，重新用 VLAN3 的标签进行封装，通过 Trunk 链路发送到交换机上的 Trunk 接口；交换机收到该帧，去掉 VLAN3 标签，发送给 VLAN3 上的计算机，从而实现了 VLAN 间的通信。

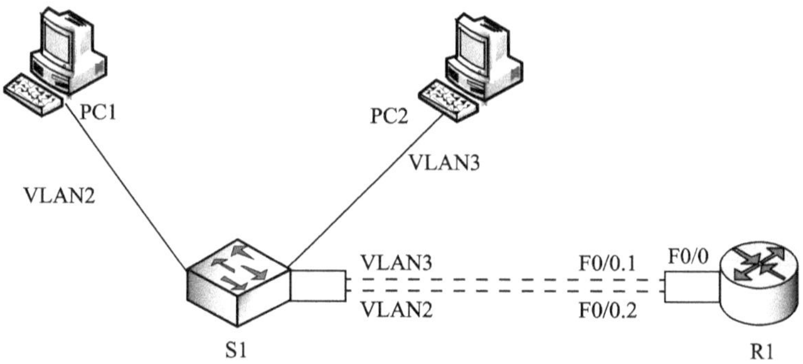

图 3-7　在物理接口上划分子接口

（2）单臂路由的配置过程

在路由器的一个物理接口上，可以存在多个逻辑的子接口。可以在一个物理接口上配置与 VLAN 数量相当的子接口，使每个 VLAN 的子网连接在一个子接口上。如果物理接口为 F0/0，若要创建 2 个子接口，则子接口编号可分别为 F0/0.1 和 F0/0.2，其余依次类推。

在路由器上配置子接口所属的 VLAN 和 Trunk 封装协议的命令如下：

```
encapsulation dot1q vlan-id
```

例如，若要配置 F0/0. 1 的子接口为 VLAN3 的子接口，Trunk 封装协议为 DOT1Q，则配置命令如下：

```
Router(config)#interface F0/0.1
Router(config-if)#switchport trunk encapsulation dot1q
```

又如，配置 VLAN 间路由，实现 PC1 与 PC2 之间的通信，如图 3-8 所示。

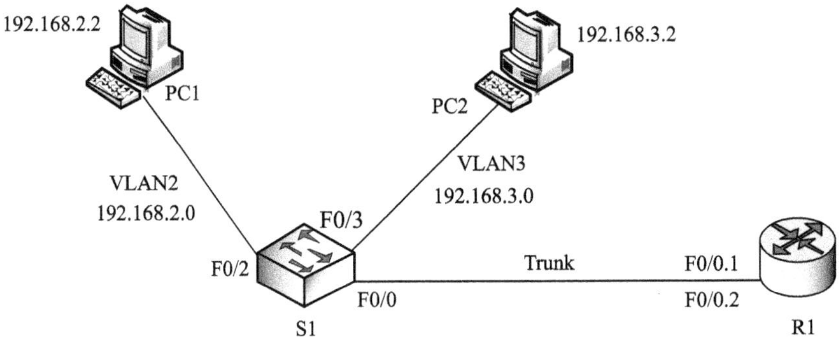

图 3-8　VLAN 间路由

交换机 S1 配置如下：

```
S1#vlan database
S1(vlan)#vlan 2
S1(vlan)#vlan 3
S1(config)#interface f0/2
S1(config-if)#switchport mode access
S1(config-if)#switchport access vlan 2
S1(config)#interface f0/3
S1(config-if)#switchport mode access
S1(config-if)#switchport access vlan 3
S1(config)#interface f0/0
S1(config-if)#switchport mode trunk
S1(config-if)#switchport trunk encapsulation dot1q
S1(config-if)#no shutdown
```

路由器 R1 配置如下：

```
R1(config)#interface f0/0
R1(config-if)#no shutdown
R1(config-if)#interface f0/0.1
R1(config-subif)#encapsulation dot1q 2
R1(config-subif)#ip address 192.168.2.1 255.255.255.0
R1(config-subif)#no shutdown
R1(config)#interface f0/0.2
R1(config-subif)#encapsulation dot1q 3
R1(config-subif)#ip address 192.168.3.1 255.255.255.0
R1(config-subif)#no shutdown
```

任务5　配置VTP

3.5.1　VTP概述

VTP（VLAN Trunking Protocol，VLAN中继协议）是一个OSI参考模型第二层的通信协议，用于管理在同一个域的网络范围内VLAN的建立、删除和重命名。在一台VTP服务器上配置一个新的VLAN时，该VLAN的配置信息将自动传播到本域内的其他所有交换机。这些交换机会自动接受这些配置信息，使其VLAN的配置与VTP服务器保持一致，从而减少在多台设备上配置同一个VLAN信息的工作量，而且保持了VLAN配置的统一性。

VTP通过网络（ISL帧或Cisco私有DTP帧）保持VLAN配置的统一性。VTP在系统级管理增加、删除、调整的VLAN，自动将信息向网络中其他交换机传播。此外，VTP减小了那些可能导致安全问题的配置，为便于管理，只要在VTP服务器做相应设置，VTP客户机就会自动学习VTP服务器上VLAN信息。

VTP有3种工作模式：服务器模式、客户机模式和透明模式。一般地，一个VTP域内的整个网络只设置一个VTP服务器，用于维护该VTP域内的所有VLAN信息列表。VTP客户机虽然也维护VLAN信息列表，但其VLAN的配置信息是从VTP服务器学到的。VTP透明相当于一台独立的交换机，它不参与VTP工作，不能从VTP服务器学习VLAN的配置信息，而只拥有本设备上自己维护的VLAN信息。

VTP的3种工作模式对比如下。

1）服务器模式（Server）：提供VTP消息，包括VLAN ID和名字信息；学习并转发相同域名的VTP消息；可以添加、删除和更改VLAN，VLAN信息写入NVRANM。

2）客户机模式（Client）：请求VTP消息；学习并转发相同域名的VTP消息；不可以添加、删除和更改VLAN，VLAN信息不会写入NVRAM。

3）透明模式（Transparent）。不提供VTP消息；不学习VTP消息，但转发VTP消息；可以添加、删除和更改VLAN，只把本地有效VLAN信息写入NVRAM。

当交换机配置为VTP服务器模式或透明模式，可以使用CLI、控制台菜单或MIB（当使用SNMP简单网络管理协议管理工作站）修改VLAN设置。

3.5.2　VTP的消息类型

（1）汇总通告消息（Summary Advertisements）

在默认情况下，Catalyst交换机会每隔5min发送一条汇总通告消息。汇总通告消息会通知邻近Catalyst交换机当前的VTP域名和配置修订号。当交换机收到汇总通告消息数据包时，交换机就会将数据包中的VTP域名与自己的VTP域名进行比较。如果名称不同，交换机就会忽略这个数据包。如果名称相同，交换机就会将自己的配置修订号与数据包的修订号进行比较。如果自己的配置修订号大于等于数据包的修订号，数据包也会被忽略。如果自己的配置修订号比较小，那么交换机就会发送通告请求消息。

（2）子集通告消息（Subset Advertisements）

管理员在Catalyst交换机上添加、删除或修改VLAN时，配置被修改了的那台服务器交换机就会增加配置修订号，并发送一条汇总通告消息。随后，它又会发送一条或多条子集通告消息。每条子集通告消息中都包含一个VLAN信息的列表。如果有多个VLAN，交换机就会请求服务器交换机发送多条子集通告消息来通告所有这些VLAN的信息。

（3）通告请求消息（Request Advertisements）

在下列情况下，交换机需要发送 VTP 通告请求消息：

1）交换机重启。

2）VTP 域名被修改。

3）交换机收到了一条 VTP 汇总通告消息，且该消息的配置修订号高于其自身的修订号。

在收到通告请求消息之后，VTP 设备就会发送一条汇总通告消息。在此之后，再发送一条或多条子集通告消息。

3.5.3　VTP 的配置

（1）配置 VTP 版本

在管理域中可以运行两种不同版本的 VTP：VTP 版本 1 和 VTP 版本 2，两个不同版本不能互操作，默认为 VTP 版本 1。如果想把管理域中一台交换机配置成 VTP 版本 2，则必须把该域中所有交换机都配置成 VTP 版本 2。另外如果需要一些 VTP 版本 2 提供 VTP 版本 1 没有提供的特殊特性，也需要执行 VTP 版本 2。

为启用 VTP 版本 2 模式，在 VLAN 配置模式下，使用 VTP v2-mode 命令。为禁用版本 2 模式，使用该命令的 no 形式。命令格式如下：

```
vtp v2-mode
no vtp v2-mode
```

例如，在 VLAN 数据库中启用版本 2 模式：

```
Switch#vlan datebase
Switch#vtp v2-mode
```

（2）创建 VTP 管理域

要在交换机上激活启用 VTP，应先创建 VTP 管理域，然后设置 VTP 的工作模式，最后还要配置和启用 VTP 链路。

VTP 管理域配置命令格式如下：

```
vtp domain domain-name
```

该命令在 VLAN 配置模式下运行。只有属于同一个 VTP 域的交换机彼此间才能交换 VLAN 信息。一个交换机同时只能属于某一个 VTP 域。命令中的 domain-name 代表要创建的 VTP 管理域。注意该域名是区分大小写的，VTP 域名不会隔断广播域，仅用于同步 VLAN 配置信息。

例如，设置设备的管理域名为 vtpDomain：

```
Switch#vlan database
Switch#vtp domain vtpDomain
```

（3）设置 VTP 模式

为配置设备的 VTP 模式，在 VLAN 配置模式下，使用如下命令：

```
vtp client|sever|transparent
```

例如，设置设备为 VTP 客户机模式：

```
Switch#vlan database
Switch#vtp client
```

设置设备为 VTP 服务器模式：

```
Switch#vlan database
Switch#vtp server
```

设置设备为 VTP 透明模式：

```
Switch#vlan database
Switch#vtp transparent
```

（4）查看 VTP 信息

为显示关于 VTP 管理域、状态和计数器的总体信息，在特权 EXEC 模式下，使用 show vtp 命令。

```
show vtp{counters|interface [type/number ] |status}
```

其中，counters 是显示交换机的 VTP 计数器信息；interface 是显示所有接口信息；type/number 是（可选项）显示指定接口信息；status 是显示关于 VTP 管理域的总体信息。

例如：

```
Switch#show vtp counters
Switch#show vtp status
Switch#show vtp interface GigabitEthernet0/1
```

项目小结

本章主要介绍了 VLAN 的定义、工作原理和 VLAN 的相关配置，还介绍了中继链路、VLAN 间路由和 VTP 的配置。

项目练习

1. VLAN 在现代组网技术中占有重要地位，同一个 VLAN 中的两台主机（　　）。
   A. 必须连接在同一交换机上　　B. 可以跨越多台交换机
   C. 必须连接在同一集线器上　　D. 可以跨业多台路由器
2. VLAN 通常采用交换机端口号、MAC 地址、网络层地址或（　　）。
   A. 物理网段定义　　B. 操作系统定义
   C. IP 广播组地址定义　　D. 网桥定义
3. 下面设备中可以转发不同 VLAN 之间的通信的是（　　）。
   A. 二层交换机　　B. 三层交换机　　C. 网络集线器　　D. 生成树网桥
4. 可以采用静态或动态方式来划分 VLAN，下面属于静态划分的方法是（　　）。
   A. 按端口划分　　B. 按 MAC 地址划分
   C. 按协议类型划分　　D. 按逻辑地址划分
5. 网络设计时，一般来说每个 VLAN 的主机数目最好不超过（　　）台。
   A. 32　　B. 64　　C. 128　　D. 256
6. 在局域网中，每个 VLAN 组成一个（　　）。
   A. 区域　　B. 组播域　　C. 冲突域　　D. 广播域
7. 下列协议中采用 Trunk 报头来封装以太帧的是（　　）。

A. VTP B. ISL C. 802.1Q D. ISL 与 802.1Q

8. 以下对 VLAN 的描述，不正确的是（　　）。

A. 利用 VLAN，可有效隔离广播域

B. 要实现 VLAN 间的通信，必须使用外部的路由器为其指定路由

C. 可以将交换机的端口静态地或动态地指派给某一个 VLAN

D. VLAN 中的成员可相互通信，只有访问其他 VLAN 中的主机时，才需要网关

9. 查看当前交换机的 VTP 信息，使用的配置命令是（　　）。

A. show vtp B. show vtp status

C. show vtp server D. show trunk

10. 以下对 VTP 的描述，不正确的是（　　）。

A. VTP 有 3 种工作模式，只有其中的服务器模式才允许创建与删除 VLAN

B. 利用 VTP 可以从 Trunk 链路中裁剪掉不必要的流量

C. 利用 VTP 可以同步同一 VTP 域中的 VLAN 配置

D. 可以在同一个 VTP 域中，工作模式为服务器的任何一台交换机上创建 VLAN

项目实训

实训一：配置 VLAN 和中继

1. 实训目的

1）了解 VLAN 的原理。

2）掌握 VLAN 中继配置。

2. 实训设备

1）交换机 3 台。

2）交叉双绞线若干。

3）PC6 台。

3. 实训任务

1）配置基础环境。

2）配置交换机 Trunk 端口。

3）测试相同 VLAN 间 PC 的连通性和不同 VLAN 间 PC 的连通性，并分析原因。

4. 实训拓扑图和 IP 地址表

实训拓扑图如图 3-9 所示，IP 地址分配见表 3-1。

表 3-1 主机设备接口及 IP 地址分配

设备名	接　口	IP 地址	子网掩码	所属 VLAN
PC1	F0/0	192.168.1.1	255.255.255.0	VLAN10
PC2	F0/0	192.168.2.1	255.255.255.0	VLAN20
PC3	F0/0	192.168.3.1	255.255.255.0	VLAN30
PC4	F0/0	192.168.1.2	255.255.255.0	VLAN10
PC5	F0/0	192.168.2.2	255.255.255.0	VLAN20
PC6	F0/0	192.168.3.2	255.255.255.0	VLAN30

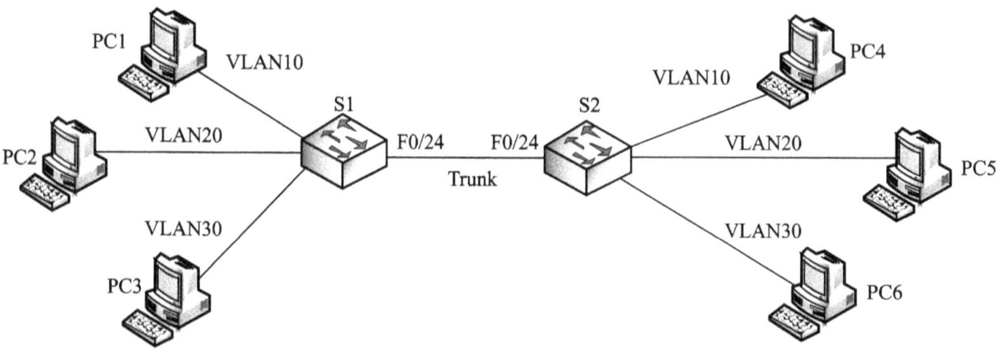

图 3-9　VLAN 和中继的配置

实训二：使用单臂路由配置 VLAN 间路由

1. 实训目的

1）了解单臂路由的工作原理。

2）掌握使用单臂路由配置 VLAN 间路由。

2. 实训设备

1）交换机 1 台。

2）路由器 1 台。

3）交叉双绞线若干。

4）PC2 台。

3. 实训拓扑图和 IP 地址表

实训拓扑图如图 3-10 所示，IP 地址分配见表 3-2。

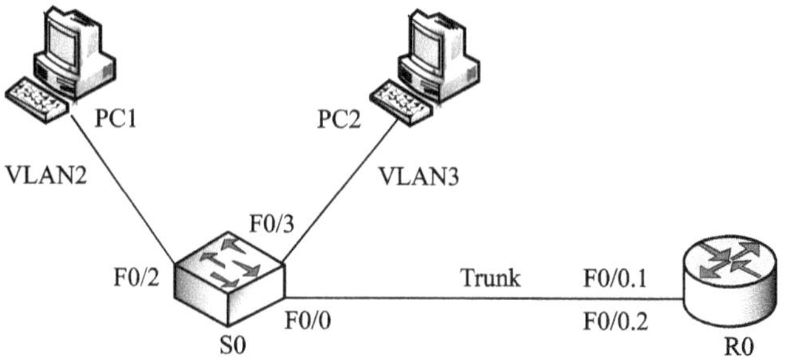

图 3-10　单臂路由的配置拓扑图

4. 实训任务

1）配置基础环境。

2）配置交换机接口模式和路由器子接口。

3）测试 VLAN 间路由的连通性，并分析原因。

表 3-2　路由设备接口及 IP 地址分配

设备名	接　口	IP 地址	子网掩码
R0	F0/0.1	172.17.10.1	255.255.255.0
	F0/0.2	172.17.30.1	255.255.255.0
PC1	网卡	172.17.10.10	255.255.255.0
PC2	网卡	172.17.30.10	255.255.255.0

项目 4　STP 原理与配置

在交换网络中，通常会设多个交换设备，并在交换设备之间建立多个连接来提供链路的冗余性，但是这有可能在网络中产生环路。为了解决这个问题，在提供冗余的同时，可以使用生成树协议（STP）来防止产生网络环路。

STP 的主要任务是阻止在第二层网络上产生网络环路。它监视着网络中的所有链路，通过关闭一些冗余的接口来确保在网络中不会产生环路。STP 采用生成树算法，首先创建一个拓扑数据库，然后搜索并破坏掉冗余的链路。运行了 STP 算法之后，帧就只能被转发到由 STP 挑选出来的链路上。

本章学习目标

1）了解链路冗余导致的问题。
2）了解 STP 的相关术语。
3）了解 STP 的工作原理。
4）掌握 STP 的配置。

任务 1　了解链路冗余导致的问题

4.1.1　冗余概述

在骨干网设备连接中，单一链路的连接很容易实现，但一个简单的故障就会造成网络的中断。例如，在图 4-1 所示的网络中，如果交换机 S1 与交换机 S2 的链路出现故障，则主机 PC1 与主机 PC2 不再具有网络的连通性。

为了保持网络的稳定性，在多台交换机组成的网络环境中，通常都使用一些备份连接，以提高网络的健壮性和稳定性。

这里的备份连接也称为备份链路或者冗余链路。备份链路之间的交换机经常互相连接，形成一个环路，通过环路可以在一定程度上实现冗余。在图 4-2 所示具有冗余链路的网络中，当交换机 S1 的 F0/1 端口与 S2 的 F0/23 端口相连的链路出现故障时，PC1 到 PC2 的流量仍然会通过如图 4-2 箭头所示的冗余链路通信，从而保证网络的可靠性。

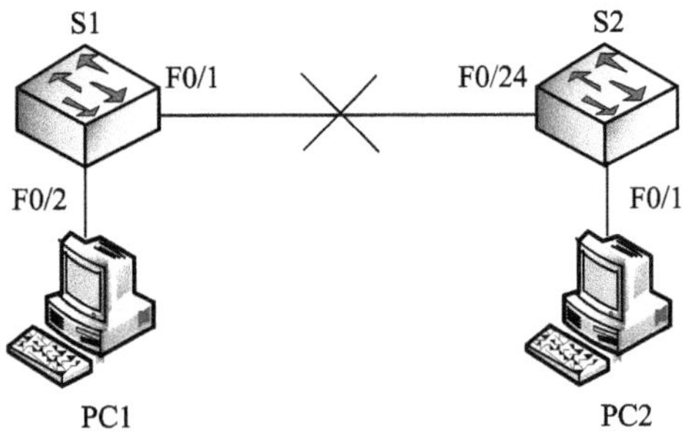

图 4-1　无冗余的网络拓扑示例

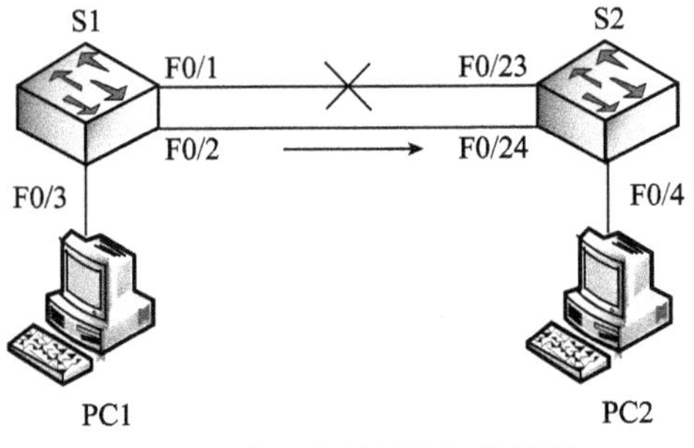

图 4-2　有冗余的网络拓扑示例

4.1.2　链路冗余导致的问题

链路的冗余备份能为网络带来健壮性、稳定性和可靠性等好处，但是备份链路也会使网络存在环路，环路问题是备份链路所面临的最为严重的问题，交换机之间的环路将导致网络新问题的发生。

（1）广播风暴

在没有避免交换环路措施的情况下，每个交换机都无穷无尽的转发广播帧。广播流量破坏了正常的通信流，消耗了带宽和交换机的 CPU 资源，直至交换机死机或者关机才结束。

（2）多帧复制

多帧复制也叫重复帧传送。单播的数据帧可能被多次复制传送到目的站点，很多协议都只需要每次传输一个副本。多帧复制会造成目的站点收到某个数据帧的多个副本，不但浪费了目的主机的资源，还会导致上层协议在处理这些数据帧时无法选择，严重时还可能导致不可恢复的错误。

例如，当主机 A 发送一个给主机 B 的单播帧，此时交换机 S1 的 MAC 地址表中如果没有主机 B 的条目，则会把这个单播帧从端口 F0/1 和 F0/2 泛洪出去。因此，交换机 S2 就会从端口 F0/1 和 F0/2 分别收到 2 个发给主机 B 的单播帧，如果交换机 S2 的 MAC 地址表中已经有了主机 B 的条目，它就会将这两个帧分别转发给主机 B，这样主机 B 就收到了同一个帧的两份副本，于是形成了多帧复制。

（3）MAC 地址表抖动

MAC 地址表抖动也就是 MAC 地址表不稳定，这是由于相同帧的拷贝在交换机的不同端口上被接收引起的。如果交换机将资源都消耗在复制不稳定的 MAC 地址表上，那么数据转发的功能就可能被削弱了。

例如，当交换机 S2 从端口 F0/1 收到主机 A 发出的单播帧时，它会将端口 F0/1 与主机 A 的对应关系写入 MAC 地址表；而当它随后又从端口 F0/2 收到主机 A 发出的单播帧时，会将 MAC 地址表中的主机 A 对应的端口改为 F0/2，这就造成了 MAC 表的抖动。当主机 B 向主机 A 回复了一个单播帧后，同样的情况也会发生在交换机 S1 中。

因此，在交换网络中必须有一个机制来阻止回路，而 STP 的作用正是在于此。

任务 2　了解 STP 的工作原理

4.2.1　STP 概述

STP（Spanning Tree Protocol，生成树协议）可应用于环路网络，通过一定的算法阻断某些冗余路径，将环路网络修剪成无环路的树形网络，从而避免报文在环路网络中的增生和无限循环。

STP 允许网桥之间相互通信以发现网络物理环路。该协议定义了一种算法，网桥能够使用它创建无环路（Loop-free）的逻辑拓扑结构。STP 操作对终端站透明，也就是说，终端站并不知道它们自己是否连接在单个局域网段或多网段中。当有两个网桥同时连接相同的计算机网段时，STP 可以允许两网桥之间相互交换信息，这样只需要其中一个网桥处理两台计算机之间发送的信息。

4.2.2　STP 的相关术语

（1）网桥协议数据单元

网桥协议数据单元（Bridge Protocol Data Unit，BPDU）是一种 STP 问候数据包，它以可配置的间隔发出，用来在网络的网桥间进行信息交换，以保证活动路径或设备发生故障时，仍然可以计算出一棵新的生成树。

(2) 根端口

根端口指直接连到根桥的链路所在的端口，或者到根桥的路径最短的端口。如果有多条链路到根桥，就通过检查每条链路的带宽来决定端口的开销，开销最低的端口就成为根端口。如果多条链路的开销相同，就使用桥 ID 小的那个桥。如果多条链路来自同一设备，就使用端口号最低的那条链路。

(3) 指定端口

交换网络中每一个网段都需要指定一个端口用于转发该网段的数据，这个端口即为指定端口。指定端口是在 STP 中除了根端口之外可以转发流量的端口。根桥的所有端口均为指定端口。

(4) 非指定端口

由于 STP 防止二层环路的需要而被设置成阻塞状态的端口称为非指定端口。

(5) 路径开销

路径开销（Path Cost）用于表示网桥间距离的 STP 度量，路径开销是两个网桥间路径上所有的链路开销之和。

路径开销是用来衡量到达目标位置的代价，其值是两点之间某条路径上所有链路开销的总和。最小的路径开销是到达目标点的最佳路径。

4.2.3 STP 端口的状态

交换机完成启动后，生成树便立即确定。如果交换机端口直接从阻塞转换到转发状态，而交换机此时并不了解所有拓扑信息时，该端口可能会暂时造成数据环路。为此，STP 引入了以下 5 种端口状态：

1）阻塞（Blocking）。阻塞状态并不是物理地使端口关闭，而是逻辑地使端口处于不收发数据帧的状态被阻塞的端口不能转发帧，它只监听 BPDU。设置阻塞状态的目的是防止使用有环路的路径。当交换机加电时，默认情况下所有的端口都处于阻塞状态。

2）监听（Listening）。所有好的端口都侦听 BPDU，以确信在传送数据帧之前在网络上没有环路的产生。处在侦听状态的端口，在没有形成 MAC 地址表时，就准备转发数据帧。

3）学习（Learning）。交换机端口侦听 BPDU，并学习交换式网络中的所有路径。处在学习状态的端口形成了 MAC 地址表，但不能转发数据帧。转发延迟意味着将端口从侦听状态转换到学习状态所花费的时间，默认时设置为 15s。

4）转发（Forwarding）。当学习状态结束后，交换机已经完成了 STP 的计算，所有应该进入转发状态的端口转变为转发状态，应该进入阻塞状态的端口进入阻塞状态，交换机开始正常工作。

5）禁用（Disabled）。如果第二层端口不参与生成树，不转发帧，当管理性关闭交换机端口时，端口即进入禁用状态。

大多数情况下，交换机端口都处于阻塞或者转发状态。转发端口是指到根桥的开销最低的端口，但如果网络的拓扑改变了，交换机上的端口就会处于侦听或者学习状态。只有在学习状态或转发状态下，交换机才能填写 MAC 地址表。阻塞端口是一种防止网络环路的策略，一旦交换机决定了到根桥的最佳路径，那么所有其他的端口将处于阻塞状态。被阻塞的端口仍然能接收 BPDU，只是不能发送任何帧。如果由于网络拓扑的改变，交换机决定让一个被阻塞的端口现在成为指定端口或桥端口，它将转到侦听状态，并检查它收到的所有 BPDU，以确信一旦他变为转发状态，将不会引起网络环路的出现。

4.2.4　STP的工作原理

STP的基本工作原理可以归纳为3步：选择根网桥（RB）、选择根端口（RP）以及选择指定端口（DP）。然后把根端口、指定端口设为转发状态，其他接口设为阻塞状态，这样一个逻辑上无环路的网络拓扑就形成了。

（1）选择根网桥

STP有一个选择根网桥的过程。在一个给定网络中，只有一台网桥可以作为根网桥。根网桥的所有端口都是指定端口，指定端口通常处于转发状态。当端口处于转发状态时，它可以发送和接收流量。选择根网桥的依据是网桥ID，由优先级和MAC地址组成，先看优先级，优先级相同时再看MAC地址，值越小越优先选择。默认状态下，所有Cisco交换机的优先级都是一样的。结果，在确定根网桥时，往往是比较网桥的MAC地址，MAC地址最小的交换机就成为根网桥。如果想人为地让某台交换机成为根网桥，那么需要改变交换机的优先级。

（2）选择根端口

每一个非根网桥将从其接口选出一个到根网桥管理成本（Administrative Cost）最低的接口作为根端口，选择的依据如下：

1）自身到达根网桥的根路径成本最低的接口。根路径成本的计算是，接口收到BPDU中所包含的成本与接口的成本的累加。各种介质传输速率和成本见表4-1。

表4-1　各种介质传输速率和成本

链路传输速率	成　本	链路传输速率	成　本
10Gbit/s	2	45 Mbit/s	39
1Gbit/s	4	16 Mbit/s	62
622Mbit/s	6	10 Mbit/s	100
155Mbit/s	14	4 Mbit/s	250
100Mbit/s	19		

2）直连网桥ID最小。

3）端口ID最小。

（3）选择指定端口

当一个网段中有多个网桥时，这些网桥会将它们到根网桥的管理成本都通告出去，其中具有最低管理成本的网桥将作为指定（Designated）网桥。指定网桥中发送最低管理成本的BPDU的接口是该网段中的指定端口。在每段链路上，选择一个指定端口，选择的依据如下：

1）发送最低根路径成本的BPDU的接口。

2）所在网桥ID最小。

3）端口ID最小。

任务3　配置STP

4.3.1　启用STP

很多品牌的交换机出厂时是将STP关闭的，其主要的原因在于STP在开启的时候需要花费交换机一定的CPU和内存开销。对于有些不需要冗余的小型网络中，不用开启STP，这样能节省设备的额外开销。Cisco交换机默认全部是打开STP的。表4-2列出了Cisco交换机出厂时的默认配置。

表 4-2 Cisco 交换机的 STP 默认配置

特 性	默认值
STP 开启状态	所有 VLAN 均开启，最大可开启 128 个生成树实例
STP 模式	PVST（PSTST 和 MSTP 关闭）
优先级	32768
STP 端口优先级	128
STP 端口开销	1Gbit/s = 4，100Mbit/s = 19，10Mbit/s = 100
生成树 VLAN 端口优先级	124
生成树 VLAN 端口开销	1Gbit/s = 4，100Mbit/s = 19，10Mbit/s = 100
Hello time	2s
Forward-delay	15s
Maximum-aging	20s

4.3.2 禁用 STP

在默认状态下，所有 VLAN 中的 STP 都被启用。如果确认在 VLAN 内没有拓扑环，或想减少端口接入时等待的时间，可以使用 no spanning-tree 命令，格式如下：

```
no spanning-tree vlan vlan-id
```

其中，vlan-id（可选项）是生成树实例列表。

例如，在 VLAN5 上禁用 STP：

```
Switch(config)#no spanning-tree vlan5
```

4.3.3 配置 STP

为每一个 VLAN 上配置生成树，在全局配置模式下，使用 spanning-tree 命令。为返回到默认设置，使用该命令的 no 形式。命令格式如下：

```
Spanning-tree vlan vlan-id[forward-time seconds|hello-time seconds|max-age seconds|priority priority|root {primary|secondary}[diameter net-diameter[hello-time seconds]]]
no spanning-tree vlan vlan-id [forward-time|hello-time|max - age|priority|root]
```

其中，vlan-id 为与生成树实例关联的 VLAN 范围。

forward-time seconds：（可选项）为指定生成时实例设置转发延迟计算器。转发延迟计算器指定接口转发前，侦听状态和学习状态的持续时间，默认为 15s。

hello-time seconds：（可选项）设置根网桥发送配置 BPDU 的时间间隔，默认为 2s。

max-age seconds：（可选项）设置从根网桥接收的生成树消息的时间间隔。如果交换机在时间间隔内没有从根网桥接收到 BPDU 消息，它重新计算生成树拓扑，默认为 20s。

priority priority：（可选项）为指定生成树实例设置交换机优先级。该设置影响交换机被选举为根桥的可能性。较低的值增加交换机被选举为根网桥的可能性以 4096 为增量，有效优先级值为 4096、8192、12288、16384、20480、24576、28672、32768、36864、40960、45056、49192、

53248、57344 和 61440，所有其他值都被拒绝。主根网桥优先级默认为 24576，辅助根网桥优先级默认为 28672。

root primary：（可选项）强制交换机成为根网桥。

root seconds：（可选项）一旦根网桥失效，设置该交换机成为根网桥。

diameter net-diameter：（可选项）设置任何两个端站之间的交换机的最大数量。

例如，为 VLAN20 和 VLAN25 设置生成树协议转发延迟定时器为 18s：

```
Switch(config)#spaning-tree vlan 20,25 forward-time 18
```

为 VLAN20 ~ 24 设置生成树 hello 延迟定时器为 3s：

```
Switch(config)#spanning-tree vlan 20-24 hello-time 3
```

为 VLAN 20 设置生成树最大存活期为 30s：

```
Switch(config)#spanning-tree vlan 20 max-age 30
```

为 VLAN100、105 ~ 108 重新设置最大存活期为默认值：

```
Switch(config)#no spanning-tree vlan 100 105-108 max-age
```

为 VLAN20 设置生成树优先级为 8192：

```
Switch(config )# spaning - tree vlan 20 priority 8192
```

配置交换机作为根网桥，VLAN 10 的网络直径为 4：

```
Switch (config )#spaning-tree vlan 10 root primary diameter 4
```

配置交换机作为辅助根网桥，VLAN10 的网络直径为 4：

```
Switch(config )#spanning-tree vlan 10 root secondary diameter 4
```

4.3.4 配置优先级

（1）端口优先级

如果 VLAN 内有环路拓扑，生成树将使用端口优先值确定将哪个接口置于转发状态。因此，可以将需要首先选择的端口赋予较高优先级值（较小的数值）。如果所有端口都有相同的优先级值，那么具有最小端口号的端口将被设置为转发状态，其他接口则处于阻塞状态。命令格式如下：

```
spanning-tree port-priority priority
```

其中，priority 表示端口优先级，以 16 递增，有效值是 0、16、32、48、64、80、96、112、128、144、160、176、192、208、224 和 240。数值越小，优先级越高。

使用 no spanning-tree [vlan vlan-id] port-priority 接口配置命令，可以将端口优先级恢复为默认值。

例如，在 VLAN20 ~ 25 上设置端口优先级：

```
Switch(config-if )#spanning-tree vlan 20-25 port-priority 0
```

（2）VLAN 优先级

命令格式如下：

```
spanning-tree vlan vlan-id priority priority
```

其中，priority 范围为 0～61440，步长为 4096（非 4096 的步长值不接受），默认为 32768，数据越小将被选为根桥。

4.3.5 配置端口开销

生成树路径（端口）开销的默认值取决于端口的类型与传输速率。当 VLAN 中有拓扑环时，生成树使用路径开销选择将哪个端口置于转发状态。具有最低端口开销的端口将被选择用于向所有的 VLAN 转发帧。因此，可以将需要选择的端口赋予较低的开销值，以确定网络拓扑。

通常情况下，应当为快速链路（如 1000 Mbit/s 端口）赋予一个最小值，而为一个慢速链路（如 100Mbit/s 端口）赋予一个最大值。如果所有端口的开销值都相同情况出现，就需要将具有最小端口号的端口将被设置为转发状态，其他端口则处于阻塞状态。命令格式如下：

```
spanning-tree vlan vlan-id cost cost
```

其中，cost 为路径成本，它的范围为 1～200 000 000，越小越优先。

例如，设置一个端口路径成本为 100：

```
Switch(config-if )#spanning-tree cost 250
```

项目小结

本章主要介绍了什么是冗余链路及其会导致的问题，还介绍了如何使用 STP 解决冗余链路中所出现的问题。

项目练习

1. 下列不是生成树的优点的是（　　）。
   A. 生成树可管理冗余链路，在链路发生故障时可以恢复网络连接
   B. 生成树可以防止环路的产生
   C. 生成树可以防止广播风暴
   D. 生成树能够节省网络带宽
2. 下面配置中，设所有交换机所配置的优先级相同：
   交换机 1 的 MAC 地址为 00-e0-fc-00-00-40；
   交换机 2 的 MAC 地址为 00-e0-fc-00-00-00；
   交换机 3 的 MAC 地址为 00-e0-fc-00-00-20；
   交换机 4 的 MAC 地址为 00-e0-fc-00-00-80。
   则生成树的配置中根桥应该为（　　）。
   A. 交换机 1　　B. 交换机 2　　C. 交换机 3　　D. 交换机 4
3. 下面配置中，设所有交换机所配置的优先级相同：
   交换机 1 的 MAC 地址为 00-e0-fc-00-00-00；
   交换机 2 的 MAC 地址为 00-e0-fc-00-00-20；
   交换机 3 的 MAC 地址为 00-e0-fc-00-00-40；
   交换机 4 的 MAC 地址为 00-e0-fc-00-00-60。
   交换机 1 到交换机 4 的开销为 20，其他 3 条链路的路径费用均为 200，则被阻塞的端口为（　　）。

A. 交换机 2 的端口 2　　B. 交换机 4 的端口 3
C. 交换机 3 的端口 2　　D. 交换机 3 的端口 3

4. BPDU 报文是通过（　　）进行传送的。
A. IP 报文　　B. TCP 报文　　C. 以太网帧　　D. UDP 报文

5. STP 的主要目的是（　　）。
A. 保护单一环路　　B. 消除网络的环路
C. 保持多个环路　　D. 减少环路

6. 交换机端口在（　　）STP 状态下传输用户数据并获知 MAC 地址。
A. 阻塞　　B. 学习　　C. 禁用
D. 侦听　　E. 转发

7. 在 STP 中，当网桥的优先级一致时，以下将被选为根桥的是（　　）。
A. 拥有最小 MAC 地址的网桥　　B. 拥有最大 MAC 地址的网桥
C. 端口优先级数值最高的网桥　　D. 端口优先级数值最低的网桥

8. 生成树拓扑收敛过程的第一步是（　　）。
A. 选举根桥　　B. 确定每个网段的指定端口
C. 阻塞非指定端口　　D. 选择指定中继端口
E. 激活每个网段的根端口

9. STP 提供无环网络的方法是（　　）。
A. 将所有端口置为阻塞状态　　B. 将所有网桥置为阻塞状态
C. 将部分端口置为阻塞状态　　D. 将部分网桥置为阻塞状态

10. STP 选择根桥的条件是（　　）。
A. 内存容量　　B. 桥的优先级　　C. 交换速度　　D. 端口数量

项目实训

实训一：交换机 STP 配置

设 S1、S2 和 S5 的优先级都为默认优先级，MAC 地址从小到大依次为 S5、S2 和 S1，在网络中配置两个 VLAN，不同 VLAN 的 STP 具有不同的根桥，实现负载平衡。

1. 实训目的

1）掌握 STP 根桥的配置。
2）掌握 STP 指定端口的配置。
3）掌握 STP 非指定端口的配置。

2. 实训设备

1）二层交换机 3 台。
2）PC1 台。
3）交叉双绞线若干。

3. 实训拓扑图

实训拓扑图如 4-3 所示。

4. 实训任务

1）在 S1、S2 和 S5 创建 VLAN10 和 VLAN20。
2）在 S1、S2 和 S5 之间的 3 条链路配置 Trunk。

3）配置 S1 为 VLAN10 的根桥，S2 为 VLAN20 的根网桥。
4）在 S2 上查看 STP，S1 是否为 VLAN10 的根桥，S2 是否为 VLAN20 的根桥。
5）对于 VALN10，配置 S2 的 F0/2 为指定端口，S5 的 F0/2 为非指定端口。
6）对于 VLAN20，配置 S1 的 F0/1 为指定端口，S5 的 F0/1 为非指定端口。

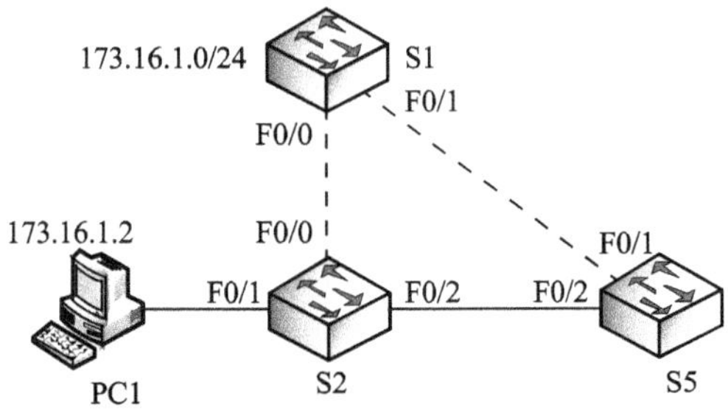

图 4-3　实训拓扑图

实训二：指出交换机 STP 相关配置

1. 实训目的

根据拓扑图，能够指出根桥、根端口、指定端口和非指定端口。

2. 实训设备

1）二层交换机 3 台。
2）交叉双绞线若干。

3. 实训拓扑图

实训拓扑图如 4-4 所示。

4. 实训任务

根据拓扑图，指出根桥、根端口、指定端口和非指定端口。

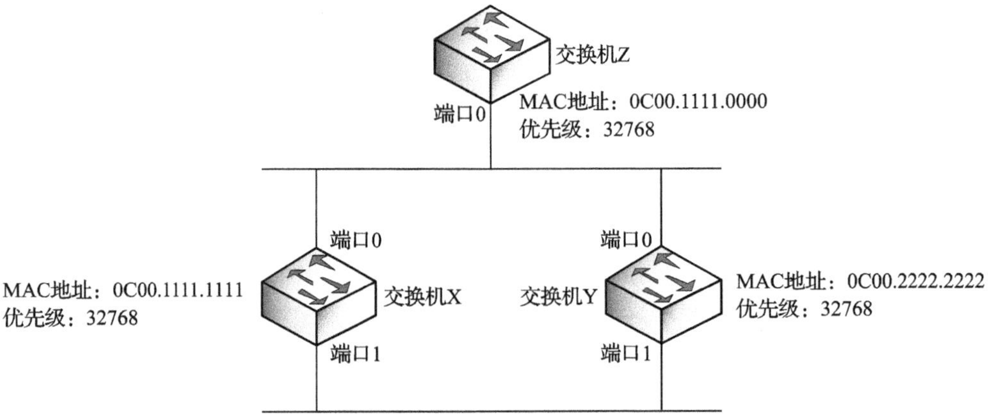

图 4-4　STP 拓扑图

项目 5　路由器配置基础

为了实现不同网络之间互连，需要使用路由器作为局域网间互连设备，路由互连有哪些实现方式？路由器又是如何进行工作呢？

本章学习目标

1）了解路由的概念。
2）了解路由转发的原理。
3）掌握路由表的构成、含义和查看方法。
4）了解路由的分类。
5）掌握静态路由协议的配置。

任务 1　认识路由器

5.1.1　路由器简介

路由器是能够将数据包在不同逻辑网段间转发的网络设备。实现路由器分组选择最佳路径并将分组传送到目标节点的关键是路由技术，它可以指导路由器如何进行数据报文发送的路径信息。每条路由都包含有目的地址、下一跳、出接口、到目的地的代价等要素，路由器根据自己的路由表对数据包进行转发操作。

每一台路由器都有路由表，路由器将获得的最佳路径信息保存在路由表中，路由表的路由条目来源可以是直连路由、静态路由与动态路由。路由器直接获取与其直接网络的路由信息，远程网络的路由信息通过静态或动态路由协议获取。

路由器提供了将异构网络互连起来的机制，实现将一个数据包从一个网络发送到另一个网络。路由就是指导数据包发送的路径信息。

在互联网中进行路由选择要使用路由器，路由器只是根据所收到的数据包报头的目的地址选择一个合适的路径（通过某一个网络），将数据包传送到下一个路由器，路径上最后的路由器负责将数据包送交目的主机。数据包在网络上的传输就好像是体育运动中的接力赛一样，每一个路由器只负责将数据包在本站通过最优的路径转发，通过多个路由器一站一站地接力将数据包通过最优路径转发到目的地。当然也有一些例外的情况，由于一些路由策略的事实，数据包通过的路径并不一定是最优的。

路由器的特点是逐跳转发。在图 5-1 所示的网络中，R1 收到 PC 发往 Server（服务器）的数据包后，将数据包转发给 R2。R1 并不负责指导 R2 如何转发数据包，所以 R2 必须自己将数据包转发给 R3，R3 再转发给 R4，以此类推。这就是路由的逐跳性，即路由只指导本地转发行为，不会影响其他设备转发行为，设备之间的转发是相互独立的。

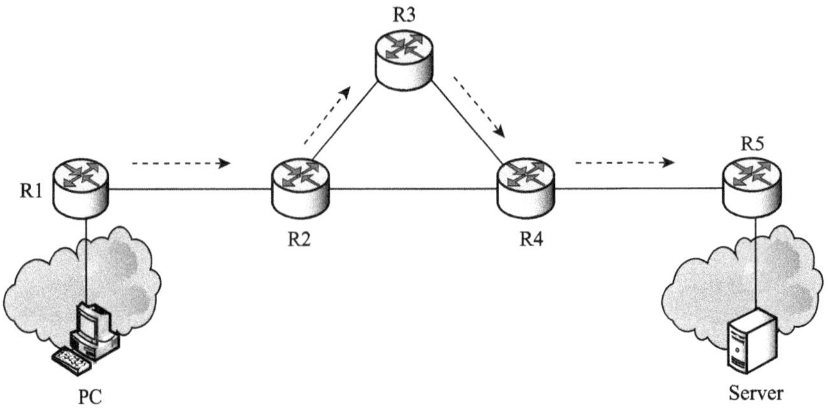

图 5-1　路由报文示意图

5.1.2　查看路由表的构成

路由器转发数据包的依据是路由表。每个路由器中都保存着一张路由表，表中每条路由项都指明数据包到某子网或某主机应通过路由器的那个物理端口发送，然后就可到达该路径的下一个路由器，或者不再经过别的路由器而传送到直接相连的网络中的目的主机。

路由表中包含了下列几个要素。

1）目的地址/网络掩码（Destination/Mask）：用来标识数据包的目的地址或目的网络，将目的地址和网络掩码“逻辑与”后，可得到目的主机或路由器所在网段的地址。例如，目的地址为 8.0.0.0。掩码为 255.0.0.0 的主机或路由器所在网段地址为 8.0.0.0。掩码由若干个连续“1”构成，既可以用点分十进制表示，也可以用掩码中连续“1”的个数来表示。

2）出接口（Interface）：指明数据包将从该路由器哪个接口转发。

3）下一跳地址（Next-hop）：更接近目的网络的下一个路由器地址。如果只配置了出接口，下一跳 IP 地址是出接口的地址。

4）度量值（Metric）：说明数据包需要花费多大的代价才能到达目标，主要作用是当网络存在到达目的网络的多个路径时，路由器可以通过度量值选择一条较优的路径发送数据包，从而保证数据包能更快更好地到达目的。

5.1.3　查看路由表

查看设备路由表的目的是查找所需的路由信息，验证所做的路由配置。最常用的命令是查看 IP 路由表摘要信息，在用户模式下用 show ip route 命令：

```
Route(config)#show ip route
```

在如下所示的路由表示例中，每个路由条目的第一个字段是代码字段，代码表示路由表中的路由信息通过什么方法学习到的，如代码“C”表示路由为直连路由，代码“R”表示路由是通过动态路由协议 RIP 学习到的。

该路由表的最后 5 行为目标网络的 6 个目标网络的 6 条路由信息，每一条路由描述了目标网络所需要经过的路由器接口或下一跳（Next-hop）地址信息。如果目标网络是与路由器直接相连的网络，其路由条目的格式为“代码，目标网络号/子网掩码，本地路由器转发出口”；如果目标网络为远程路由，则路由条目的格式为“代码，目标网络号/子网掩码，[度量值/管理距离]，下一跳，更新时间，本地路由器转发出口”。

路由表示例如下：

```
Codes: L-local, C-connected, S-static, R-RIP, M-mobile, B-BGP
D-EIGRP, EX-EIGRP external, O-OSPF, IA-OSPF inter area
N1-OSPF NSSA external type 1, N2-OSPF NSSA external type 2
E1-OSPF external type 1, E2-OSPF external type 2, E-EGP
i-IS-IS, L1-IS-IS level-1, L2-IS-IS level-2, ia-IS-IS inter area
*-candidate default, U-per-user static route, o-ODR
P-periodic downloaded static route

Gateway of last resort is not set
10.0.0.0/8 is variably subnetted, 6 subnets, 4 masks
S 10.0.0.0/24 [1/0] via 10.100.100.5
C 10.100.100.4/30 is directly connected, Serial0/0/1
C 10.100.100.16/29 is directly connected, Serial0/0/0
```

路由表条目的来源由代码来标识，常用的路由表代码如下。

L：用于标识为路由器接口分配的地址，这使路由器能够有效确定何时收到的数据包是指向该接口的，而不必进行转发。

C：用于标识直连网络。

S：用于标识手动创建的通往特定网络的静态路由。

D：用于标识使用 EIGRP 从另一台路由器动态获取的网络。

O：用于标识使用 OSPF 协议从另一台路由器动态获取的网络。

任务2　配置和查看直连路由

5.2.1　直连路由与间接路由

对给定路由器而言，网络可被划分为直连网络与远程网络。直连网络是指路由器接口直接相连的网络，路由器接口非直接相连的网络统称为该路由器的远程网络。图 5-2 中网络 192.168.0.0/24、192.168.1.0/24 和 198.168.2.0/24 与路由器 R1 直接相连，这 3 个网络是路由器 R1 的直连网络。网络 192.168.3.0/24 没有与路由器 R1 直接相连，它是路由器 R1 的远程网络。

路由器收到某个 IP 分组后，如果发现 IP 分组的目的地址属于路由器直接相连的某个网络，就直接查找该目标 IP 地址所对应的 MAC 地址信息，并利用该地址信息将 IP 分组封装成目标网络所对应的帧格式发送出去，这个转发过程称为直接投递。如果 IP 分组的目的地址不在路由器直接相连的任何一个网络中，但路由器从路由表中找到一条与目的地址匹配的最佳路径，就将 IP 分组封装成转发出口所对应帧格式并转发给下一跳路由器，这个转发过程称为间接投递。图 5-2 中路由器 R1 收到 PC1 发给 PC3 的 IP 分组，对分组进行直接投递，如果收到的为 PC1 发给 Server 的 IP 分组，就需要间接投递，把 IP 分组交给下一个路由器，即交给路由器 R2。

路由器的路由表保存在 RAM 中，路由表中路由条目来源有直连路由、静态路由与动态路由。路由器知道与其接口直连相连的网络，它会根据接口配置的地址和子网掩码确定直连路由。对于没与路由器接口直接相连的远程网络，路由器可以通过静态路由与动态路由两种方法获取其路由信息。

直连（Direct）路由是指路由器接口直接相连的网络的路由。直连路由不需要特别地配置，只需在路由器的接口上配置 IP 地址即可。

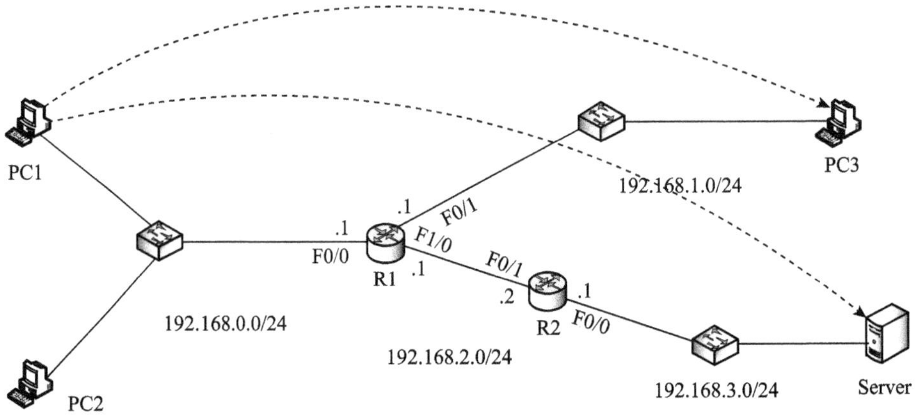

图 5-2　直连路由与间接路由示例

当接口存在 IP 地址并且状态正常时，由路由进程自动生成。它的特点是开销小、配置简单，无须人工维护，但只能发现本接口所属网段的路由。但路由器会根据接口的状态决定是否使用此路由。如果接口的物理层和链路层状态均为 UP，路由器即认为接口工作正常，该接口所属网段的路由即可生效并以直连路由出现在路由表中；如果接口状态为 DOWN，路由器认为接口工作不正常，不能通过该接口到达其地址所属网段，也就不能以直连路由出现在路由表中。

直连路由在路由表中的代码字段为“C”，前面路由表示例中的最后 2 条即为直连路由。直连路由是由数据链路层协议发现的，当对路由接口配置 IP 地址与子网掩码并启用接口后，也就是当路由器接口物理与链路状态均为 UP 时，其接口所在网络会直接插入到路由表中，不需要其他额外的配置。如果对路由器的接口进行配置并启用后，路由表中并未显示该接口所在网络的直接路由，则说明路由器接口或配置出现了问题，需要检查路由器端口的状态，进行相关的故障排除操作。

5.2.2　配置直连路由

图 5-3 中提供了一个路由表的实例，该路由表中配置并激活了 R1 的直连接口。

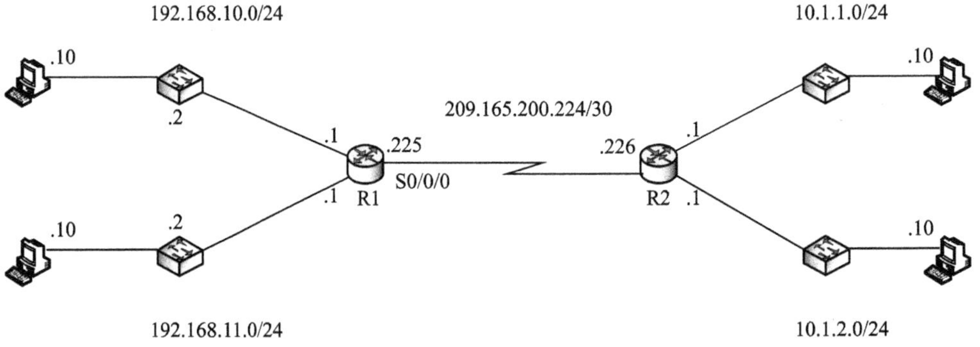

图 5-3　检查直连路由表条目

查看路由器 R1 上的直连接口，命令如下：

```
R1(config)#show ip route | begin Gateway
```

结果如下：

```
Gateway of last resort is not set

192.168.10.0/24 is variably subnetted, 2 subnets, 2 masks
C 192.168.10.0/24 is directly connected, GigabitEthernet0/0
L 192.168.10.1/32 is directly connected, GigabitEthernet0/0
192.168.11.0/24 is variably subnetted, 2 subnets, 2 masks
C 192.168.11.0/24 is directly connected, GigabitEthernet0/0
L 192.168.11.1/32 is directly connected, GigabitEthernet0/0
```

使用指定的 IPv6 地址配置 R1 直连接口，拓扑图如图 5-4 所示。

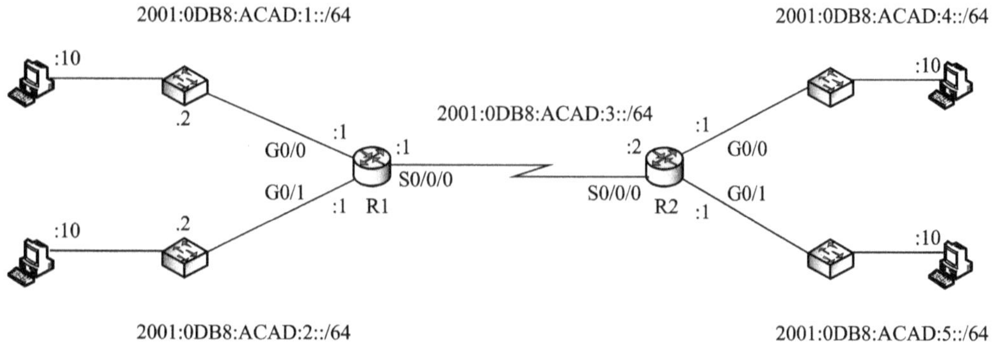

图 5-4　显示 IPv6 路由表条目

配置 R1 上 G0/0 口的 IPv6 地址，命令如下：

```
R1(config)#interface gigabitethernet0/0
R1(config-if)#description Link to LAN 1
R1(config-if)#ipv6 address 2001:db8:acad:1::1/64
R1(config-if)#no shutdown
```

配置 R1 上 G0/1 口的 IPv6 地址，命令如下：

```
R1(config)#interface gigabitethernet 0/1
R1(config-if)#description Link to LAN 2
R1(config-if)#ipv6 address 2001:db8:acad:2::1/64
R1(config-if)#no shutdown
```

查看 IPv6 路由表，结果如下：

```
IPv6 Routing Table-5 entries
Codes: C-Connected, L-Local, S-Static, R-RIP, B-BGP
U-Per-user Static route, M-MIPv6
I1-ISIS L1, I2-ISIS L2, IA-ISIS interarea, IS-ISIS summary
O-OSPF intra, OI-OSPF inter, OE1-OSPF ext 1, OE2-OSPF ext 2
ON1-OSPF NSSA ext 1, ON2-OSPF NSSA ext 2
D-EIGRP, EX-EIGRP external
C 2001:DB8:ACAD:1::/64 [0/0]via GigabitEthernet0/0, directly connected
L 2001:DB8:ACAD:1::1/128 [0/0]via GigabitEthernet0/0, receive
C 2001:DB8:ACAD:2::/64 [0/0]via GigabitEthernet0/1, directly connected
L 2001:DB8:ACAD:2::1/128 [0/0]via GigabitEthernet0/1, receive
L FF00::/8 [0/0]via Null0, receive
```

任务3　了解路由协议的分类

5.3.1　静态路由

静态路由（Static Routing）是指由网络管理员手工配置与管理的路由信息。静态路由要求网络管理员根据网络拓扑选择最佳路径，并且将选择好的路由进行手工配置。当网络的拓扑结构或链路的状态发生变化，路由信息需要更新时，网络管理员必须手工更改相关的静态路由条目。

静态路由在路由表中的代码字段为“S”，前面路由表示例中的倒数第3条即为静态路由。静态路由虽然实现简单，并且用于维护路由信息的通信与计算开销较小，但是技术上要求网络管理员对网络拓扑与连通性必须要有足够的了解，并且能够做到针对每一个远程网络进行逐条配置。当网络发生变化时，管理网络管理员需要手工修改静态路由配置去适应网络的变化，因此，静态路由也称为非自适应路由，通常用于拓扑比较简单和变化比较少的网络。

在早期的网络中，网络的规模不大，路由器的数量很少，路由表也相对较小，因此通常采用手动的方法对每台路由器的路由表进行配置，即静态路由。这种方法适合于在规模较小、路由表也相对简单的网络中使用。它较简单，容易实现，沿用了很长一段时间。但随着网络规模的增长，在大规模的网络中路由器的数量很多，路由表的表项较多，在这样的网络中对路由表进行手动配置，除了配置繁杂外，还有一个更明显的问题就是不能自动适应网络拓扑结构的变化。对于大规模网络而言，如果网络拓扑结构改变或网络链路发生故障，那么路由器上指导数据转发的路由表就应该发生相应变化。如果还是采用静态路由，用手动的方法配置及修改路由表，对管理员会形成很大的压力。

但在小规模的网络中，静态路由也有它的一些优点。例如：手动配置可以精确控制路由选择，改进网络性能；不需要动态路由协议参加，这将会减少路由器的开销，为重要的应用保证带宽。静态路由有3种典型应用：① 网络环境比较简单，网络管理员可以很清楚地了解其他网络拓扑结构；② 由于安全的原因，希望隐藏网络中的一部分；③ 用于访问末节网络（STUB）。只有一条路径可以到达的网络叫作末节网络，也称为孤岛网络，如图5-5所示。路由器R_ ISP在为末节网络218.8.17.0/24进行选路时，就常常使用静态路由。

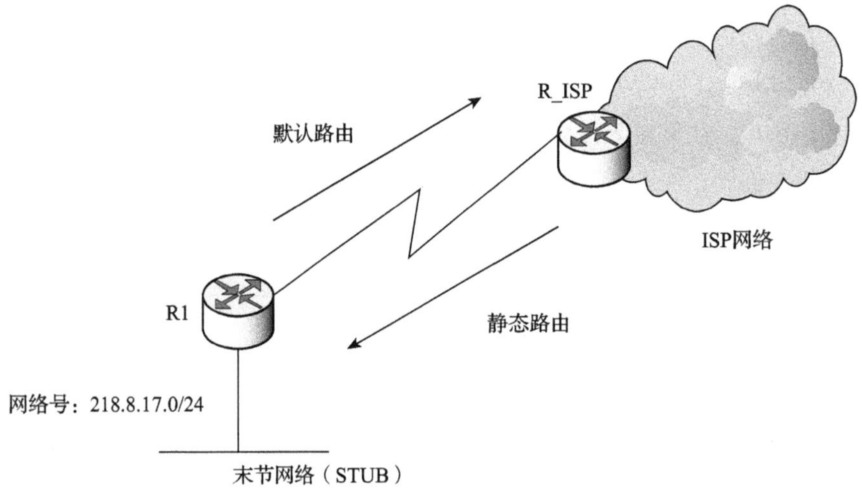

图5-5　末节网络

静态路由通常不适合大型和复杂的网络环境，原因有两方面：一是网络管理员很难做到对大型和复杂的网络进行全面了解；二是当网络的拓扑结构和链路状态发生变化时，路由器中的静态路由信息需要大范围地修改，修改的难度和复杂程度非常高，如果配置错误还容易引起路由环路。

为了增加静态路由的适应能力，可以引入浮动静态路由的做法。浮动静态路由是作为备份路由存在的一种静态路由。在路由器上配置了一条或更多条普通路由之后，浮动静态路由被配置成比某几条主路由具有更大管理距离的静态路由。由于浮动静态路由的管理距离比主路由的管理距离大，这样只有当主路由失效后，浮动静态路由才会被插入路由表中。

下面以一个示例说明浮动静态路由的作用。在图5-6所示的网络中，为了保证网络的冗余性，分公司的路由器R3使用两条物理链路链接到总部，一条链路通过100Mbit/s光纤连接到总部的路由器R2。路由需求为：在两条链路都是正常的情况下，分公司到总部的数据通过链路100Mbit/s光纤转发给总部的路由器R1，在100Mbit/s光纤失效的情况下，分公司到总部的数据包通过ISDN链路转发给路由器R2。要完成这个路由需求，可以在路由器R3上配置一条到总部下一跳为路由器R1的静态路由，同时配置了一条总部的下一跳为路由器R2的浮动静态路由（将其管理距离值修改为比静态路由的管理距离“1”大的值，如“30”）。

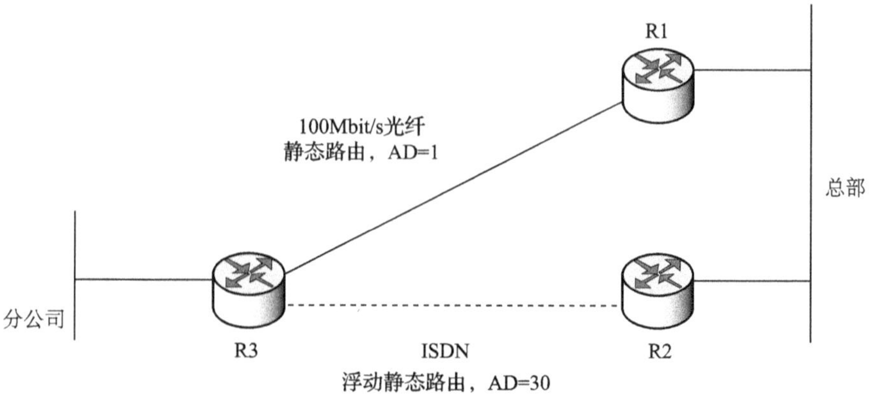

图5-6　浮动静态路由

5.3.2　默认路由

在网络互连规模增大时，无论是采用静态路由还是动态路由，都难以实现对所有远程网络路由的穷尽。限制主要来自于路由存储空间、路由更新维护成本、路由查找速度，以及对远程网络的不了解等。以图5-6中的路由器R2为例，作为某企业网络的边界路由器，企业中主机到Internet的数据包均需要通过路由器R2转发，如果路由器R2为Internet上百万以上的目标网络都保存其选路信息的话，路由器R2也会产生所谓的路由表“爆炸”，不仅需要大量的RAM存储空间和路由更新维护的成本，路由表的查找速度也会急剧下降。

为了解决上述问题，引入默认路由（Default Static Route）。默认路由也叫作缺省路由。作为一种特殊的静态路由，默认路由给出了那些目的地址没有明确列在路由表中的数据包所对应的路由转发接口或下一跳信息。对于一个路由器来说，在精心路由表查找时，首先要根据转发分组中的目标地址，在路由表中逐条进行查找，若找不到任何明确的匹配项，默认路由所指定的路由就是最后的选择，即当路由器从当前路由表中找不到与数据包目标地址匹配的路由条目时，就把数据包送到默认路由所指定的路由器接口或下一跳路由器。

5.3.3　路由与数据转发过程

数据包转发涉及两个过程，即“路由选择”与“交换”，其中“路由选择”是指为经过路由器的数据包选择一条到目的地的最佳路径；“交换”是指路由器从一个接口接收数据包并将其从另一个接口转发出去的过程。路由器的路由选择信息存放在路由表中。除了路由表外，在路由器中还有一个与路由器直接相关的路由选择功能模块。当路由器得到一个 IP 分组时，路由模块将根据路由表完成路由查询工作。

图 5-7 给出了路由选择实现流程。

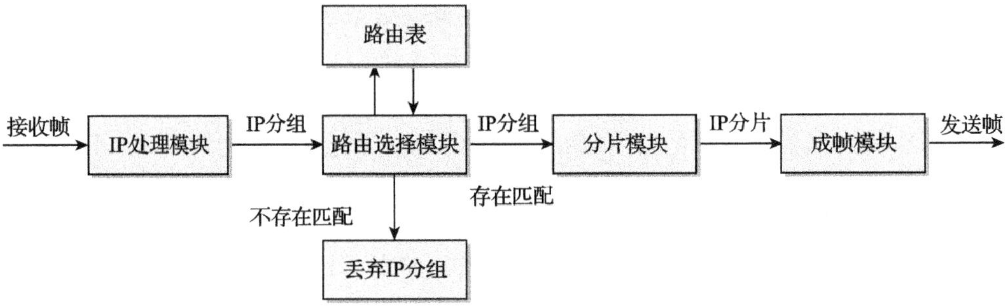

图 5-7　路由选择实现流程

当路由器从一个接口收到一个需要到达另一个网络的数据包后，路由器路由与数据转发过程如下：路由器根据数据帧的目的地址判断是否应该接受该数据帧，如果接收，路由器把它交给 IP 处理模块进行帧拆封，从中分离出相应的 IP 分组并交给路由模块。

路由模块通过目标地址与子网掩码的“与”运算从 IP 分组中提取出目标网络号，并将目标网络号与路由表的路由条目进行匹配，在匹配过程中采用最长匹配原则，即如果路由表中有多条路由条目都与目标网络号匹配，则选择路由表中与数据包的目的 IP 地址从最左侧开始存在最多匹配位数的路由作为首选路由。如果路由表中所有的路由条目与目标网络号都不匹配，路由器就将相应的 IP 分组丢弃。如果存在匹配，路由器便根据首选路由确定的出口将数据包封装成出口所需的数据帧格式并从该端口转发出去。

在图 5-8 所示的网络拓扑结构中，路由器 R1 与 R2 之间串行链路帧封装类型为 HDLC，路由器 R1 与 R2 的路由表见表 5-1。

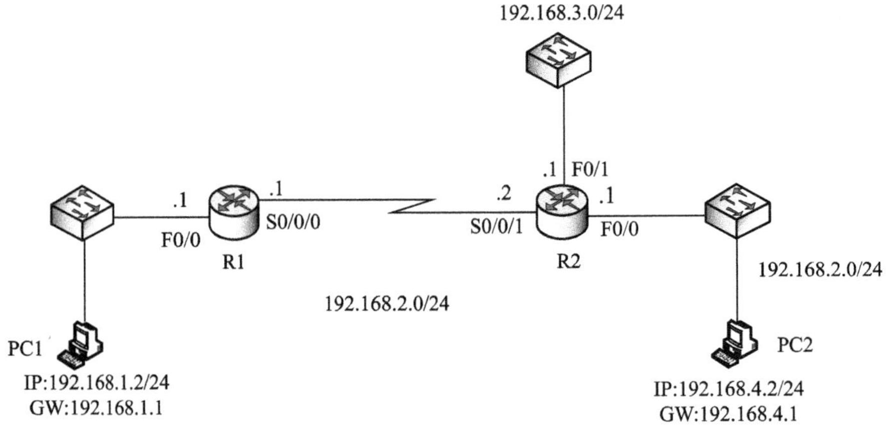

图 5-8　路由与数据的转发过程示例拓扑图

表 5-1　路由器 R1、R2 的路由表

目标网络	Next Hop（下一跳）	出　口
路由器 R1 的路由表		
192.168.1.0/24	—	F0/0
192.168.2.0/24	—	S0/0/0
192.168.3.0/24	192.168.2.2	S0/0/0
192.168.4.0/24	192.168.2.2	S0/0/0
路由器 R2 的路由表		
192.168.1.0/24	192.168.2.1	S0/0/1
192.168.2.0/24	—	S0/0/1
192.168.3.0/24	—	F0/1
192.168.4.0/24	—	F0/0

当主机 PC1 向主机 PC2 发送一个 IP 分组时，该 IP 分组的路由转发过程如下：

1）主机 PC1 在网络层封存分组，其 IP 分组中的源 IP 地址为主机 PC1 的 IP 地址，目的 IP 地址为主机 PC2 的 IP 地址。主机 PC1 判断出 IP 分组中的源 IP 地址与目标 IP 地址不在同一网段，需要把该数据分组发给网关（192.168.1.1），即路由器 R1 的 F0/0 端口，因此封装的数据帧中的源 MAC 地址为主机 PC1 的 MAC 地址，目的 MAC 地址为 R1 的 F0/0 端口的 MAC 地址。

2）路由器 R1 收到主机 PC1 发送的数据帧后，根据数据帧的目的地址判断应该接收该数据帧，在进行帧的拆封后得到 IP 分组，从 IP 分组中提取出目标网络号 192.168.4.0/24，并查找路由器 R1 的路由表，由于路由表中有路由条目（表 5-1 中路由器 R1 的路由表中第 4 条路由条目）与目标网络号匹配，该路由条目的下一跳为 192.168.2.2，出口为 S0/0/0 端口，因此路由器 R1 需要将该 IP 分组转发给路由器 R2，于是路由器 R1 将 IP 分组封装成 S0/0/0 端口所需的 HDLC 帧，并从 S0/0/0 端口转发出去。

3）路由器 R2 从 S0/0/1 端口接到路由器 R1 转发的数据帧后，提取出 IP 分组以及目标网络号 192.168.4.0/24，然后查找其路由表，路由表中有路由条目（表 5-1 中路由器 R2 的路由表第 4 条路由）与目标网络号匹配，该路由为直连路由，因此路由器 R2 把 IP 分组封装成 F0/0 端口所需的以太网帧，并从 F0/0 端口转发给主机 PC2，该帧的源 MAC 地址为路由器 R2 的 F0/0 端口的 MAC 地址，目的 MAC 地址为主机 PC2 的 MAC 地址。

从上述路由转发过程中可以看出，IP 分组中的源 IP 地址与目标 IP 在转发过程中不会发生变化，但数据帧中的源 MAC 地址与目的 MAC 地址会发生改变。

5.3.4　动态路由协议

动态路由协议是用于路由器之间交换路由信息的协议，通过动态路由协议，路由器可以动态共享有关远程网络的路由信息。1982 年发布的 RIP（Routing Information Protocol，路由信息协议）第 1 版是最早的路由协议，随着网络规模不断扩大以及网络持续复杂化，又陆续出现了 OSPF、IS-IS、BGP 等路由协议。20 世纪末，随着 IPv6 的出现，相应诞生了可支持 IPv6 的动态协议版本，包括 RIPng、BGPv6、OSPFv3 以及 IS-ISv6。

动态路由协议可以确定到达各个网络的最佳路径，然后将路径添加到路由表中。使用动态路由协议的一个主要好处是，路由器通过相互交换路由协议信息包，并经过必要的计算，能够

主动获得到达远程网络的最佳路径信息。通过这种信息交换，路由器能够自动、及时地获知网络拓扑或连通性的变化，并在最佳路径的更新上及时作出响应。正因为这样，基于路由协议实现的动态路由又被称为自适应的路由。

当网络拓扑结构十分复杂时，手动配置静态路由工作量大而且容易出现错误，这时就可以用动态路由协议，让其自动发现和修改路由，避免人工维护。但动态路由协议开销大，配置复杂。

事实上，路由器最初只能识别与之直连的网络，直接网络是静态路由与动态路由的基础，如果路由器的路由表中没有任何直连路由，则路由器无法实现任何网络连通性，也无法实现任何路由信息交换，其路由表中也不可能有静态路由和动态路由的路由条目存在。对于没有和路由器直接相连的远程网络，路由器不能直接学习到其路由信息，需要依赖外部信息才能获取到，路由器可以通过静态路由与动态路由两种方法获得远程网络的路由信息。

动态路由协议的分类方法很多，常见的有以下几种：① 按所在范围可分为内部网关协议（Interior Gateway Protocols，IGP）与外部网关协议（Exterior Gateway Protocols，EGP）；② 按是否支持 VLSM 可分为有类别协议与无类别协议；③ 按路由的算法可分为距离矢量（Distance-Vector，D-V）协议与链路状态（Link-State，L-S）协议。

（1）内部网关协议与外部网关协议

在互联网中引入自治系统的概念，就可以将其复杂的网络分成两部分，一是自治系统的内部网络，二是将自治系统互连在一起的骨干网络。自治系统（Autonomous System，AS）是指网络中那些由同一个机构操纵或管理、对外表现出相同的路由视图的路由器所组成的网络系统，如一所大学、一家公司的网络都可以构成自治系统。自治系统由一个长度为 16 位的自治系统号进行标识，该标识由网络信息中心指定并具有唯一性。

路由协议根据作用范围和目标的不同，可分为内部网关协议与外部网关协议。内部网关协议是指作用于自治系统的路由协议；外部网关协议是指作用于不同自治系统之间的路由协议。

（2）有类别协议与无类别协议

不支持 VLSM（可变长子网掩码）的路由协议被称为有类别的（Classful）协议。有类别协议发送的路由更新信息中不包含子网掩码信息，它在使用时会有一些限制，例如，当网络中使用多个不同的子网掩码划分子网或者网络中有不连续的子网时，就不能使用有类别路由协议。典型的有类别路由协议有 RIPv1 与 IGRP。

支持 VLSM 的路由协议称为无类别（Classless）协议。无类别协议发送的路由新信息中含有子网掩码。如今的大部分网络都需要无类别协议，典型的有 RIPv2、OSPF、IS-IS、EIGRP 等。

（3）距离矢量协议与链路状态协议

距离矢量协议基于贝尔曼—福特（Bellman-Ford）算法。运行距离矢量协议的路由器需要周期性地向邻居路由器发送完整或部分路由表，每个路由器接收到相邻路由器发送的路由信息后，将该路由信息与其当前的路由表进行比较，根据算法计算出到目标网络的路由。由于运行距离矢量协议的路由器仅了解从邻近路由器接收到的路由信息，却无法了解全部网络的确切拓扑结构，因此使用该协议可能会导致网络中出现路由环。RIPv1、RIPv2 和 IGRP 是典型的距离矢量协议。

链路状态协议基于 Dijkstra 算法（也叫作最短路径优先算法）。运行链路状态协议的路由器向该区域中的所有其他路由器通告其链路状态，以使每个路由器都能够建立一个完整链路状态数据库，从而知道整个网络的拓扑结构。然后，每个路由器以自己为根，运行算法计算到每个目标网络的最佳路径。运行链路状态协议的网络在路由收敛后，如果网络拓扑没有发生变化，路由器只要周期性地将没有更新的路由表进行刷新就可以了；一旦网络拓扑发生了变化，路由器将立刻发送一个部分更新信息，该更新信息会通知所有的链路状态路由器，从而使其他路由器知道网络发生了变化。因此链路状态协议的路由收敛速度相对于距离矢量协议的更快，但它需要消耗路由器更多的 CPU 和内存资源。

5.3.5　管理距离

在构建路由表的过程中，当路由器可通过不同的来源（如各种动态路由协议、静态路由或直连路由）获取到关于同一目标网络的多条路由信息时，路由器使用管理距离（Administrative Distance，AD）来标识不同的路由源的可信度，并选择可信度最高的路由条目插入路由表中。

管理距离被定义成0～255之间的整数值。管理距离值越小，表示路由来源的可信度最高，被插入到路由表中的优先级也就越高。默认情况下，直连路由的管理距离值最小，通常被设置为0，且不能手工更改；静态路由与动态路由协议的管理距离均高于直连路由，它们被赋予不同的管理距离值。

不同厂商的路由设备为每种路由协议指定的默认管理距离可能不一样。表5-2 中给出 Cisco 部分路由协议的管理距离。表5-3 给出 H3C 部分路由协议的管理距离。静态路由和各种动态路由协议的管理距离根据网络管理的需要都可以进行手工修改。

表5-2　Cisco 默认管理距离

路由来源	管理距离
直连路由	0
静态路由	1
RIP	120
OSPF	110
ISIS	115

表5-3　H3C 默认管理距

路由来源	管理距离
直连路由	0
静态路由	60
RIP	100
OSPF	10
ISIS	15

5.3.6　路由协议的性能指标

路由协议的性能指标主要体现在以下几个方面。

（1）协议计算的正确性：主要指路由协议所采用的算法会不会可能产生错误的路由而导致自环。不同路由协议所采用的算法不同，所以其正确性也不相同。总体来说，链路状态协议如 OSPF 在算法上杜绝了产生路由环的可能性，所以在此指标上占优。

（2）路由收敛速度：路由收敛是指全网中路由器的路由表到达一致。收敛速度快，意味着在网络拓扑发生变化时，路由器能够更快地感知并及时更新相应的路由信息。OSPF、BGP 等协议的收敛速度要快于 RIP。

(3) 协议所占用的系统开销：路由器在运行路由协议时，需要消耗系统资源，如 CPU、内存等。因为工作原理的不同，各路由协议对系统资源的需求也不同。例如 OSPF 路由计算所需系统资源要大于 RIP。

(4) 协议自身的安全性：协议安全性是指协议设计时有没有考虑防止攻击。OSPF、RIPv2 有相应的防止协议攻击的认证方法，而 RIPv1 没有。

(5) 协议使用网络规模：不同路由协议所使用的网络规模、拓扑不同。因为 RIP 在设计时有 16 跳的限制，所以应该应用在较小规模网络中；而 OSPF 可以应用在多达几百台路由器的大规模网络中；BGP 能够管理世界所有的路由器，其所能管理的网络规模大小只受系统资源的限制。

5.3.7 配置静态路由

1. 静态默认路由和静态路由配置

输入和检验静态默认路由和静态路由，拓扑图如图 5-9 所示。

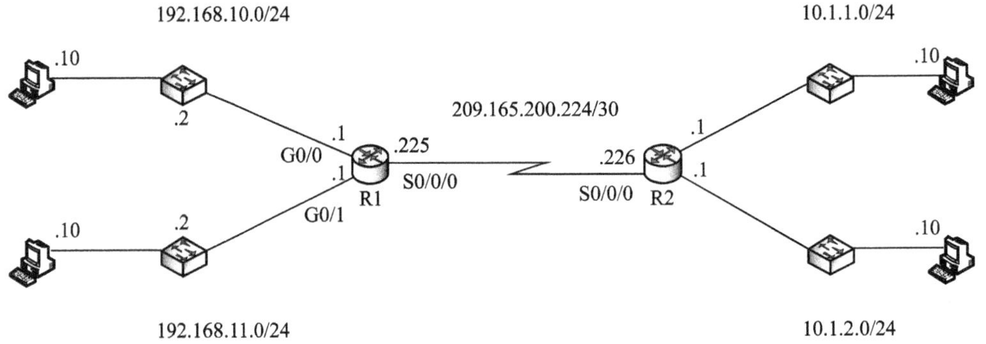

图 5-9　静态路由示例拓扑图

在路由器 R2 配置静态默认路由，命令如下：

```
R2(config)#ip route0.0.0.0 0.0.0.0serial0/0/0
```

使用 show 命令查看配置结果，显示如下：

```
%Default route without gateway, if not a point-to-point interface, may impact
performance

Gateway of last resort is 0.0.0.0 to network 0.0.0.0
192.168.10.0/24 is variably subnetted, 2 subnets, 2 masks
C 192.168.10.0/24 is directly connected, GigabiteEehternet0/0
L 192.168.10.1/32 is directly connected, GigabiteEehternet0/0
S * 0.0.0.0/0 is directly connected, Serial0/0/0
```

在路由器 R2 配置静态路由，命令如下：

```
R2(config)#ip route 192.168.10.0 255.255.255.0 s0/0/0
R2(config)#ip route 192.168.11.0 255.255.255.0 209.165.200.225
```

使用 show 命令查看配置结果，显示如下：

```
Codes: L-local, C-connected, S-static, R-RIP, M-mobile, B-BGP
```

```
D-EIGRP, EX-EIGRP external, O-OSPF, IA-OSPF inter area
N1-OSPF NSSA external type 1, N2-OSPF NSSA external type 2
E1-OSPF external type 1, E2-OSPF external type 2, E-EGP
i-IS-IS, L1-IS-IS level-1, L2-IS-IS level-2, ia-IS-IS inter area
*-candidate default, U-per-user static route, o-ODR
P-periodic downloaded static route
Gateway of last resort is 0.0.0.0 to network 0.0.0.0
S 192.168.10.0/24 is directly connected, Serial0/0/0
S 192.168.11.0/24 [1/0] via 209.165.200.225
10.0.0.0/8 is variably subnetted, 2 subnets, 2 masks
C 10.1.1.0/24 is directly connected, Serial0/0/0
L 10.1.1.1/32 is directly connected, Serial0/0/0
S* 0.0.0.0/0 is directly connected, Serial0/0/0
```

2. 配置静态 IPv6 路由

与 IPv4 相似，IPv6 支持静态路由和默认静态路由，它们的使用和配置与 IPv4 静态路由类似。输入和检验静态默认路由，拓扑图如图 5-10 所示。

使用 ipv6 route ::/0 ipv6 address | interface-type interface-number 命令配置默认静态 IPv6 路由。

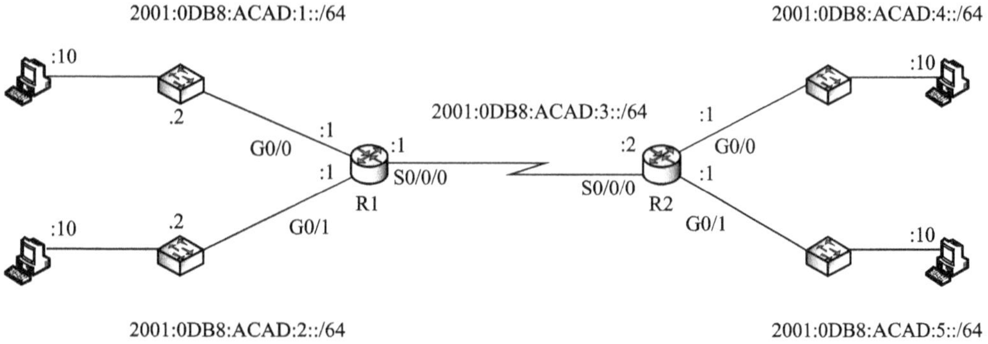

图 5-10 IPv6 静态路由示例

在路由器 R1 配置并检验 IPv6 静态默认路由，命令如下：

```
R1(config)#ipv6 route ::/0 s0/0/0
```

使用 show ipv6 route 命令查看配置结果，显示如下：

```
% SYS-5-CONFIG_I: Configured from console by console
IPv6 Routing Table-5 entries
Codes: C-Connected, L-Local, S-Static, R-RIP, B-BGP
U-Per-user Static route, M-MIPv6
I1-ISIS L1, I2-ISIS L2, IA-ISIS interarea, IS-ISIS summary
O-OSPF intra, OI-OSPF inter, OE1-OSPF ext 1, OE2-OSPF ext 2
ON1-OSPF NSSA ext 1, ON2-OSPF NSSA ext 2
D-EIGRP, EX-EIGRP external
S ::/0 [1/0]
Via Serial0/0/0, directly connected
C 2001:DB8:ACAD:1::/64 [0/0]
via GigabitEthernet0/0, directly connected
```

```
L 2001:DB8:ACAD:1::1/128 [0/0]
via GigabitEthernet0/0, receive
```

在路由器 R1 配置并检验 IPv6 静态默认路由，命令如下：

```
R1(config)#ipv6 route 2001:0db8:acad:1::/64 2001:0db8:acad:3::1
R1(config)#ipv6 route2001:0db8:acad:2::/64 s0/0/0
```

使用 show ipv6 route 命令查看配置结果显示如下：

```
IPv6 Routing Table-5 entries
Codes: C-Connected, L-Local, S-Static, R-RIP, B-BGP
U-Per-user Static route, M-MIPv6
I1-ISIS L1, I2-ISIS L2, IA-ISIS interarea, IS-ISIS summary
O-OSPF intra, OI-OSPF inter, OE1-OSPF ext 1, OE2-OSPF ext 2
ON1-OSPF NSSA ext 1, ON2-OSPF NSSA ext 2
D-EIGRP, EX-EIGRP external
S 2001:DB8:ACAD:1::/64 [1/0]
via 2001:DB8:ACAD:3::1
S 2001:DB8:ACAD:2::/64 [1/0]
viaSerial0/0/0, directly connected
```

可以看出，默认路由在网络中是非常有用的，而且几乎可以应用在所有的情况下。所以，目前在 Internet 上，大约 99.99% 的路由器上都配置有一条默认路由。

3. 静态路由汇总

在使用静态为目标网络进行路径选择时，有可能会出现多个目标网络选择的路径一样。为了减少路由表的大小，提高路由表的查找效率，可以用一条静态路由代替多条静态路由，这条代表多条静态路由的静态路由称为静态路由汇总。将多条静态路由汇总成一个网络地址，且这些静态路由选择的路径一样，即它们有相同的转发出口或下一跳地址。例如，在图 5-11 所示的网络中，路由器 R2 为网络 192.168.3.0/24 和 192.168.2.0/23 的静态路由。

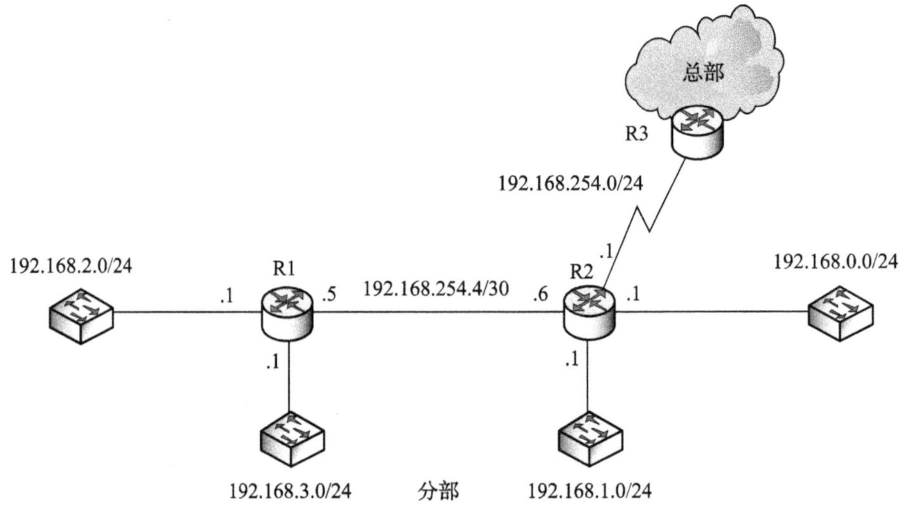

图 5-11　汇总静态路由示例

汇总静态路由的过程如下：①确定网络中每个路由器是否需要配置默认路由；②确定网络

中每个路由器需要对哪些远程目标网络使用静态路由选路；③根据所掌握的网络状态信息，人工为目标网络所选定的最佳路径，确定最佳路径是用下一跳进行配置，还是使用本地路由器的转发进行配置（注意，如果出口是串行链路，最佳路径可以使用下一跳进行表示，也可以使用本地路由器的出口来表示。但如果出口是以太网系列端口，则其最佳路径只能用下一跳来表示）；④确定是否存在多条静态路由可以汇总为一条静态路由的情况。

在图 5-11 中路由要求使用静态路由与默认路由实现企业分部各网络段之间、分部与总部之间的互连互通，实施如下：

1）分部路由器 R1 到其他任何远程网络都只有一条到路由器 R2 的路径，因此在路由器 R1 上配置一条默认路由就可以实现到所有目标网络的选路。该默认路由的转发出口是以太网端口，因此只能使用下一跳的方法配置默认路由，下一跳地址为 192. 168. 254. 6。

2）分部路由器 R2 需要对总部网络 192. 168. 2. 0/24、192. 168. 3. 0/24 两个网络选路。由于总部网络目标地址不清楚，可以在路由器 R2 上配置一条转发出口为 s0/0/0 端口的默认路由实现到总部的访问，配置该默认路由可以使用下一跳也可以使用转发出口完成（当转发出口是串口时，使用下一跳与使用转发出口均可）。路由器 R2 还需要配置两条到 192. 168. 2. 0/24 和 192. 168. 3. 0/24 的静态路由，该路由只能采用下一跳的方法配置，下一跳地址为 192. 168. 254. 5，由于从路由器 R2 到这两个网络路由的下一跳地址相同，因此可以进行汇总，采用一条汇总静态路由来实现，汇总后的目标为 192. 168. 2. 0/23。

3）总部路由器 R3 到分部 5 个网段都只有一条路径，可以将到分部网络 192. 168. 0. 0/24、192. 168. 1. 0/24、192. 168. 2. 0/24 和 192. 168. 3. 0/24 的 4 条路由进行汇总，采用一条汇总静态路由来实现，汇总后的目标网络为 192. 168. 0. 0/22。因此在路由器 R3 上配置一条静态路由与一条汇总静态路由即可，它们可以使用下一跳也可以使用转发出口完成，具体规划如表 5-4 所示。

表 5-4　静态路由默认路由的路由规划

设　备	路由类型	目标网络号	子网掩码	下一跳或出口
路由器 R1	默认路由	0. 0. 0. 0	0. 0. 0. 0	192. 168. 254. 6
路由器 R2	汇总静态路由	192. 168. 2. 0	255. 255. 254. 0	192. 168. 254. 5
	默认路由	0. 0. 0. 0	0. 0. 0. 0	S0/0/0
路由器 R3	静态路由	192. 168. 254. 4	255. 255. 255. 252	192. 168. 254. 1
	汇总静态路由	192. 168. 0. 0	255. 255. 252. 0	192. 168. 254. 1

在路由器 R1、R2 和 R3 上配置上述规划。命令如下：

```
R1(config)#ip route 0.0.0.0 0.0.0.0 192.168.254.6
R2(config)#ip route 192.168.2.0 255.255.254.0 192.168.254.5
R2(config)#ip route 0.0.0.0 0.0.0.0 s0/0/0
R3(config)#ip route 192.168.254.4 255.255.255.252 192.168.254.1
R3(config)#ip route 192.168.0.0 255.255.252.0 192.168.254.1
```

5.3.8　静态路由与动态路由的比较

静态路由由管理员手工配置，因此它具有占用路由器 CPU 处理时间少、不耗费网络链路宽带、便于管理员了解路由等优点。但对于大型网络，使用静态路由配置和维护会耗费大量时间且配置容易出错，并且随着网络的增长与扩展，其维护会越来越麻烦。

动态路由与静态路由相比，具有自动适应网络变化的能力，但运行动态路由协议需要占用路由器的 CPU 资源、内存以及链路带宽等资源。表 5-5 对静态路由和动态路由的性能做了直观的比较。

表 5-5　静态路由与动态路由的比较

性　能	静态路由	动态路由
配置复杂性	随着网络规模的增大，配置越复杂	与网络规模无关
适应拓扑变化的能力	需管理员重新配置	根据网络变化自动调整
可扩展性	适合简单的网络	简单与复杂的网络均适合
资源消耗情况	不需要消耗额外的资源	需占用路由器的 CPU、内存以及链路带宽
安全性	不交换路由信息，更安全	需要交换路由信息，不够安全
可预测性	总是通过同一路径到达目标网络	根据当前网络拓扑自动选择路径

任务4　了解路由环路

5.4.1　环路产生的原因

当网络中有两台以上路由器的路由表中保存有原本不可到达目的网络的有效路径时，就有可能发生路由环路。

路由环路的主要生成原因是配置了错误的静态路由或网络规划错误。例如，在两台路由器上配置到相同目的地址的路由表项，下一跳互相指向对方，就会造成路由环路。另外，某些动态路由协议在特定环境下或配置不当，也有可能产生环路。

通常导致路由信息错误而产生路由环路的原因有以下几种：

1）静态路由配置错误，如在图 5-12 中，管理员在配置静态路由实现网络互连时，在路由器 R1 上为目标网络 192. 168. 2. 0/24 选择转发出口为 S0/0/0 端口，在路由器 R2 上错误地为目标网络 192. 168. 2. 0/24 选择转发出口为 S0/0/0 端口，此时就产生路由环路。

2）路由重发布配置错误，导致当网络发生变化时网络收敛速度缓慢，网络中路由器对网络的认识不一致而产生路由环路。

3）距离矢量协议在网络发生变化时易产生路由环路。距离矢量路由算法中路由器只是在收到的路由更新信息基础上计算到目标网络的最佳路径，路由器并不知道整个网络的拓扑结构，就导致路由器容易学习到错误的路由信息而形成路由环路。

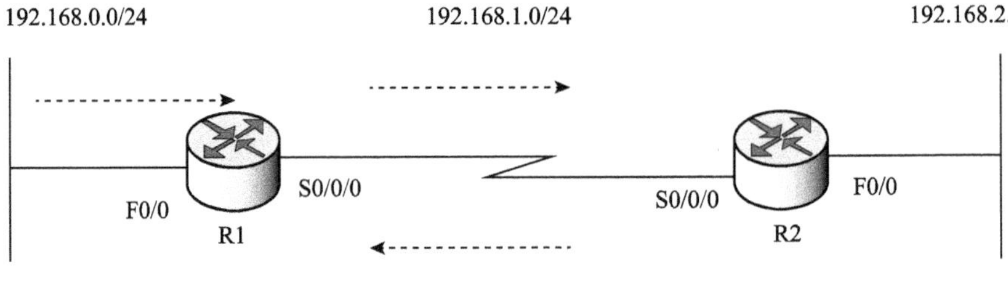

图 5-12　路由环路示例

5.4.2　消除路由环路

如果网络中存在路由环路，会导致路由环路中的链路带宽被循环重复发送的流量占用、路由环路中路由器的 CPU 等资源被无用的数据包转发工作所占用等问题，甚至有可能导致路由环路中链路带宽以及路由器资源被耗尽，最终导致网络缓慢甚至瘫痪。因此需要有相关技术来消除路由环路。目前，有定义最大度量值、水平分割、抑制计时器、路由毒化或毒性反转和触发更新等机制可以消除路由环路。

（1）定义最大度量值

当网络中有路由环路时，不正确的路由更新会不停地累加不可达网络的度量中值，会出现“计数至无穷大”的情况。为了消除路由环路，可以设置一个最大度量值来表示“无穷大”。一旦路由器计数达到该“无穷大”度量值，改路由就会被标记为不可达，数据包就会被路由器丢弃，从而打破了路由环路。例如，RIP 定义 16 跳为“无穷大”，当跳数大于 15 跳时就被认为“不可达”。

（2）水平分割

水平分割是指不把路由信息从接收到此路由信息的接口上发送出去，这样可以避免由于路由器 Ri 将通过路由器 Rj 学到的某目标网络的路由信息又通告给 Rj（Rj 到某目标网络以前可达，现在不可达），Rj 认为通过 Ri 可以到达该目标而产生的路由环路。

（3）抑制计时器

抑制计时器用于那些可能会影响路由的改变保持一段特定的时间，以阻止路由器学习到不正确的路由。当路由器从邻居接收到以前能够访问的目标网络现在不能访问的路由更新信息后，将该目标网络的路由标记为不可访问，并启动一个抑制计时器。在抑制计时器超时之前，所有从邻居路由器收到具有更大度量值的该路由跟信息都将被忽略，如果收到具有更小度量值的该路由更新信息，路由器立即更新关于该目标网络的路由并关闭抑制计时器。抑制计时器可以在一定时间间隔内忽略比以前更差的路由更新信息，有更多的时间来把网络不可达信息传遍整个网络。通常，抑制计时器时间设置成一个比路由更新信息发送到整个网络时间更大值。例如，在 RIP 中抑制计时器的默认值为 180s。

（4）路由毒化或毒性反转

路由毒化是距离矢量协议用来防止路由环路的一种方法。当路由器意识到某网络的路由失效时，就将该目标网络路由的度量值设置为最大（如 RIP 中 16 跳表最不可达）使该路由毒化，表示目标网络不可达，并将路由标记为不可达的路由信息采用触发更新的方式发给其他路由器。接收到此条路由信息的路由器在其中路由表中也将该路由标记为无效，并将毒性更新信息发送给其他路由器。

（5）触发更新

触发更新就是路由器发生变化后不需要等待发送周期到来而立刻发送路由更新信息。触发更新可以使网络上的所有路由器在最短的时间内收到更新信息，从而快速了解整个网络的变化，加速网络的收敛，一定程度上解决了路由环路的问题。

项目小结

本章对路由器的相关概念进行了介绍。路由实现将一个数据包从一个网络发送到另一个网络，即指导 IP 数据包发送的路径信息。每个路由器上都维护了一张路由表，路由表按照条目来源的不同又分为默认路由、静态路由和动态路由。另外，对路由的度量值、路由环路等问题进行了讨论。

项目练习

1. Router#show interfaces serial0/1 命令的输出显示了如下内容：

```
…
Serial0/1 is up, line protocol is down.
```

线路协议为 down（关闭）的原因最可能是（　　）。

A. Serial0/1 为关闭状态　　B. 路由器未连接电缆

C. 远程路由器正在使用 serial0/0 接口　　D. 尚未设置时钟频率

2. 典型的路由选择方式有静态路由和动态路由两种，以下描述正确的是（　　）。

A. 当动态路由与静态路由发生冲突时，以静态路由为准

B. 当动态路由与静态路由发生冲突时，以动态路由为准

C. 静态路由适用于网络规模大、网络拓扑复杂的网络

D. 动态路由适用于网络规模大、网络拓扑复杂的网络

3. 在路由器里正确添加静态路由的命令是（　　）。

A. Route(config)#ip route 192.168.5.0 255.255.255.0 serial0

B. Route #ip route 192.168.1.1 255.255.255.0 10.0.0.1

C. Route (config)#route add 172.16.5.1 255.255.255.0 192.168.1.1

D. Route #route add 0.0.0.0 255.255.255.0 192.168.1.0

4. 路由器的主要性能指标不包括（　　）。

A. 延迟　　B. 流通量　　C. 帧丢失率　　D. 语音数据压缩比

5. 以下内容不属于路由信息中所包含的是（　　）。

A. 源地址　　B. 下一跳　　C. 目标网络　　D. 路由权值

6. 静态路由的优点包括（　　）。

A. 管理简单　　B. 自动更新路由

C. 提高网络安全性　　D. 节省带宽

7. 在 RIP 中定义跳数等于（　　）为不可达。

A. 8　　B. 10　　C. 15　　D. 16

项目实训

实训一：静态路由以及默认路由的基本设置

1. 实训目的

1）了解路由器的基本功能。

2）掌握路由接口地址和子网掩码配置方法。

3）掌握静态路由的配置方法，能够通过静态路由实现网络互连。

2. 实训设备

1）路由器 3 台。

2）交叉双绞线若干。

3. 实训拓扑图和 IP 地址表

实训拓扑图如图 5-13 所示，IP 地址分配见表 5-6。

4. 实训任务

1）配置基础环境。

2）配置 R1 和 R2 使用静态路由。

3）测试 PC 间的连通性，分析原因。

表 5-6 路由设备接口及 IP 地址分配

设备名	接口	IP 地址	子网掩码
R1	F0/0	10. 1. 1. 1	255. 255. 255. 0
	F0/1	172. 16. 1. 1	255. 255. 255. 0
R2	F0/0	10. 1. 1. 2	255. 255. 255. 0
	F0/1	192. 168. 1. 1	255. 255. 255. 0
R3	F0/0	172. 16. 1. 2	255. 255. 255. 0
	F0/1	192. 168. 1. 2	255. 255. 255. 0

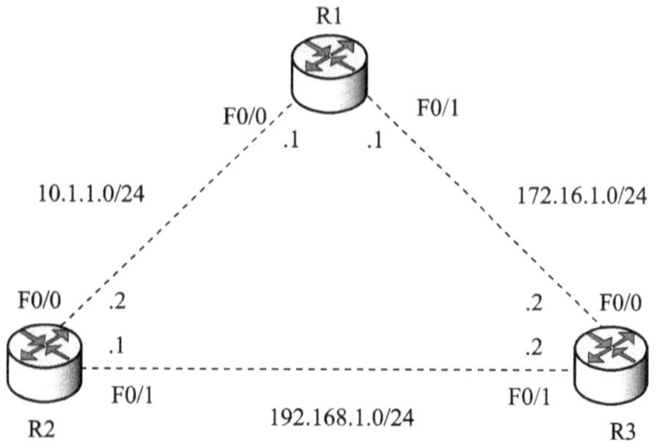

图 5-13 静态路由的配置拓扑图

实训二：浮动路由的配置

1. 实训目的

1）掌握静态路由度量值的配置方法。

2）理解度量值的含义。

3）进一步熟悉路由表结构。

2. 实训设备

1）路由器两台。

2）PC 两台。

3）背对背线缆。

4）双绞线若干。

3. 实训拓扑图和 IP 地址表

实训拓扑图如图 5-14 所示，IP 地址分配见表 5-7。

4. 实训任务

1）配置基础环境。

2）配置 R1 的静态路由，到达网络 10. 1. 2. 0（度量值为 10）和 10. 1. 4. 2（度量值为 20）。

3）查看当两条链路都存在的时候，哪条静态路由被写入路由表？主链路被关闭后，查看哪条静态路由被写入路由表？

表 5-7　路由设备接口及 IP 地址分配

设备名	接　口	IP 地址	子网掩码
R1	F0/0	10. 1. 1. 1	255. 255. 255. 0
	F0/1	10. 1. 2. 1	255. 255. 255. 0
	Loopback0	10. 1. 3. 1	255. 255. 255. 0
R2	F0/0	10. 1. 1. 2	255. 255. 255. 0
	F0/1	10. 1. 2. 2	255. 255. 255. 0
	Loopback0	10. 1. 4. 1	255. 255. 255. 0

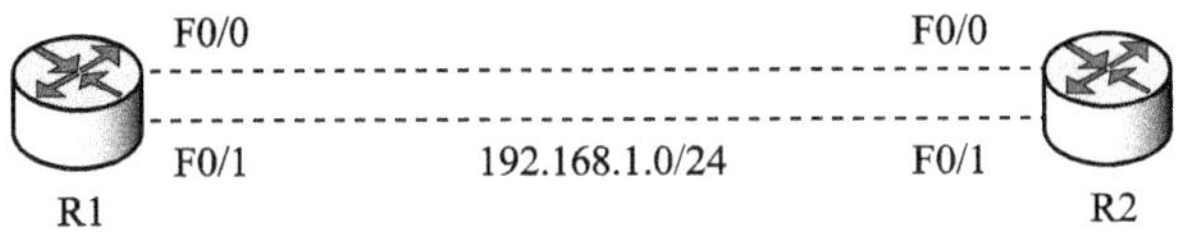

图 5-14　浮动路由的配置拓扑图

项目6 配置 RIP

使用静态路由协议生成路由表不能适应变化的拓扑，在现实中应考虑使用动态路由协议。动态路由协议都有哪些？它们各自有什么特点？如何进行配置？

本章学习目标

1）了解 RIP 的特点。
2）掌握 RIP 路由信息的生成和维护。
3）掌握避免路由环路的方法。
4）掌握 RIP 的配置。

任务1 认识 RIP

动态路由协议能够自动发现路由并计算路由。RIP（Routing Information Protocol，路由信息协议）是应用较早、使用较为普遍的内部网关协议（IGP），适用于小型同类网络，是典型的距离矢量（Distance-Vector）协议。RIP 在 RFC 1058 和 1723 这两个文档中正式定义。RFC 1058（1998）描述了 RIP 的第 1 版（RIPv1）实现。RFC 1723（1994）定义了 RIPv2，和 RIPv1 一样，仍是基于经典距离矢量算法的。但 RIPv2 中加入了一些现在大型网络中所要求的特性，如认证、路由汇总、无类域间路由和变长子网掩码（VLSM）。这些高级特性都不被 RIPv1 所支持。

6.1.1 RIP 概述

RIP 是一种较为简单的内部网关协议，主要用于规模较小的网络中，比如校园网以及结构较简单的地区性网络。由于 RIP 的实现较为简单，在配置和维护管理方面也远比 OSPF 和 IS-IS 容易，因此在实际组网中有广泛的应用。

RIP 是一种基于距离矢量算法的路由协议，使用跳数（Hop Count）来衡量到达目的地网络的距离。在 RIP 中，路由器到与它直接相连的网络跳数为 0，通过与其直接相连的路由器到达下一个紧邻的网络的跳数为 1，其余以此类推，每多经过一个网络，跳数加 1。为限制收敛时间，RIP 规定度量值取 0 ~ 15 之间的整数，大于或等于 16 的跳数被定义为无穷大，即目的网络或主机不可达。由于这个限制，使得 RIP 不适合应用于大型网络。

RIP 包括两个版本：RIPv1 和 RIPv2。RIPv1 是有类别路由协议，协议报文中不携带掩码信息，不支持 VLSM，只支持以广播方式发布协议报文。而 RIPv2 支持 VLSM，同时支持明文认证和 MD5 密文认证。

为了防止产生路由环路，RIP 支持水平分割（Split Horizon）与毒性逆转（Poison Reverse），并在网络拓扑变化时采用触发更新（Triggered Update）来加快网络收敛时间，另外，RIP 还允许引入其他路由协议所得到的路由。

RIP 处于 UDP（User Datagram Protocol，用户数据报协议）的上层，通过 UDP 报文进行路由信息的交换，使用的端口号为 520。

RIP 的主要特点可归纳如下：

1）它是一个距离矢量路由协议。

2）有 RIP 生成的路由条目默认管理距离为 120。

3）路由选择的度量值是跳步数。

4）最大允许的跳步数是 16。

5）默认情况下每隔 30s 广播一次路由更新。

6）默认情况下 RIP 路由信息报文被封装在 TP 广播或组播数据包的 UPD 数据段中发送，端口号为 520。

7）它有在多条路径上进行负载平衡的功能。

6.1.2 RIP 的发展背景

RIP 是 Internet 最早的路由协议，其前身是施乐（Xerox）的网关信息协议。随着 Xerox 网络系统（Xerox Network System，XNS）发展，网关信息协议逐渐演变成 RIP。

RIP 作为一种专门为小型网络设计的内部网关路由状态，只能由于在自治系统内实现路由的动态学习。RIP 实现简单，路由更新与维护所需要网络宽带以及路由器 CPU 与内存等资源开销相对于链路状态路由协议的开销要小很多。

RIP 有 3 种形态：前面介绍过的 RIPv1 和 RIPv2，以及 1997 年正式发布的 RFC 2080 中定义的支持 IPv6 的 RIP，即 RIPng，其中 ng 是 next generation 的缩写，意指“下一代”互联网。本章所讲的 RIP 只涉及 RIPng，本章后面如无特殊说明，RIP 通指 RIPv1 或 RIPv2。

6.1.3 RIP 的工作原理

在未启动 RIP 的初始状态下，路由表中仅包含本路由器的一些直连路由。RIP 启动后，为了尽快从邻居获得 RIP 路由信息，它使用广播方式向各接口发送请求报文（Request Message）。相邻的 RIP 路由器收到请求报文后，响应该请求，回送包含本地路由表信息的响应报文（Response Message）。

运行 RIP 的路由器（用 Ri 表示）在收到邻居路由器（用 Rj 表示）发送的路由更新报文后，其更新规则如下：

1）如果路由更新报文中某目标网络的路由条目在路由器 Ri 的路由表中没有，则路由器 Ri 在路由表中增加一条关于该目标网络的路由条目，增加的路由条目“跳数”为路由器 Rj 中该路由的“跳数”加上 1 后，下一跳为路由器 Rj。

2）如果路由更新报文中某目标网络的路由条目在路由器 Ri 的路由表中存在，但将路由器 Rj 中该路由的“跳数”加上 1 后，得到的“跳数”比路由器 Ri 路由表中该目标网络的路由“跳数”要小，则修改关于该目标网络的路由，“跳数”修改为路由器 Rj 中该路由的“路由”加上 1 跳，下一跳修改为路由器 Rj。

3）如果路由更新报文中某目标网络的路由在路由器 Ri 的路由表中存在，但将路由器 Rj 中该路由的“跳数”加上 1 后，得到的“跳数”比路由器 Ri 路由表该目标网络的路由的“跳数”要大，则路由器的路由表不变。

下面以一个示例来说明 RIP 更新路由的具体工作过程。

如图 6-1 所示的网络拓扑图，路由器 R1 与 R2 均只运行 RIP，且已经完成相应的配置。现假设路由器 R1 的路由更新周期时间先到，路由器 R2 的路由更新周期时间先后到。

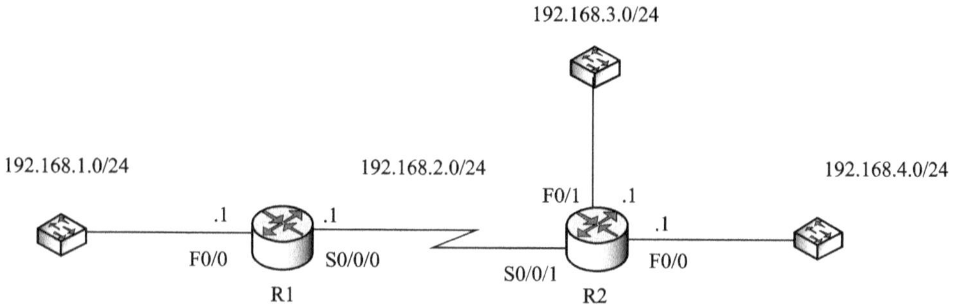

图 6-1　RIP 工作原理拓扑图

1）初始时刻，在路由器 R1 与 R2 的所有接口启动之后，RIP 配置之前，路由器首先将与之直接相连的网络插入路由表中，此时，路由器 R1 与 R2 的路由表中只有直连路由，如图 6-2 所示。

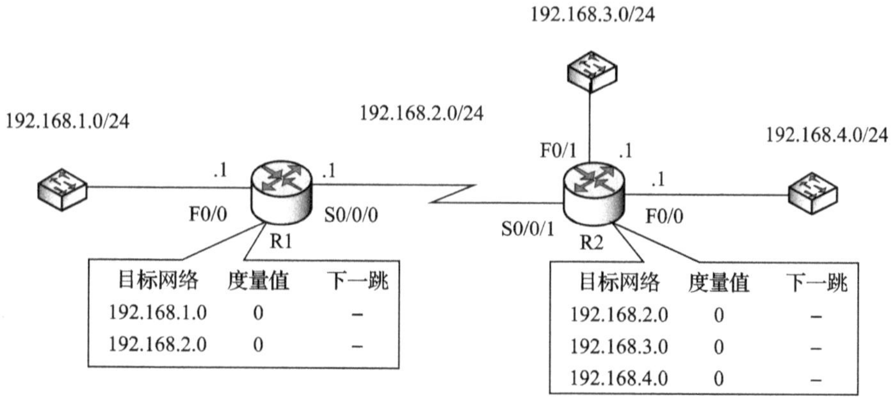

目标网络	度量值	下一跳
192.168.1.0	0	–
192.168.2.0	0	–

目标网络	度量值	下一跳
192.168.2.0	0	–
192.168.3.0	0	–
192.168.4.0	0	–

图 6-2　路由器 R1 与 R2 的初始化路由表

2）配置了 RIP 后，路由器 R1 的路由更新周期先到，它将路由更新报文发送给邻居路由器，邻居路由器 R2 收到路由器 R1 的路由更新报文后，根据距离矢量路由算法规则更新自己的路由表：

①对于路由更新报文中网络为 192. 168. 1. 0 的路由条目，由于在路由器 R2 的路由表中不存在，因此路由器 R2 增加了一条关于网络 192. 168. 1. 0 的路由条目，路由条目的“跳数”在收到的路由更新报文所给出的“跳数”基础加上 1。由于该路由更新报文的发送源地址为 192. 168. 2. 1，因此“下一跳”指向发送该路由更新报文的源地址，即 192. 168. 2. 1。

②对于路由更新报文中网络为 192. 168. 2. 0 的路由条目，由于在路由器 R2 的路由表中已存在，但将路由更新报文中该路由的“跳数”加上 1 后，得到的跳数值为 1，比路由器 R2 路由表中到目标网络 192. 168. 2. 0 的跳数 0 要大，因此路由器 R2 保持该目标网络 192. 168. 2. 0 路由条目不变。

路由器 R2 收到路由器 R1 的路由更新报文更新后的路由表如图 6-3 所示。

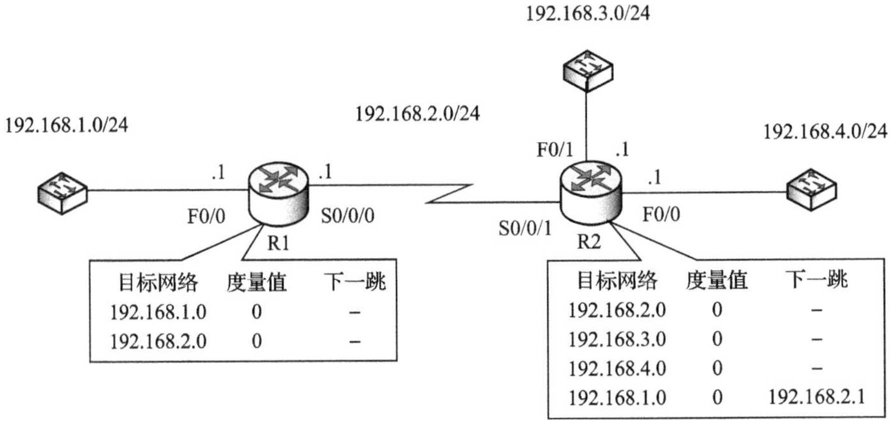

图 6-3 路由器 R2 收到路由器 R1 的路由更新并计算后的路由表

3）接着，路由器 R2 的路由更新周期到了，它将路由更新报文发送给邻居路由器，邻居路由器 R1 收到路由器 R2 的路由更新报文后，同样采用距离矢量算法规则更新自己的路由表：

①对于路由更新报文中网络为 192. 168. 3. 0 和 192. 168. 4. 0 的两条路由条目，由于在路由器 R1 的路由表中不存在，且该路由更新报文的发送源地址为 192. 168. 2. 2，因此路由器 R2 增加关于目标网络 192. 168. 3. 0 和 192. 168. 4. 0 的两条路由条目，这两条路由条目，这两条路由条目的“跳数”为更新报文中所给出的相应跳数值（即路由器 R2 的路由表中该目标网络的跳数）加上 1，“下一跳”均指向发送该路由更新报文的源地址，即 192. 168. 2. 2。

②对于路由更新报文中网络为 192. 168. 2. 0 和 192. 168. 1. 0 的两条路由条目，由于这两条路由在路由器 R1 的路由表中已存在，且路由更新报文中这两条路由的“跳数”加上 1 后，得到的“跳数”比路由器 R1 路由表中到目标网络路由的“跳数”还要大，因此路由器 R1 关于该目标网络 192. 168. 2. 0 和 192. 168. 1. 0 的两条路由条目不变。

路由器 R1 收到路由器 R2 的路由更新报文执行距离算法后其路由表结果如图 6-4 所示。此时可以观察到，尽管路由器 R1 和 R2 的路由表路由条目内容有所不同，但它们对于全网的认识是完全一致的，将网络中这种所有路由器对网络全局状态与路由有一致认识的情形称为路由收敛。运行动态路由协议的路由器达到对全网认识一致所花费的时间称为（路由）收敛时间，不同的路由协议收敛时间不一样，RIP 的收敛时间较慢。

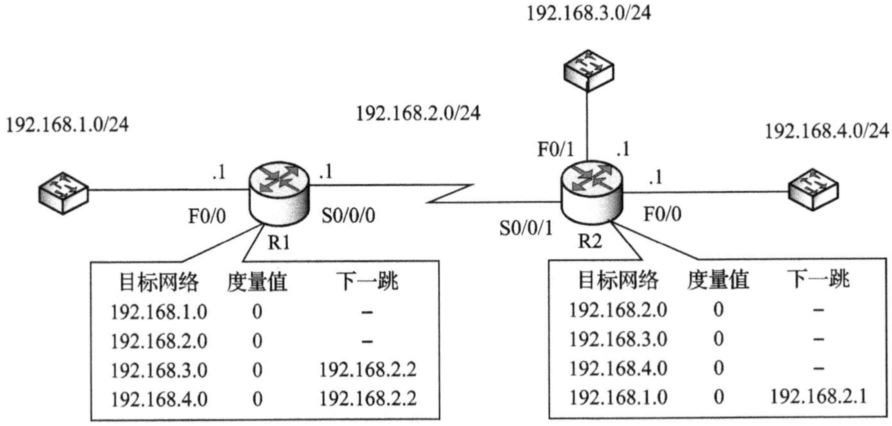

图 6-4 路由器 R1 收到路由器 R2 所发路由更新并计算后的路由表

4）接下来路由器R2与R1相互在各自的更新周期到来时持续发送路由更新信息。只要网络拓扑没有发生变化，路由器R1与R2计算出来的路由表都不会再变化，但是，若网络拓扑或连通性有所变化，则路由器需要一定的时间来重新达到对网络新状态的一致性认识，也就是重新实现路由的收敛。

6.1.4　RIP中的定时器

RIP通过向直接相连的邻居设备发送路由表来交换路由信息。为了有效实现路由信息的交换，RIP使用了以下5种定时器：

（1）更新定时器（Update Timer）

RIP路由器每隔一定的时间间隔向网络中发送自己的路由表，用于实现该事件间隔的计时器被称为更新计时器。每台路由器都有更新定时器，RIP默认发送路由更新的时间间隔为30s。为了防止网络中参与路由信息交换的路由器同时发送更新给网络带来拥挤，RIP规定更新定时器在默认值30s的基础上有一个随机变化量。

（2）无效定时器（Invalid Timer）

RIP规定，若路由器在足够长的规定时间间隔内还没有收到路由表中某个RIP路由条目的更新信息，则将该路由条目定义为“无效”，即该路由条目在路由表中的度量值（跳数）被置为16，以表示该路由条目所对应的目标网络不可达，而用于实现该时间间隔的计时器被称为无效定时器。RIP路由表中的每个条目都有一个无效定时器，它是在路由条目创建时启动的，并在该路由条目得到更新时随之进行重置。RIP规定无效定时器的默认值为180s，相当于6个默认路由更新周期，即当路由器在180s内没有收到关于某路由条目的更新信息时，该路由条目就被置为“无效”。

（3）清除定时器（Flush Timer）

RIP路由表中的某条路由条目具体的清除时间由清除定时器决定。RIP路由表中某个路由条目变为无效后，将仍然在路由表中保留一段时间才会被清除，这样就能够有时间通知其邻居该路由条目的改变。清除定时器默认值为240s（8个路由更新周期），比无效定时器长60s，即当路由条目被标记为无效后过60s内仍然没有收到更新信息，也就是清除定时器也超时了，那么这条路由将从路由表中被删除。

（4）抑制定时器（Hold Down Timer）

抑制定时器用于将那些可能会影响路由的改变保持一段特定的时间，有助于防止在由于网络拓扑发生改变而导致路由重新收敛的过程中产生路由环境。在RIP中抑制定时器的默认值为180s，相当于6个默认的路由更新周期。抑制计时器防止路由环路产生的过程详见3.4.4节。

（5）触发更新定时器（Triggered Update Timer）

触发更新是在路由器的路由度量发生改变时立即将改变的信息通知给邻居，RIP在点到点链路上可以开启触发更新。但是，过度的触发更新会引起更新风暴。为了限制触发更新的频率，在每次触发更新后就启动一个定时器，即触发更新定时器。当该定时器到时后才允许下一次触发更新。RIP规定，触发更新定时器的时间为1～5s内的一个随机值，以避免网络内路由器的同步更新。

6.1.5　配置RIP

在用户模式下用show ip route命令可以查看路由表，命令如下：

```
Route(config)#show ip route
```

在路由表示例中，每个路由条目的第一个字段是代码字段，代码表示路由表中的路由信息通过什么方法学习到的，代码“R”表示路由是通过动态路由协议 RIP 学习到的。

下面示例根据实验拓扑图（图 6-5）完成 RIP 的基本配置，IP 地址分配见表 6-1。配置步骤如下：

1）完成各路由器基本信息和端口信息的配置。当所有路由器的端口均配置完成后，可使用 show interface 命令查看端口的状态（注意，当两台路由器是用串口直接相连，需要将一个串口设置成 DCE，并设置时钟脉冲，另一个串口扮演 DTE 的角色，只需激活端口即可）。

表 6-1　路由设备接口及 IP 地址分配

设备名	接　口	IP 地址	子网掩码
R1	F0/0	10. 1. 1. 1	255. 255. 255. 0
	F0/1	172. 16. 1. 1	255. 255. 255. 0
R2	F0/0	10. 1. 1. 2	255. 255. 255. 0
	F0/1	192. 168. 1. 1	255. 255. 255. 0
R3	F0/0	172. 16. 1. 2	255. 255. 255. 0
	F0/1	192. 168. 1. 2	255. 255. 255. 0

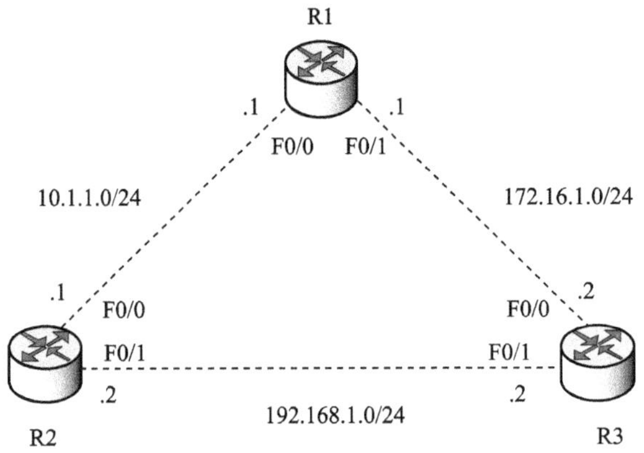

图 6-5　RIP 配置实验拓扑图

2）启动 RIP。依次在每一台路由器上启动 RIP，相关的命令如下。

R1 上配置命令如下：

```
R1(config)#route rip
R1(config-router)#network 10.0.0.0
R1(config-router)#network 172.16.1.0
```

R2 上配置命令如下：

```
R2(config)#route rip
R2(config-router)#network 10.0.0.0
R2(config-router)#network 192.168.1.0
```

R3 上配置命令如下：

```
R3(config)#route rip
```

```
R3(config-router)#network 172.16.1.0
R3(config-router)#network 192.168.1.0
```

RIP 的基本配置非常简单。首先使用 router rip 命令进入 RIP 配置模式，然后用 network 语句声明进入 RIP 进程的网络。可以看到 network 语句中使用的是网络号，而不是子网号。当我们试图把 172.16.1.0 这样的子网号码加入 R1 的 RIP 路由进程中而输入 network 172.16.1.0 命令后，使用 show running-config 命令查看的结果会显示此处的语句变成了 network 172.16.1.0，即 B 类网络 172.16.0.0 下所有子网都加入了 RIP 路由进程，而 A 类地址一样，这说明 RIPv1 不支持 VLSM。RIPv2 才支持 VLSM，需要做配置。

3）验证配置。在网络中所有路由器上都配置好 RIP，等待网络处于收敛状态后，来检查每个路由器的路由表，看除了直连路由外，路由器是否通过 RIP 找到了到达拓扑图中各网络路径，如果找到则证明 RIP 设置成功。

RIP 常用检测命令如下：

```
show ip route        //查看路由表
clear ip route        //清除路由表
show ip protocol        //显示活动路由协议进程的参数和当前状态
debug ip rip        //专门用来显示路由器发送和接受的 RIP 更新信息
```

查看 R1 上的路由表，命令如下：

```
R1#show ip route
```

显示 R1 路由器协议进程的参数和当前状态，命令如下：

```
R1#show ip protocol
```

在 R1 路由器上可以看到，通过 RIP，学到了与 R1 不相连的网段 192.168.1.0：

```
R 192.168.1.0/24[120/1]via 10.1.1.2, 00:00:03,FastEthernet0/1
```

R：表示此项路由是由 RIP 获取的。

[120/1]：120 是 RIP 的管理距离，1 是该条路由的度量值，即跳数。

via：表示经由的意思。

10.1.1.2：由当前路由出发，到达目标网段所需要经过的下一跳点的 IP 地址。

00:00:03：此条路由器到达目标网段所需使用的接口。

另外，对于路由器 R1 的路由表而言，192.168.1.0 这条路由项具有 2 个路径，即表中列出的 10.1.1.2 和 172.16.1.2，表示到达 192.168.1.0 网段可以通过 R2 路由器或者通过 R3 路由器到达，也就是说有两条等值的路径存在，其度量值均为 1，路由器 R2 和 R3 都有类似的路由存在。

任务 2　配置 RIPv1

6.2.1　RIPv1 的报文格式

路由器发送 RIP 的信息时，消息的数据部分封装在 UDP 数据报中，数据包的源端口号和目的端口号均为“520”。封装了 RIP 消息的 UDP 数据报在被从配置了 RIP 的路由器接口发送出去之前，还需要对相应的网络层与数据链路层进行封装，即分别加上相应的 IP 分组头以及数据链路层的帧头和帧尾部分。

RIPv1 采用广播发送路由更新信息，因此在 IP 分组头和数据链路层帧头中，目的地址均使用广播地址，其地址分别为 255. 255. 255. 255 和 FF-FF-FF-FF-FF-FF，而分组头中的源地址则分别对应于发送 RIPv1 消息的路由器接口 IP 地址和 MAC 地址。

具体到 RIPv1 的数据包格式如图 6-6 所示，由报头字段与路由条目字段组成。一个 RIP 路由更新报文中可以包含的路由条目至多为 25 条。

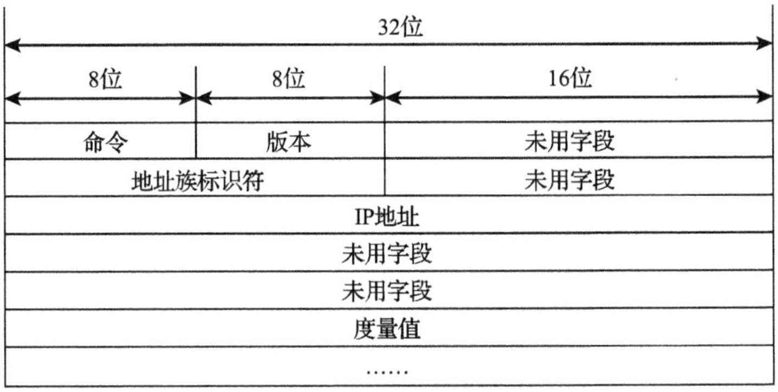

图 6-6　RIPv1 的报文格式

RIPv1 消息报头的长度为 4 个字节，共 3 个字段。其中，最后一个字段须为 0。数据包中的字段含义如下所述。

1）命令字段（Command）：指定消息的类型，取值为 1 或 2。当值为 1 时，表示请求部分或全部的路由信息；当值为 2 时，表示答应发送方的全部或部分路由信息。

2）版本字段（Version）：表示 RIP 的版本，RIPv1 的版本字段值为 1。

每个路由条目部分包含 3 个字段，分别为地址类型标识字段、IP 地址字段和度量字段，其具体含义如下所示。

1）地址类型标识字段（Address Family Identifier）：用于设置路由条目中的地址类型，当其值为 2 时，表示 IP 地址；当其值为 0 时，表示请求完整的路由表。

2）IP 地址（IP Address）：路由条目所对应的目标地址，通常为网络地址或子网地址，但也可以是主机地址。

3）度量（Metric）：其值为 1 ~ 16，当地址类型字段值为 2 时，该字段值对应到目标网络的跳数；当地址类型字段值为 0 时，该字段值被设置为 16。

6. 2. 2　RIP 消息的交换处理工作过程

路由器只会从配置了 RIPv1 的接口发送和接收 RIPv1 路由更新信息。RIPv1 的路由更新信息以广播的方式发送，路由器不会转发广播数据包，因此，RIPv1 路由更新信息交换只在直接相邻的 RIP 邻居路由器之间进行。RIPv1 路由更新信息的交换处理工作过程如下。

首先，路由器每个配置了 RIPv1 的接口在启动时都会发送 RIPv1 请求报文，请求报文中的命令字段值和地址类型字段值分别为 1 和 0，以请求这些接口所连的 RIPv1 邻居路由器发送其完整的路由表。邻居路由器在收到 RIPv1 请求报文后，将根据请求发出应答消息，应答报文中的命令字段值为 2，地址类型字段值为 2。发出请求报文的路由器在收到应答报文后，它将对每个路由条目运用 D-V 算法计算到目的地的最佳路由，即：如果路由条目是新的，接收方路由器便将该路由条目添加到路由表中；如果该路由已经包含在路由表中，则只有当新条目的跳数比现有的跳数小时，才会将现有条目替换成新条目。最后，启动路由器，从所有启用了 RIP 的接口发出包含其自身路由表的触发更新，以使 RIP 邻居能够获知更新路由。

在图 6-7 所示的网络拓扑中每个路由器的所有接口都配置为参与 RIPv1 更新，图中给出了路由器 R1 启动 RIPv1 后的工作过程。

1）路由器 R1 从 F0/0、F0/1 和 F1/0 接口发送 RIPv1 请求消息，请求邻居路由器发送其完整的路由表。

2）当路由器 R2 和路由器 R3 从自己 F0/1 接口收到 R1 的 RIPv1 请求消息后，向路由器 R1 发出响应消息，路由器 R1 收到响应消息后使用 D-V 算法计算到目的地的最佳路由。

3）路由器 R1 从接口 F0/0、F0/1 和 F1/0 发送触发更新消息，以便 RIP 邻居路由器 R2 和路由器 R3 能够获知所有新路由。

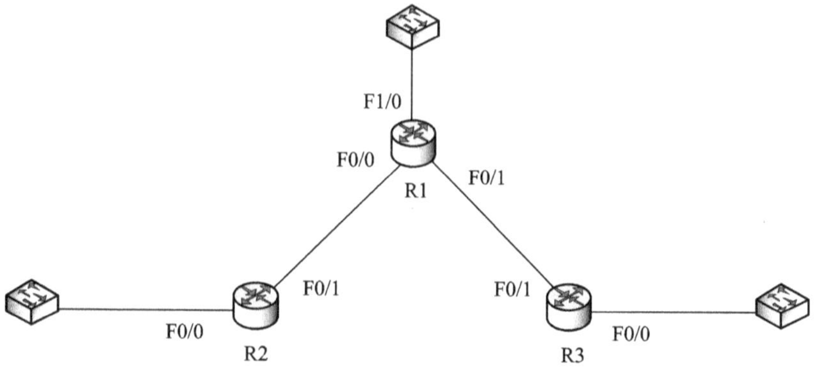

图 6-7　RIPv1 的工作过程

从 RIPv1 的报文格式可以知道 RIPv1 的路由信息中有网络 IP 地址，但并没有携带子网掩码信息，那么，当路由器从邻居路由器收到路由更新信息后，它是如何判断出路由更新信息中某路由条目中的网络前缀呢？一般来说，使用以下两条规则来决定：

1）如果接收接口的 IP 地址与某路由条目的目标网络的 IP 地址属于同一个主类网络，但属于不同的子网，则路由器使用配置在该接收接口上的子网掩码作为该目标网络的子网掩码。

2）如果接收接口的 IP 地址与某路由条目的目标网络的 IP 地址属于不同的主类网络，则路由器使用默认的、基于类别的子网掩码作为该地址的子网掩码。

在图 6-8 所示的网络拓扑结构中，每个路由器的所有接口都配置为参与 RIPv1 更新。当路由器 R1 通过 S0/0/0 接收到路由器 R2 所发的关于网络 10. 0. 1. 0 的路由更新信息后，由于网络

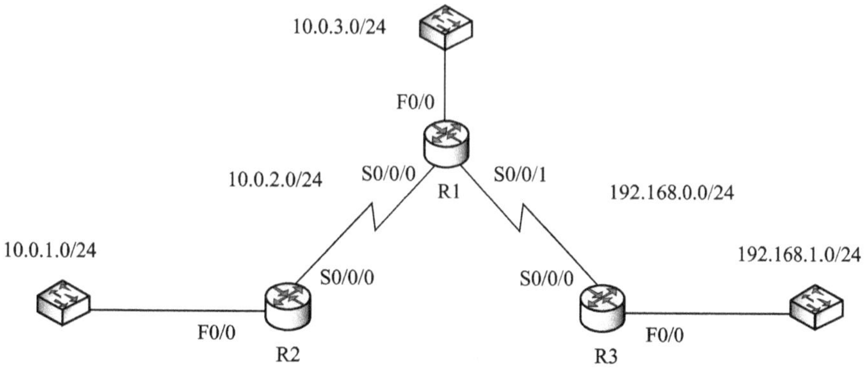

图 6-8　RIPv1 判断网络 IP 地址的前缀示意图

10.0.1.0 与路由器 R1 的接口 S0/0/0 所在网络 10.0.2.0 属于同一个主类网络（即 A 类网络 10.0.0.0/8），但属于不同的子网，因此路由器 R1 使用收到该路由更新信息的接口 S0/0/0 所在的子网掩码“/24”作为网络 10.0.1.0 的子网掩码。当路由器 R3 通过 S0/0/0 接收到路由器 R1 所发生的关于网络 10.0.0.0 的路由更新信息后，由于路由器 R3 接收该路由更新信息的接口 S0/0/0 所在网络 192.168.0.0 与网络 10.0.0.0 属于不同主类网络（网络 10.0.0.0 属于 A 类，主类网络号为 10.0.0.0/8；网络 192.168.0.0 属于 C 类，主类网络号为 192.168.0.0/24，因此路由器 R3 使用网络 10.0.0.0 属于主类网络类别的默认子网掩码“/8”作为网络 10.0.0.0 的子网掩码。

6.2.3 配置 RIPv1

RIPv1 作为一种有类别的路由协议，在路由更新信息中不携带子网掩码信息，同时又限定了最大跳数为 15，并且收敛慢，因此其适应性受到较大限制，它不能支持：①VLSM 或 CIDR；②不连续的子网；③规模庞大复杂的网络。另外 RIPv1 基于 D-V 算法实现，需要周期性发送路由更新报文，因此也不适合于状态多变的网络。它只能用于那些没有使用 VLSM 或 CIDR、不存在不连续子网、网络规模较小、变化不太频繁的网络。

对于每个需要运行 RIPv1 的路由器来说，首先，需要考虑该路由器有哪些直接相连的网络需要参与到 RIPv1 的路由更新中。其次，要考虑是否将某些接口设置为被动接口。RIPv1 以广播的形式发送路由更新信息，但也可能存在这样的情况，对于路由器某些所连续的网络，例如，图 6-8 中路由器 R1 的 F0/0 接口、路由器 R2 的 F0/0 接口和路由器 R3 的 F0/0 接口，这些接口所在网络部存在别的路由器，通过这些接口发送路由更新是没有意义的，为了减少网络开销、优化网络性能，可以不需要向这些网络发送路由更新信息，因此需要将这些网络接口配置成被动接口。注意，当路由器的某接口被设置为被动接口时，接口所在网络的信息仍然包含在路由器所发送的路由更新信息中，但这些接口本身不向所在网络发送路由报文。

RIPv1 的配置通常需要以下 3 个步骤：

1）在路由器上启用 RIPv1。

2）指定需要参与 RIPv1 路由更新的直连网。

3）根据网络实际情况，决定是否需要配置被动接口优化路由。该步骤是一个可选步骤。

示例如下：

```
Router(config)#router rip    //启用 RIP
Router(config-router)#version 1
```

上述命令指定 RIP 版本为 RIPv1 后，直接网络端口默认值为发送和接收 RIP 的路由更新。如果不指定 RIP 版本，默认为运行 RIPv1，但直连网络端口默认值为发送 RIPv1 的路由更新信息、接收 RIPv1 和 RIPv2 的路由更新信息。

```
Router(config-router)#network directly-connected-classful-network-address
```

上述命令用以指定参与 RIPv1 路由更新的直连网络，该命令有两重含义：一是制定通过哪些直接相连的网络与其他路由器通信；二是需要向其他路由器通告哪些直连的网络。其中 directly-connected-classful-network-address 表示直接的有类别网络号。

```
Router(config-router)#passive-interface interface-type interface-number
```

上述命令用以指定哪些接口为被动接口，interface-type interface-number 为被动接口的接口标识。指定为被动接口的接口不需要发送和接收消息更新报文，但从其他接口发出的路由更新信息中仍将包含对被动接口所属网络的通告。

```
Router(config-router)#default-information originate
```

上述命令用以把配置的默认路由重新发布到 RIP 中。路由重分发技术也称为路由引入或路由重分布，默认路由获得的路由需要通过重发布才能传播到动态路由协议中。

配置后可通过 show 命令查看。

```
Router#show ip route              //查看路由表
Router#show ip protocols          //查看配置的路由协议信息
Router#debug ip rip               //跟踪调试 RIP 运行
Router#show ip rip database       //查看 RIP 本地数据库
```

以如图 6-9 所示的网络拓扑结构为例进行协议配置，IP 编制方案如图中标示。分析该网络可知：首先，网络的直径没有超过 15 跳；其次，在该网络中划分子网时没有采用 VLSM；第三，该网络中也不存在不连续的子网。因此，可以使用 RIPv1 实现网络的相互连通。

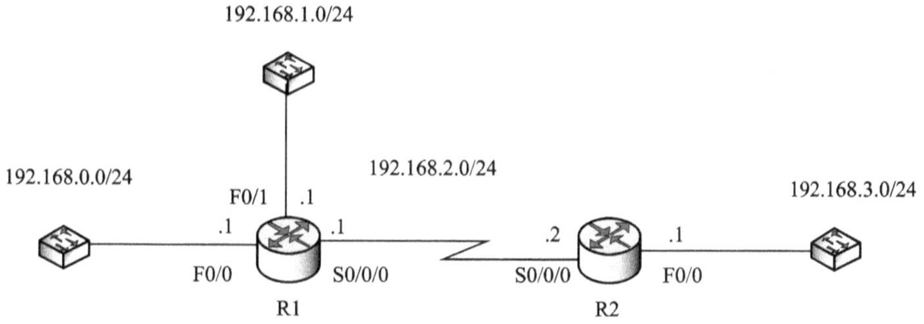

图 6-9 RIPv1 实例拓扑结构

在路由器 R1 上，参与 RIPv1 路由更新的直连网络有 3 个：192.168.0.0/24、192.168.1.0/24 和 192.168.2.0/24。由于 F0/0 与 F0/1 接口所连网络中不存在别的路由器，可以将这两个接口设置为被动接口以优化网络性能。因此，部署需要完成 3 个配置步骤：①启用 RIPv1 协议；②配置 3 个直连网络参与到 RIPv1 路由更新中；③设置 F0/0 与 F0/1 接口为被动接口。

路由器 R1 上 RIPv1 路由配置命令如下：

```
R1(config)#router rip
R1(config-router)#version 1
R1(config-router)#network 192.168.0.0
R1(config-router)#network 192.168.1.0
R1(config-router)#network 192.168.2.0
R1(config-router)#passive-interface f0/0
R1(config-router)#passive-interface f0/1
```

在路由器 R2 上，参与 RIPv1 路由更新的直连网络有两个：192.168.2.0/24 和 192.168.3.0/24。由于 F0/0 接口所连网络不存在别的路由器，该接口可以指定为被动接口以优化网络性能。

路由器 R2 上的 RIPv1 路由配置命令如下：

```
R2(config)#router rip
R2(config-router)#version 1
R2(config-router)#network 192.168.2.0
R2(config-router)#network 192.168.3.0
R2(config-router)#passive-interface f0/0
```

6.2.4　RIPv1 的不足与限制

（1）不支持 VLSM 与 CIDR

RIPv1 为有类别路由协议，它不支持 VLSM 与 CIDR。如果在进行网络 IP 地址分配时，采用了 VLSM，则该网络不能使用 RIPv1 作为路由协议。如图 6-10 所示，该网络中有 4 个子网，这 4 个子网分配的 IP 地址是主类网络 192.168.0.0/24 划分的子网，每个子网规模大小不一样，即子网掩码不一样，是采用 VLSM 划分的子网，在这种网络中不能启用 RIPv1。

假设在该网络中使用了 RIPv1，以路由器 R1 为例，由于路由器 R1 的 S0/0/0 端口与两个以太网接口的网络号是由同一主类网络 192.168.0.0 使用 VLSM 划分而成的，且 RIPv1 协议不支持 VLSM 那么路由器 R1 就不能构建 192.168.0.0 相关路由更新条目，路由器 R2 也就学不到关于 192.168.0.0/26 和 192.168.0.64/27 的路由信息。同样，路由器 R1 也学不到关于 192.168.0.128/26 的路由信息。

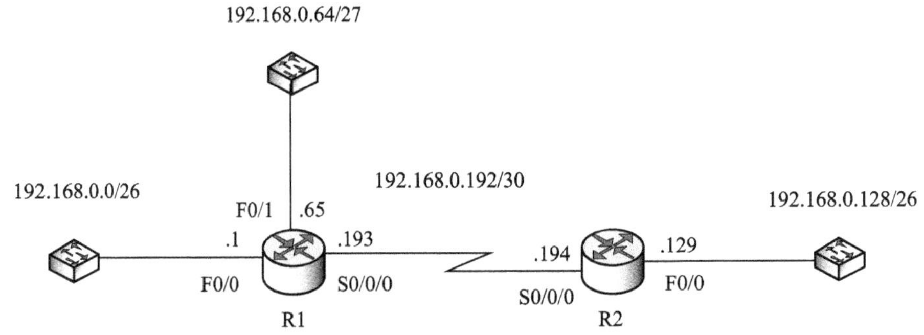

图 6-10　采用 VLSM 的网络

（2）不支持不连续子网

RIP 的路由更新信息中不包含子网掩码，由于接收路由器无法确定路由条目中目标网络的子网掩码，网络会在主网边界汇总为主类网络的子网掩码。RIPv1 不能禁用自动汇总功能，因此在网络中进行 IP 地址的规划与分配时，如果划分的子网不连续，会导致某些路由信息不能正确学习到。

下面以一个示例来进行说明。如图 6-11 所示，路由器 R1 和 R2 的 LAN 是有主类网络 192.168.0.0/24 所划分的 3 个子网，然而这 3 个子网之间被另一个主类网络 192.168.1.0/24 分开，该网络中子网划分不连续。

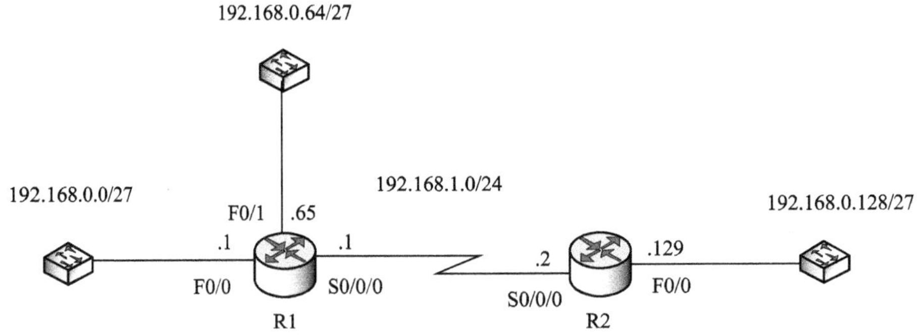

图 6-11　不连续的子网

如果在该网络中使用 RIPv1，路由器 R1 在向路由器 R2 发送路由更新信息时，会自动把网络 192. 168. 0. 0/27 和 192. 168. 0. 64/27 汇总为主类网络 1920. 168. 0. 0，路由器 R2 从 S0/0/0 端口收到路由器 R1 所发生的 192. 168. 0. 0 路由更新信息后，根据 RIPv1 对路由消息的处理工作过程，由于路由器 R2 的 S0/0/0 端口与网络 192. 168. 0. 0 不属于同一个主类网，因此路由器 R2 会使用默认的掩码去匹配该路由的目标网络，而且路由器 R2 已有 192. 168. 0. 128/27 与之直接相连，比收到的路由条目的跳数少。因此路由器 R2 会忽略该路由消息，从而学不到路由器 R1 上两个 LAN 的路由，同样，路由器 R1 也学不到路由器 R2 上 LAN 的路由。

（3）以广播发送路由更新信息

RIPv1 以广播方式周期性向邻居发送其路由更新信息，广播包的路由更新信息会被其他设备接收并处理，直到更新报文发送到上层时才知道是 RIPv1，这样会耗费其他没有运行 RIPv1 的设备的资源。如图 6-12 所示，路由器 R1 与 R2 在发送 RIPv1 更新信息时，网络 192. 168. 0. 64 中的所有主机设备数据链路层与网络层均需要接收并处理该数据包，直到发送传输层后，才能根据端口号判定该数据包自己不需要处理，这样就会耗费了该网络主机设备的资源。

（4）不支持认证

RIPv1 不支持认证，因此路由器可能接收到非法的路由更新信息，网络攻击者甚至还可能会企图通过欺骗路由器发送分组到错误的目的地址，并捕获这些分组以进行网络攻击。例如，在图 6-12 所示的网络中，网络攻击者在 PC1 上安装 Wireshark 或其他捕获包软件，由于 RIPv1 更新信息以广播方式发送，攻击者可捕获到路由器 R1 与路由器 R2 所发的 RIPv1 更新信息，在捕获到 RIPv1 更新信息后，将更新信息中的路由条目进行撰写，然后再把撰写后的 RIPv1 更新信息发送出去，导致路由器 R1 与路由器 R2 学到错误的路由信息。

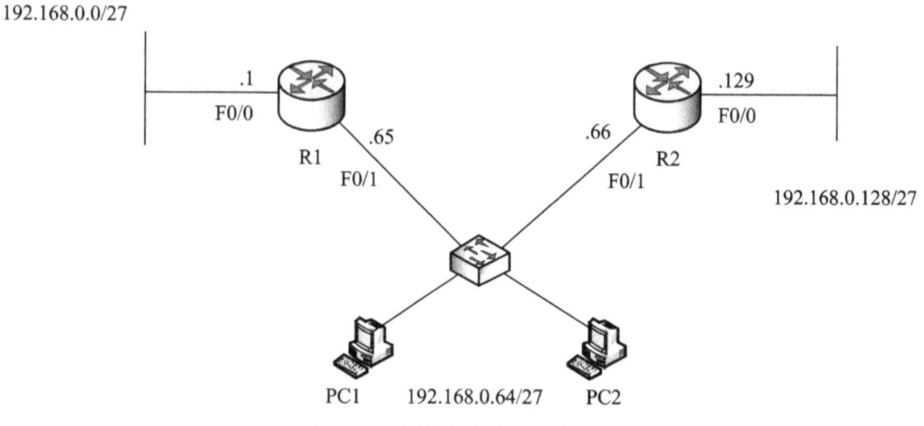

图 6-12 广播发送路由更新示例

任务 3 配置 RIPv2

RIPv1 的协议报文不携带掩码信息，在交换子网路由时，有时会发生错误。RIPv1 还有其他缺点：只支持以广播方式发布协议报文，系统和网络开销都较大；不支持验证，协议安全没有保证。RIPv1 的上述缺点在 RIPv2 得到了改进。

RIPv2 继承了 RIPv1 的所有功能，并在此基础上进行改进。与 RIPv1 相比，RIPv2 拥有以下扩展特性：

1）支持子网掩码，每个路由条目均携带自己的子网掩码。

2）可以对路由更新信息进行认证，以避免攻击者将未知的路由设备悄无声息地插入到网络中。支持对协议报文进行验证，并提供明文验证和 MD5 验证两种方式，增加安全性。

3）每个路由条目均携带下一跳地址。

4）放弃广播更新的方式，而通过组播的方式发送更新，更新消息的目的地址为224.0.0.9。这样可以避免无关路由器查看RIP信息，白白浪费设备资源。

表6-2列出了两个版本之间的对比。

表6-2　RIPv1与RIPv2对比

特　　性	RIPv1	RIPv2
采用跳数为度量值	是	是
15是最大的有效度量值，16为无穷大	是	是
默认30s更新周期	是	是
周期性更新时发送全部路由信息	是	是
拓扑改变时发送只针对变化的触发更新	是	是
使用路由毒化、水平分割、毒性逆转	是	是
使用抑制计时器	是	是
发送更新的方式	广播	组播
使用UDP520端口发送报文	是	是
更新中携带子网掩码，支持VLSM	否	是
支持认证	否	是

6.3.1　RIPv2的报文格式

尽管与RIPv1一样，RIPv2也封装在使用520端口的UDP数据段中，最多可包含25条路由，但为了与协议的改进相适应，RIPv2在报文上也做了一些调整。

与RIPv1的报文格式相比，RIPv2在RIPv1中的一些保留字段中定义了路由标记、子网掩码和下一跳等字段。

图6-13给出了RIPv2的报文格式。与RIPv1采用广播发送路由更新信息不同，RIPv2采用组播发送路由更新信息，并且IP地址为组播地址224.0.0.9；在报文格式上，虽然RIPv2与RIPv1的基本消息格式相同，但RIPv2添加了两项重要扩展。

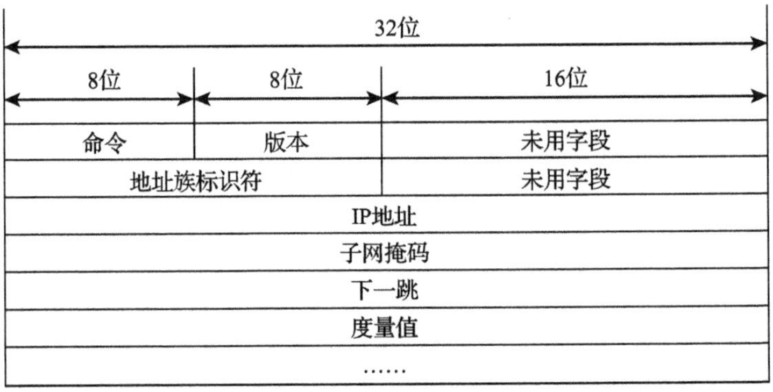

图6-13　RIPv2的报文格式

RIPv2消息格式的第一项扩展是添加了“子网掩码”字段，这样RIP路由条目中就能包含32位掩码。因此，接收路由器在确定路由的子网掩码时，不再依赖于入站接口的子网掩码或有类别掩码。

RIP 消息格式的第二项重要扩展是添加了“下一跳地址”字段。该字段用于标识一个比通告路由器地址更好的下一跳，也就是说它指出的下一跳地址，其度量值比在同一个子网上的通告路由器更靠近目的网络。它的作用和 ICMP 重定向报文类似，都是为了避免广播环境下产生额外的转发跳数。如果此字段被设为全零（0.0.0.0），则发送消息的路由器地址便是最佳的下一跳地址。

6.3.2 RIPv2 对 RIPv1 的兼容性

RIPv1 在设计时就对协议的未来发展预留了空间，从而保证了 RIPv2 对 RIPv1 具有良好的向下兼容性。RIPv1 规定：对于运行 RIPv1 的路由器，若收到的 RIP 报文版本号为 0，则抛弃该报文；若收到的报文版本号为 1，但所有必须为 0 的字段值如果出现了非 0，则该报文也要被抛弃；若收到的报文版本大于 1，则不将该报文抛弃，而是接受该报文。由于 RIPv2 发送的更新报文的版本为 2，所以如果 RIPv1 路由器收到 RIPv2 的报文，就不会被抛弃，换句话说，RIPv2 兼容 RIPv1 的协议。

在 RIPv2 的 RFC 2453 中，则进一步定义如何配置 RIPv1 和 RIPv2 之间的兼容性，使用它们之间可以共同工作。在一个 RIPv1 与 RIPv2 共存的网络环境中，RFC 2453 建议，在运行 RIPv2 路由器上每个 RIP 接口要根据实际需要进行设置，但任何一个接口只能被设置为这些类型中的一种：①RIPv1 接口——只传递 RIPv1 报文；②RIPv2 接口——只在 RIPv2 间传递路由信息，即通过组播地址 224.0.0.9 来发送报文；③RIPv2 兼容性接口——RIPv2 以广播而非组播方式来传送报文，以便 RIPv1 能够接收到；④None 接口——不发送任何 RIP 报文。

默认情况下，运行 RIPv2 的路由器接口默认设置为只发生于接收 RIPv2 路由更新信息。我们根据不同的网络运行需要，对接口进行 RIP 类型的设置。

以图 6-14 所示的网络为例，图中路由器 R1、R2 和 R3 使用命令 version 1 配置为运行 RIPv1，这些路由器的接口默认值为只发送与接收 RIPv1 路由更新信息。路由器 R4、R5 和 R6 使用命令 version 2 配置为运行 RIPv2，这些路由器的接口默认值为只发送与接收 RIPv2 路由更新信息。因此，路由器 R3 会忽略路由器 R5 所发生的 RIPv2 路由更新信息，学习不到关于“RIPv2 区域”的路由信息。同样，路由器 R5 也会忽略路由器 R3 所发送的 RIPv1。

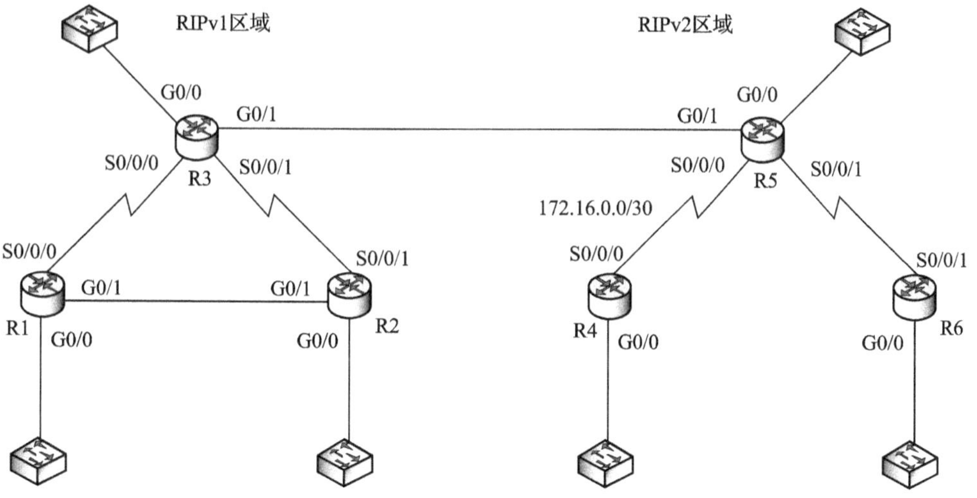

图 6-14　案例拓扑图

路由更新信息，学习不到关于“RIPv1 区域”的路由信息，整个网络不具备网络互连互通。这时，需要对路由器 R5 的 G0/1 接口进行设置，将其设置为“发送 RIPv1 路由更新信息”与

“接收 RIPv1 路由更新信息”类型，才能实现全网互通。

6.3.3 配置 RIPv2

作为对 RIPv1 的改进版本，RIPv2 在网络适用性上得到了较大的提高，它可以支持 VLSM、不连续的子网。但是，由于 RIPv2 仍然继承了 RIPv1 的核心算法思想，以及关于最大跳数为 15 的限定，因此，它仍然不能适用于规模庞大且复杂的网络，也不适用于状态多变的网络。

对于每个需要运行 RIPv2 的路由器来说，需要考虑以下 4 个因素：

1）该路由器有哪些直接相连的网络需要参加与 RIPv2 的路由更新中。

2）是否将某些接口设置为被动接口，以减少不必要的网络开销。

3）是否存在不连续的子网，若存在的话，需要在边界路由器上禁用自动汇总功能，以防止子网路由更新信息的丢失；

4）根据网络安全的需要，决定是否需要配置认证以增加路由更新的安全性。

其中，前两点与 RIPv1 是类似的，而后两点则是 RIPv2 规划新增的内容。

在进行 RIPv2 的配置时，一般需要以下 5 个步骤：

1）在路由器上启用 RIPv2。

2）指定哪些直接相连的网络需要参与到 RIPv2 的路由更新中。

3）根据网络实际情况，决定是否需要配置被动接口。

4）如果有不连续的子网，需要在边界路由器上禁用自动汇总功能。

5）进行路由认证的配置（注意，随着适合于大规模网络的路由协议的出现，在实际工程中，RIPv2 身份验证使用并不常见）。

其中前两个步骤是必需的，而后 3 个步骤根据不同的网络需求，是可选的。

示例如下：

```
Router(config)#rip        //启用 RIP
Router(config-router)#version 2        //指定 RIP 版本为 RIPv2
Router(config-router)#network directly-connected-classful-network-address
//指定参与 RIPv2 路由更新的直连网络,directly-connected-classful-network-address 表示直接相连网络的主类网络号
Router(config-router)#no auto-summary        //禁用自动汇总功能
Router(config-router)#passive-interface interface-type interface-number
//配置被动接口
Router(config-router)#default-information originate        //把默认路由重发布到 RIP 中
Router(config-if)#ip rip send version version-number        //配置端口发送的 RIP 路由更新报文版本,version-number 可以是 1,也可以是 2
Router(config-if)#ip rip receive version version-number        //配置端口接收的 RIP 路由更新报文版本,version-number 可以是 1,也可以是 2
Router(config-if)#ip rip v2-broadcast        //配置以接口广播的形式发送 RIPv2 的路由更新信息
Router(config-if)#ip summary-address rip ip-address subnet-mask        //地址汇总,其中 ip-address 表示汇总后的网络号,subnet-mask 表示汇总后的子网掩码
```

从严格意义上讲，RIPv2 并不支持 CIDR，它只能将子网进行汇总，并不能将主类网汇总成超网，例如，它不能将网络 192.168.0.0/24 和 192.168.0.1/24 汇总成超网 192.168.0.0/23。此外，对于多数的路由设备来说，若在启动 RIP 时没有指定 RIP 版本号，其默认情况是只能发送

RIPv1 的消息报文，但可以接受 RIPv1 和 RIPv2 的消息报文。

以图 6-15 所示网络拓扑结构为例配置 RIPv2，IP 编制方案如图中所示。分析该网络可知：①网络的直径没有超过 15 跳；②该网络使用 VLSM 划分子网；③该网络中存在不连续的子网。因此，该网不能使用 RIPv1 实现网络的相互连通，但可以使用 RIPv2 实现网络的相互通知。

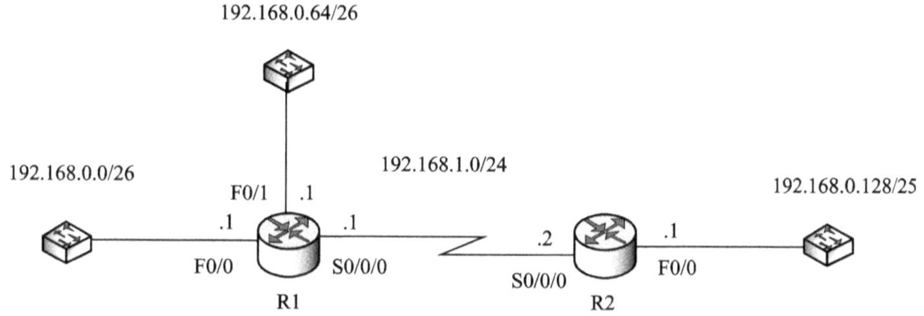

图 6-15　RIPv2 实例拓扑结构

在路由器 R1 上，参与 RIPv2 路由更新的直连网络有 3 个：192.168.0.0/26、192.168.0.64/26 和 192.168.1.0/30。路由器 R1 的 F0/0 与 F0/1 接口所连网络中不存在别的路由器，可以将这两个接口设置为被动接口以优化网络性能。该网络中有不连续的子网，即路由器 R1 的 F0/0 接口和 F0/1 接口所连接的子网和路由器 R2 的 F0/0 接口所连接的子网为同一主类网络 192.168.0.0/24 所划分的子网，而路由器 R1 和 R2 之间的链路属于另一个主类网络 192.168.1.0/24，因此路由器 R1 为边界路由器，边界路由器上默认启动了自动汇总功能，需要禁用自动汇总功能。因此，部署需要完成 4 个配置步骤：①启用 RIPv2；②配置 3 个直连网络参与到 RIPv2 路由更新中；③配置 F0/0 与 F0/1 接口为被动接口；④该网络中有不连续的子网，路由器 R1 为边界路由器，边界路由器上默认启动了自动汇总功能，需要在 R1 上禁用自动汇总功能。

在路由器 R2 上，参与 RIPv2 路由更新的直连网络有两个：192.168.0.128/25 和 192.168.1.0/30。F0/0 接口所连网络中不存在别的路由器，可以将这个接口设置为被动接口以优化路由。网络中存在不连续子网，路由器 R2 为边界路由器，需要禁用自动汇总功能。因此，部署需要完成 4 个配置步骤：①启用 RIPv2；②配置两个直连网络参与 RIPv2 路由更新中；③配置 F0/0 接口为被动接口；④路由器 R2 为边界路由器，需要禁用自动汇总功能。

路由器 R1 上 RIPv2 路由配置命令如下：

```
R1(config)#router rip
R1(config-router)#version 2
R1(config-router)#network 192.168.0.0
R1(config-router)#network 192.168.1.0
R1(config-router)#no auto-summary
R1(config-router)#passive-interface f0/0
R1(config-router)#passive-interface f0/1
```

路由器 R2 上 RIPv2 路由配置，命令如下：

```
R2(config)#router rip
R2(config-router)#version 2
R2(config-router)#network 192.168.0.0
```

```
R2(config-router)#network 192.168.1.0
R2(config-router)#no auto-summary
R2(config-router)#passive-interface f0/0
```

任务4　配置 RIPng

6.4.1　RIPng 的工作机制

RIPng（RIP next generation，下一代 RIP），是在 IPv6 网络中使用 RIP，是基于距离矢量算法的路由协议，它通过 UDP 报文交换路由信息，使用端口号 521。

RIPng 是对原来 IPv4 网络中 RIPv2 的扩展，为了在 IPv6 网络中应用，RIPng 对原有的协议进行了如下修改。

1）UDP 端口号：使用 UDP 的 521 端口发送和接收路由信息。

2）组播地址：使用 FF02::9 作为链路本地范围内的 RIPng 路由器组播地址。

3）下一跳地址：使用 128 位的 IPv6 地址。

4）源地址：使用链路本地地址 FE80::/10 作为源地址发送 RIPng 路由信息更新报文。

RIPng 使用跳数来衡量到达目的地址的距离（也称为度量值或开销）。在 RIPng 中，从一个路由器到其直连网络的跳数为 0，通过与其相连的路由器到达另一个网络的跳数为 1，其余以此类推。当跳数大于或等于 16 时，目的网络或主机就被定义为不可达。

RIPng 每 30s 发送一次路由更新报文。如果在 180s 内没有收到网络邻居的路由更新报文，RIPng 将从邻居学到所有路由标识为不可达。如果再过 120s 内仍没有收到邻居的路由更新报文，RIPng 将从表中删除此路由。

为提高性能并避免形成路由环路，RIPng 既支持水平分割也支持毒性逆转。此外，RIPng 还可以从其他的路由协议引入路由。

每个运行 RIPng 的路由器都管理一个路由数据库，该路由数据库包含了到所有可达目的地的路由项，这些路由项包含下列信息。

1）目的地址：主机或网络的 IPv6 地址。

2）下一跳地址：为到达目的地，需经过的相邻路由器的接口 IPv6 地址。

3）出接口：转发 IPv6 报文通过的出接口。

4）度量值：本路由器到达目的地的开销。

5）路由时间：从路由项最后一次被更新到现在所经过的时间，路由项每次被更新时，路由时间重置为 0。

6）路由标记：用于标识外部路由，以便在路由策略中根据 Tag 对路由进行灵活的控制。

6.4.2　RIPng 的报文格式

RIPng 报文由头部和多个路由表项组成。在同一个 RIPng 报文中，RTE 的最大条数与发送接口设置的 IPv6 MTU 有关。

RIPng 报文的基本格式如图 6-16 所示。

位: 0　　7　　15　　31

命令	版本	必须为0
路由表项1（PTE 1）		
…		
路由表项n（PTE n）		

图 6-16　RIPng 的报文格式

各字段含义如下。

1）命令：定义报文的类型，0x01 表示 Request 报文，0x02 表示 Response 报文。

2）版本：RIPng 版本，目前其值只能为 0x01。

3）路由表项（Route Table Entry，RTE）：每项的长度为 20 个字节，又分为以下两类。

① 下一跳 RTE：位于一组具有相同下一跳的"IPv6 前缀 RTE"的前面，它定义了下一跳的 IPv6 地址。

② IPv6 前缀 RTE：位于某个"下一跳 RTE"的后面，同一个"下一跳 RTE"的后面可以有多个不同的"IPv6 前缀 RTE"，它描述了 RIPng 路由表中的目的 IPv6 地址、路由标记、前缀长度及度量值。

6.4.3　RIP 综合配置

RIPng 的配置和 RIP 配置类似，区别仅在与 RIPng 是在接口上启用，而不是在路由器配置模式下启用。示例如下：

```
Router(config-if)#ipv6 router rip cisco
```

假设某企业内部网络拓扑结构如图 6-17 所示，企业网内部采用私有地址进行编制，这是一类非常典型的企业网络架构。这里的"企业"作为一个泛指的词，除了普通意义上的企业之外，还可以是学校、机构和政府等。这类网络的共同特点是：由一个总部和若干个远程的分支连接组成相对独立的企业内部网络。企业网络与 Internet 之间的相互访问，需要在各路由器上完成路由配置，设备端口的 IP 分配见表 6-3，要求如下：

1）由于网络规模不大，受企业路由器 CPU、内存资源的限制，需要使用 RIP 实现企业内部网络所有网段的互连互通。

2）在连接 Internet 的路由器 R1 上配置到 Internet 的默认路由，并把该默认路由重发布到 RIP 路由协议中，使企业网络中所有路由器学到 Internet 的默认路由。

3）如果路由器的端口所连网络不存在别的路由器，需把该端口设置为被动接口以优化网络性能。

4）在满足路由需求的基础上，尽量减少每个路由器路由表的大小，优化路由。

表 6-3　路由设备接口及 IP 地址分配

设备名	接　口	IP 地址	子网掩码
R1	G0/0	172.16.5.1	255.255.255.0
	G0/1	172.16.4.1	255.255.255.128
	G0/1	172.16.4.129	255.255.255.128
	S0/0/0	172.16.0.2	255.255.255.252
R2	G0/0	172.16.5.1	255.255.255.0
	G0/1	172.16.4.1	255.255.255.128
	G0/1	172.16.4.129	255.255.255.128
	S0/0/0	192.168.0.6	255.255.255.252
R3	G0/0	172.16.0.1	255.255.255.252
	G0/1	172.16.0.5	255.255.255.252

（续）

设备名	接　口	IP 地址	子网掩码
R3	G0/1	210. 33. 44. 1	255. 255. 255. 252
	S0/0/0	172. 16. 4. 1	255. 255. 255. 0
	S0/0/1	172. 16. 4. 1	255. 255. 255. 0
	S0/0/3	172. 16. 4. 1	255. 255. 255. 0

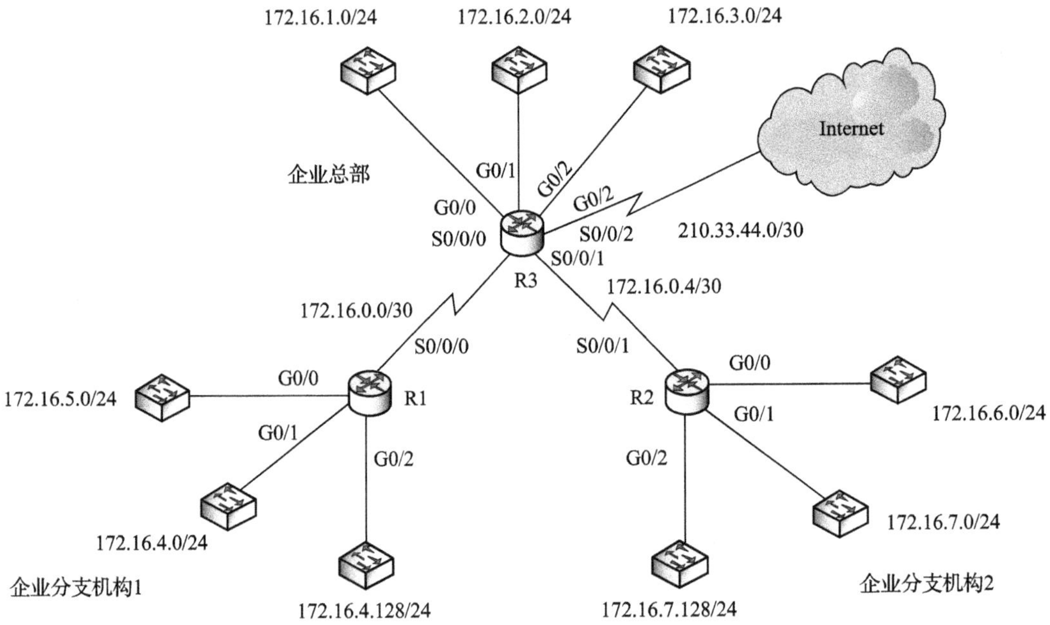

图 6-17　拓扑图

按照上述要求，分析如下：

1）在该企业网络中，由于 IP 地址的分配采用了 VLSM，因此只能选择 RIPv2 实现企业网络内网所有网段的相互连通才能满足企业网络路由的需求。

2）每隔路由器所有直连的网络均参与 RIP 的路由更新，由于每个路由器直连网络均属于同一个主类网络 172. 16. 0. 0，因此只需指定 172. 16. 0. 0 参与 RIP 路由更新就可以了。

3）网络中每个路由器的千兆以太网端口所连网络中不存在别的路由器，因此，需要把每个路由器的千兆以太网端口设置为被动接口以优化网络性能。

4）为了尽可能减少每个路由器路由表的大小，实现路由优化，可以将子网进行汇总，根据 CIDR 原则（网络地址是连续的以及网络号的范围必须是 2 的幂次方），进行如下汇总：

①在路由器 R1 上，可以把 172. 16. 5. 0/24、172. 16. 4. 0/25 和 172. 16. 4. 128/25 这 3 个子网汇总为一个网络前缀更短的网络 172. 16. 4. 0/23。

②在路由器 R2 上，根据 CIDR 原则，可以把 172. 16. 6. 0/24、172. 16. 7. 0/25 和 172. 16. 7. 128/25 这 3 个子网汇总为一个网络前缀更短的网络 172. 16. 6. 0/23。

③在路由器 R3 上，根据 CIDR 原则，可以把 172. 16. 0. 0/30、172. 16. 0. 4/30、172. 16. 1. 0/24、172. 16. 2. 0/24 和 172. 16. 3. 0/25 这 5 个子网汇总为一个网络前缀更短的网络 172. 16. 0. 0/22。在进行该条汇总路由时需注意，如果有 172. 16. 0. 0/24 划分的其他子网是路由器 R3 的远程网

络，则只能将 172.16.2.0/24 和 172.16.3.0/25 汇总为一条路由。

④最后在路由器 R3 上配置默认路由，并把默认路由重新发布到 RIPv2 中。

RIP 详细路由规划见表 6-4。

表 6-4 RIP 路由规划表

设备	路由协议	参与 RIP 路由更新的直连网络	被动接口	需汇总的子网	汇总后的网络以及发送汇总路由的接口
R1	RIPv2	172.16.0.0	G0/0、G0/1、G0/2	172.16.5.0/24 172.16.4.0/25 172.16.4.128/25	172.16.4.0/23 S0/0/0
R2	RIPv2	172.16.0.0	G0/0、G0/1、G0/2	172.16.6.0/24 172.16.7.0/25 172.16.7.128/25	172.16.6.0/23 S0/0/1
R3	RIPv2	172.16.0.0	G0/0、G0/1、G0/2	172.16.1.0/24 172.16.2.0/24 172.16.3.0/24 172.16.0.0/30 172.16.0.4/30	172.16.0.0/22 S0/0/0 和 S0/0/1

经过分析和规划后，网络拓扑中各路由器的具体部署与实施步骤如下：

1）路由器主机名与接口的配置。根据表 6-3 的 IP 分配情况，对企业内网中所有路由器进行配置，完成路由设备主机名与端口 IP 地址等的配置。

2）路由的配置。路由器 R1 上路由的配置命令如下：

```
R1(config)#router rip
R1(config-router)#version 2
R1(config-router)#network 172.16.0.0
R1(config-router)#no auto-summary
R1(config-router)#passive-interface g0/0
R1(config-router)#passive-interface g0/1
R1(config-router)#passive-interface g0/2
R1(config-router)#exit
R1(config)#interface s0/0/0
R1(config-if)#ip summary-address rip 172.16.4.0 255.255.254.0
```

路由器 R2 上路由的配置命令如下：

```
R2 (config)#router rip
R2 (config-router)#version 2
R2 (config-router)#network 172.16.0.0
R2 (config-router)#no auto-summary
R2 (config-router)#passive-interface g0/0
R2 (config-router)#passive-interface g0/1
R2 (config-router)#passive-interface g0/2
R2 (config-router)#exit
```

```
R2 (config)#interface s0/0/1
R2 (config-if)#ip summary-address rip 172.16.6.0 255.255.254.0
```

路由器 R3 上路由的配置命令如下：

```
R3(config)#ip route 0.0.0.0 0.0.0.0 s0/0/2
R3 (config)#router rip
R3 (config-router)#version 2
R3 (config-router)#network 172.16.0.0
R3 (config-router)#no auto-summary
R3(config-router)#default-information originate
R3 (config-router)#passive-interface g0/0
R3 (config-router)#passive-interface g0/1
R3 (config-router)#passive-interface g0/2
R3 (config-router)#exit
R3(config)#interface s0/0/0
R3(config-if)#ip summary-address rip 172.16.0.0 255.255.252.0
R3(config-if)#exit
R3(config)#interface s0/0/1
R3(config-if)#ip summary-address rip 172.16.0.0 255.255.252.0
```

3）路由的测试。在网络所有链路都正常的情况下，在路由器 R1、R2 以及 R3 上使用 show ip route 命令查看路由表，验证路由器 R1、R2 以及 R3 的路由表内容，分析路由测试结果是否满足了实例对路由的需求。

任务5　RIP 的一些讨论

6.5.1　RIP 的特性

RIP 的路由算法为距离矢量（D-V）算法，它具有算法实现简单、不需要耗费路由器太多 CPU 与内存等资源的优点，但同时也具有自动汇总、网络收敛速率慢、容易产生路由环路等缺点。在 RIP 中使用水平分割、计数到无穷大、抑制计时器和路由毒化或毒性反转机制来消除路由环路。

1. 自动汇总

IPv4 中所定义的 A、B 和 C 三类网络又称为主类网络。在主类网络的边界路由器上，RIP 可以对来自同一主类网络的路由进行自动汇总。以图 6-18 所示的网络为例，该网络中阴影部分的 IP 地址来于主类网络 10.0.0.0/8 的子网划分，路由器 R2 的 F0/0 和 S0/0/0 端口的 IP 地址均属于主类网络 10.0.0.0/8，然而路由器 R2 的 F0/1 端口的 IP 地址属于另一个主类网络 192.168.0.0/24，因此路由器 R2 为主类网络 10.0.0.0/8 和 192.168.0.0/24 之间的边界路由器。在该网络中，如果采用 RIP，在路由器 R2 上默认就会将主类网络进行自动汇总。也就是说，当 R2 通过 F0/1 端口向路由器 R3 发送 RIP 路由更新时，由主类网络 10.0.0.0/8 划分而来的 4 个子网 10.0.0.0/24、10.0.1.0/24、10.0.2.0/24 和 10.0.3.0/24 将自动汇总为主类网络 10.0.0.0/8。路由汇总可以减少不必要的路由表项，提高路由更新的效率。但是，在一些具有非连续子网的网络环境中采用该功能，可能会导致路由信息的丢失或者不准确。

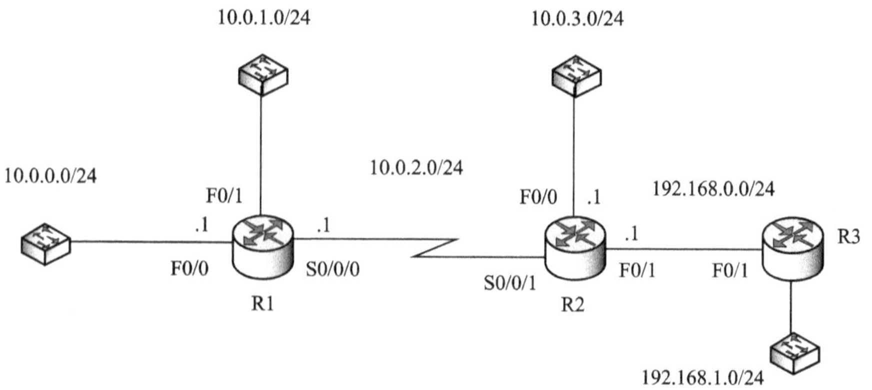

图 6-18　边界路由器的路由自动汇总

2. 网络收敛慢

所谓网络收敛慢，就是当网络出现变化时，网络中的路由器要经过较长的时间才能达到对网络状态的一致性认识。在网络未收敛期间，路由器保存的路由信息可能是错误的。网络收敛时间越短，路由协议的性能也就越好。

RIP 对于好消息，例如，某邻居路由器报告了到某网络的一条更短的路径，将很快传递出去，但对于某一网络故障、设备宕机等坏消息，将会传递得比较慢，下面举例说明该问题。

以图 6-19 为例，网络 A 与路由器 R1 直接相连，在初始状态，多数路由器都运行了 RIP，但路由器 R1 和 R2 之间的连接处于断开状态，其他路由器也知道该链路断开。此时，由于网络 A 为直连路由，因此路由器 R1 到网络 A 的距离为 0，即为（A，0），其他路由器到网络 A 不可达，因此距离设置为 16，即为（A，16），如图 6-19 中的“初始状态”行所示。

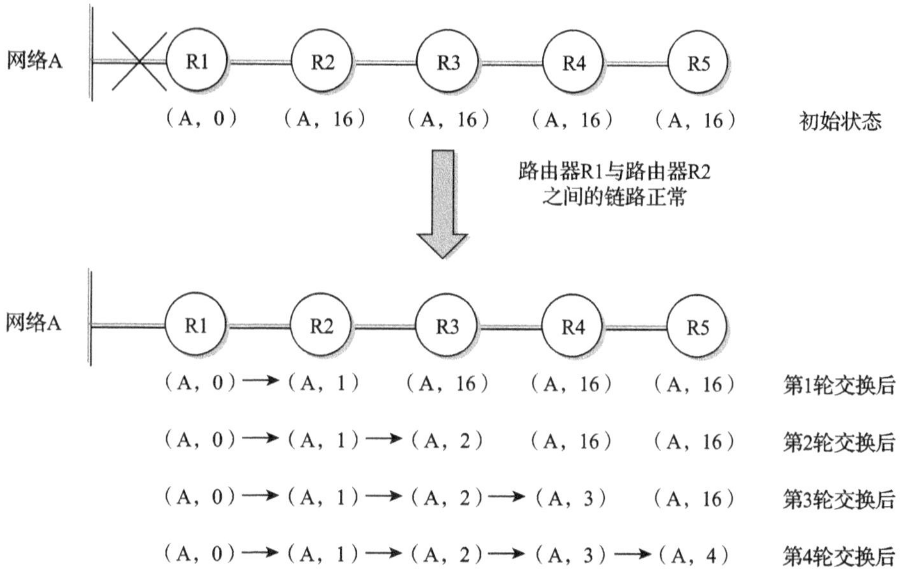

图 6-19　RIP 中路由协议的传播

当路由器 R1 与 R2 之间的链路正常启用并进行了第一次 RIP 消息交换后，R2 从 R1 得知：R1 到网络 A 的距离为 0，因此 R2 就将到网络 A 的距离更新为 1，下一跳为 R1。但此时其他路由器还不知道网络 A 已经接进来了，因此，它们仍然认为到 A 的距离为 16。这就是图 6-19 中的“第一轮交换后”行。

在第二轮路由信息交换后，路由器 R3 得知 R2 有一条到网络 A 的路由，其距离比其本身维护的距离还要小，因此 R3 将其更新到自己的路由表中，即（A，2），此时路由器 R4 和 R5 还没有获得关于网络 A 的相关信息，此时的状态就是图 6-19 中的“第二轮交换后”行。按照这样的方式，到第四轮路由器 R5 就获得了网络 A 的信息，并更新到了自己的路由表中。至此，所有的路由器都正常学到了关于网络 A 的路由信息。

由此可见，在运行 RIP 的网络环境中，好消息每经过一次路由信息交换，传播范围就更大一些。在图 6-19 给出的示例中，一共经过 4 轮的信息交换，关于网络 A 的路由信息就传播到了路由器 R5。

接下来看坏消息的传播过程。如图 6-20 所示，所有路由器都运行了 RIP，并且实现了网络的收敛，即所有路由器都知道到网络 A 的正确路由信息，即图中的“初始状态”行。

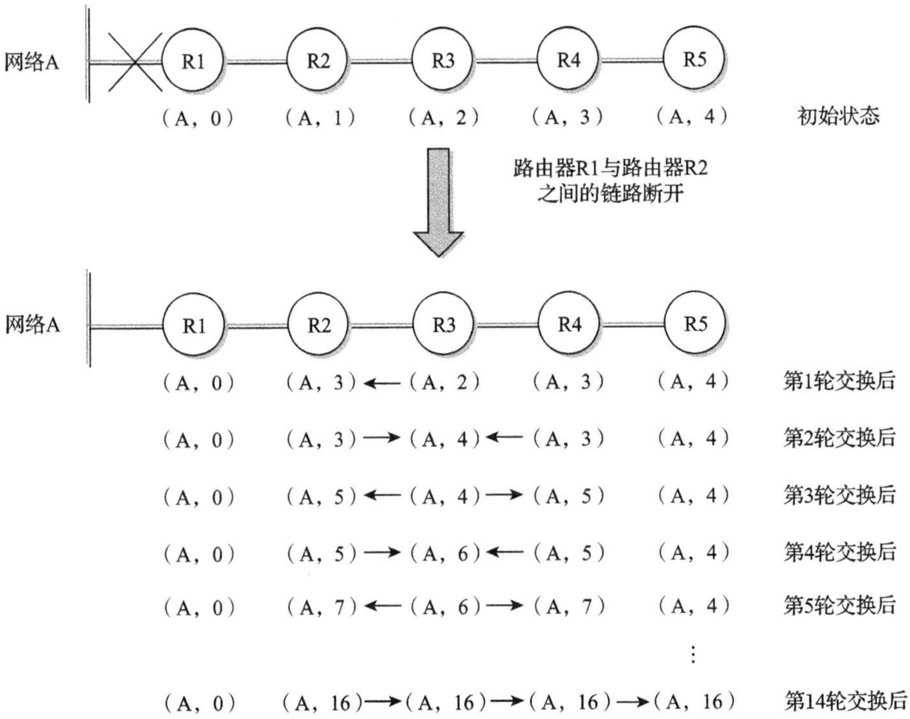

图 6-20　网络 A 断开后的消息传递过程

由于某种原因路由器 R1 与 R2 之间的链路断开了，在经过了第一轮路由信息交换后，R2 没有从 R1 处获得关于网络 A 的信息。但从 R3 处获得关于 A 的信息，路由器 R3 告诉 R2，从 R3 可到达网络 A，R3 到网络 A 的距离为 2。但 R2 并不知道 R3 到网络 A 的路径还需要经过自己，因此，R2 更新了到网络 A 的路由，距离为 R3 到网络 A 的跳数 2 再加上 1，即跳数为 3，即图 6-20 中的“第一轮交换后”行。

第二轮交换时，R3 了解到从两个邻居 R2 和 R4 到网络 A 的距离都为 4，其中来自 R2 的信息发生了改变。R3 根据这些信息修正了去网络 A 的路由，比如选择 R2 作为下一条，距离为 4，这就是图 6-20 中的“第二轮交换后”行。按照这样方式继续，最终经过 14 轮的交换，R2、R3、R4 和 R5 才都知道到网络 A 不可达。

通过上述过程不难看出，坏消息的传递是通过距离的不断增加来完成的。当路由器知道到网络 A 的距离为 16 时，坏消息才真正传递过来。因此，坏消息的传递时间和协议中关于不可达跳数值（也称无穷大值）得设置有关系，RIP 中取无穷大值为 16。

6.5.2　路由环路

由于 RIP 是典型的距离矢量协议，具有这种类型协议的所有特点，所以当网络发生故障时，有可能会发生路由环路现象。

RIP 设计了如下一些机制来避免网络中路由环路的产生：

1）路由毒化。

2）水平分割。

3）毒性逆转。

4）定义最大值。

5）抑制时间。

6）触发更新。

在以上机制中，路由毒化、水平分割、毒性逆转能够使 RIP 在单路径网络中避免路由环路，而其余几种主要是针对多路径网络中的环路避免而设计的。但在实际网络应用中，以上几种环路避免机制经常被同时应用，以更高地避免环路。

1. 路由毒化

所谓路由毒化（Route Poisoning）就是路由器主动把路由表中发生故障的路由项以度量值无穷大（16）的形式通告给 RIP 邻居，以使邻居能够及时得知网络发生故障。

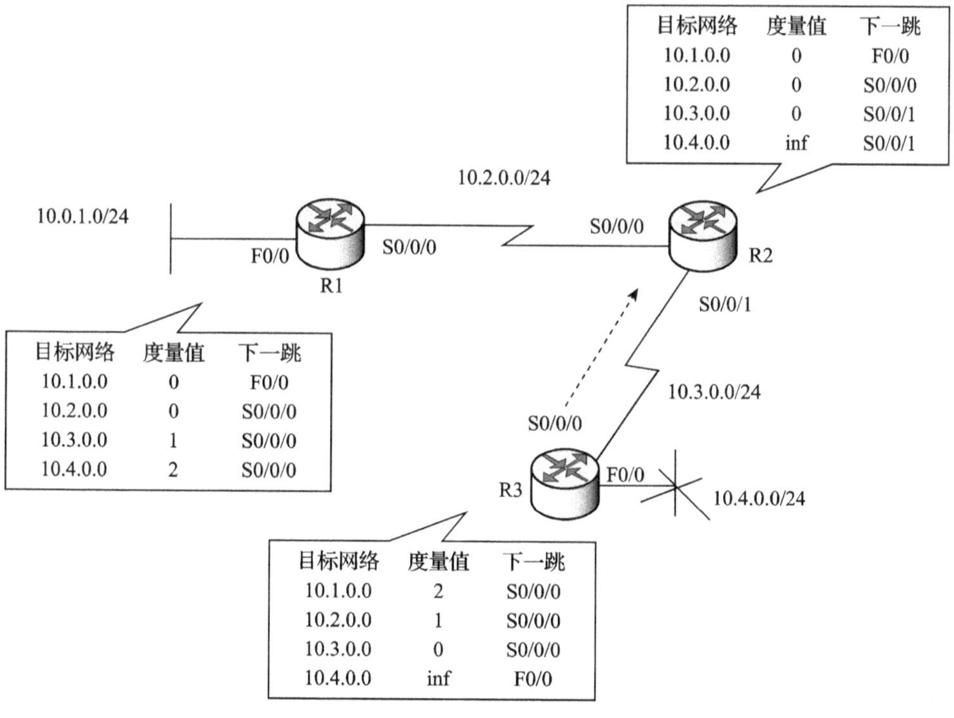

图 6-21　路由毒化

在图 6-21 所示的网络中，当路由器 R3 的直连网络 10.4.0.0 发生故障时，R3 在路由更新信息里把路由项 10.4.0.0 的度量值置为无穷大（16），通告给 R2。R2 接收路由更新信息后，更新自己的路由表，路由项 10.4.0.0 的度量值也置为无穷大（16）。如此，将网络 10.4.0.0 不可达的信息向全网扩散。

通过路由毒化机制，RIP 能够保证与故障网络直连的路由器有正确的路由信息。

2．水平分割

分析距离矢量协议中产生路由环路的原因，最重要的一条就是因为路由器将从某个邻居学到的路由信息又告诉了这个邻居。

水平分割是在距离矢量协议中最常见的避免环路发生的解决方案之一。水平分割的思想就是 RIP 路由器从某个接口学到的路由，不会再从该接口发回给邻居路由器。

在图 6-22 所示的网络中，路由器 R3 把它的直连路由 10.4.0.0 通告给 R2，也就是 R2 从 R3 那里学习到了路由项 10.4.0.0，接口为 S0/0/1。在接口上应用水平分割后，R2 在接口 S0/0/1 上发送路由更新时，就不能包含路由项 10.4.0.0。

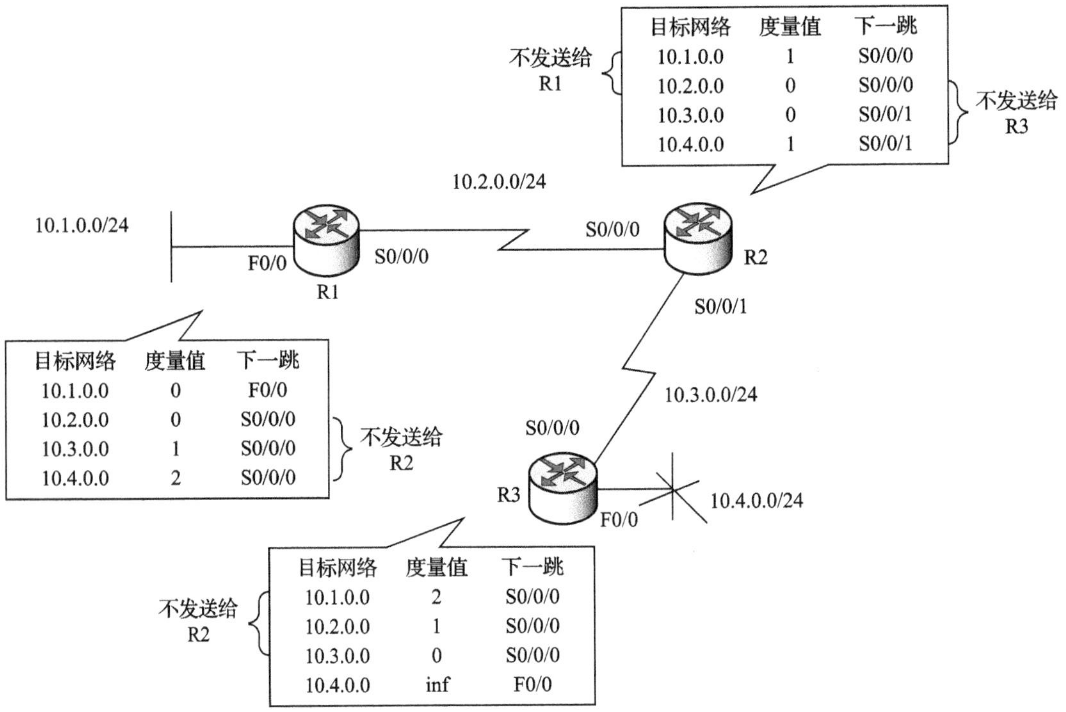

图 6-22　水平分割

当网络 10.4.0.0 发生故障时，假如 R3 并没有发送路由更新给 R2，而是 R2 发送路由更新给 R3，此时由于启用了水平分割，R2 所发的路由更新中不会包含路由项 10.4.0.0。这样，也不会使 R3 错误地从 R2 学习到关于 10.4.0.0 的路由项，从而避免了路由环路的产生。

为了阻止环路，在 RIP 中水平分割默认是被开启的。

3．毒性逆转

毒性逆转是另一种避免环路的方法。所谓毒性逆转是指 RIP 从某个接口学到路由后，将该路由的度量值设置为无穷大（16），并能够从原接口发回邻居路由器。

在图 6-23 所示网络中，应用毒性逆转后，路由器 R2 在发送路由更新给 R3 时，更新中包含了路由 10.4.0.0，度量值为 16，相当于显式地告诉 R3，不可能从 R2 到达网络 10.4.0.0。

毒性逆转与水平分割有相似的应用场合和功能。当与水平分割相比，毒性逆转更加健壮和安全，因为毒性逆转是主动把网络不可达信息通知给其他路由器。毒性逆转的缺点是路由更新中路由项数量增多，浪费网络带宽与系统开销。

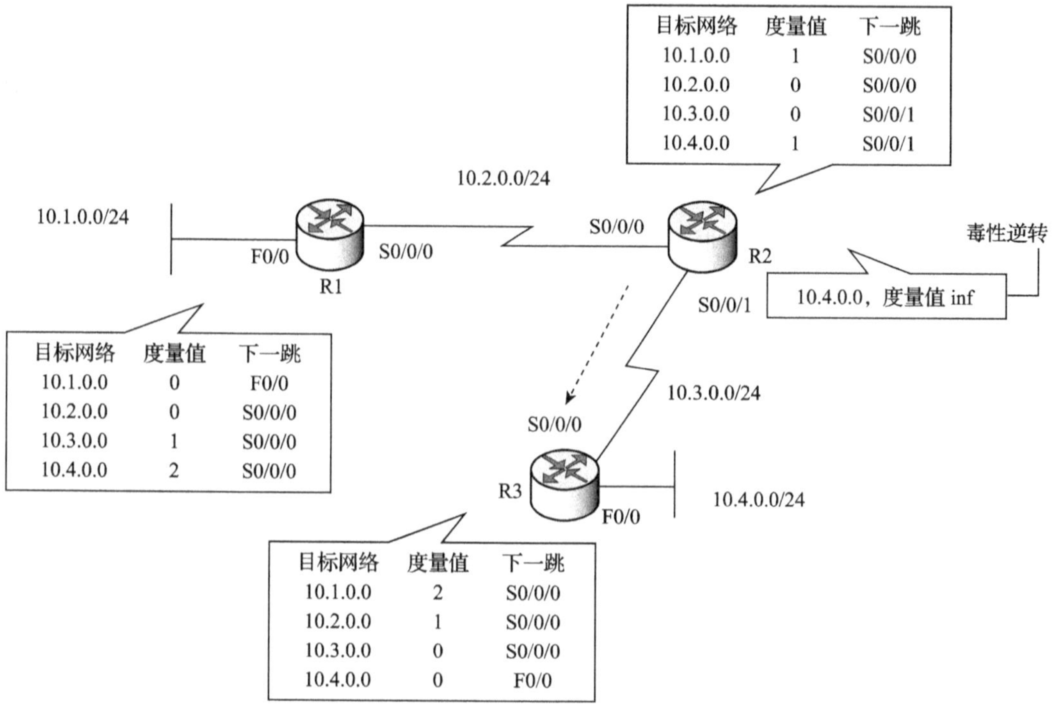

图 6-23 毒性逆转

4. 定义最大度量值

在多路径网络环境中，如果产生路由环路，则会使路由器中路由项的跳数不断增大，网络无法收敛。通过给每种距离矢量协议的度量值定义一个最大值，能够解决上述问题。

在 RIP 中，规定度量值是跳数，所能达到的最大值为 16。其实，在前面的例子中，已经使用跳数 16 来表示度量值的最大值了。

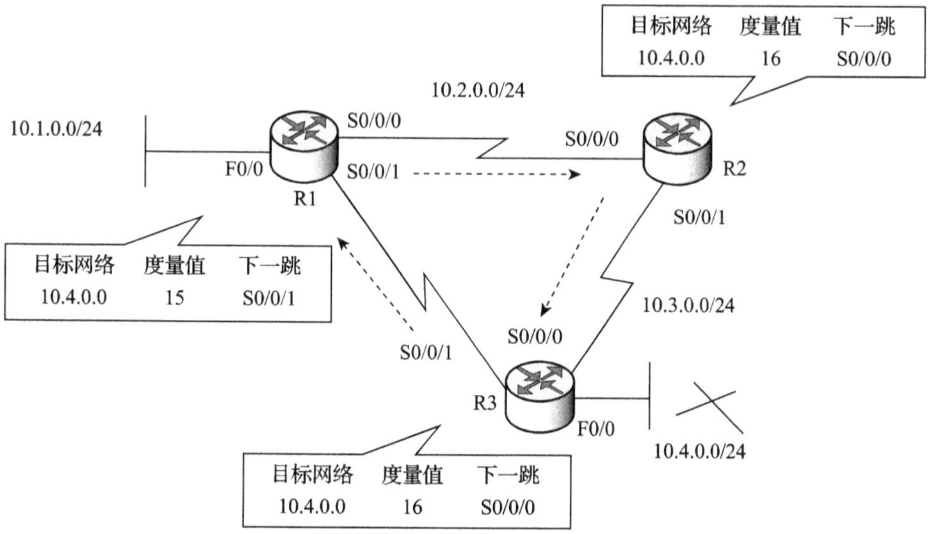

图 6-24 定义最大值

在图 6-24 所示的网络中，环路已经产生了，路由器 R1 向 R2 发送路由项 10.4.0.0 的更新信息，R2 再向 R3 发送，R3 再向 R1 发送，每个路由器中路由项 10.4.0.0 的跳数不断增大，网络长时间无法收敛，去往网络 10.4.0.0 的数据报文在网络中被循环发送。

RIP 定义了最大度量值后，当路由项的跳数到达最大值 16 时，图中网络 10.4.0.0 被认为是不可达的。路由器会在路由表中显示网络不可达信息，并不再更新到达网络 10.4.0.0 的路由。此时如果路由器收到去往 10.4.0.0 的数据包，它会将其丢弃而不再转发。

通过定义最大值，距离矢量协议可以解决发生环路时路由度量值无限增大的问题，同时也矫正了错误的路由信息，但是在最大度量值到达之前，路由环路还是会存在。也就是说，定义最大值只是一种补救措施，只能减少路由环路存在的时间，并不能避免路由环路的产生。

5. 抑制时间

抑制时间与路由毒化结合使用，能够在一定程度上避免路由环路产生。抑制时间规定，当一条路由的度量值变为无穷大（16）时，该路由将进入抑制状态。在抑制状态下，只有来自同一邻居且度量值小于无穷大（16）的路由更新才会被路由器接手，取代不可达路由。

在图 6-25 所示网络中，抑制时间机制作用的过程如下：

1）当网络 10.4.0.0 发生故障时，路由器 R3 毒化自己路由表中的路由项 10.4.0.0，使其度量值为无穷大（16），以表明网络 10.4.0.0 不可达。同时给路由项 10.4.0.0 设定抑制时间。在更新周期到来后，发送路由更新给 R2。

2）R2 收到 R3 发出的路由更新信息后，更新自己的路由项 10.4.0.0，同时启动抑制时间，在抑制时间结束之前的任何时刻，如果从同一相邻路由器 R3 又接收到网络 10.4.0.0 可达的更新信息，R2 就将路由项 10.4.0.0 标识为可达，并删除抑制时间。

3）在抑制时间结束之前的任何时刻，如果接收到其他的相邻路由器如 R1 的有关网络 10.4.0.0 的更新信息，路由器 R2 会忽略此更新信息，不更新路由表。

4）抑制时间结束后，路由器收到任何相邻路由器发出的有关网络 10.4.0.0 的更新信息，路由器都将会更新路由表。

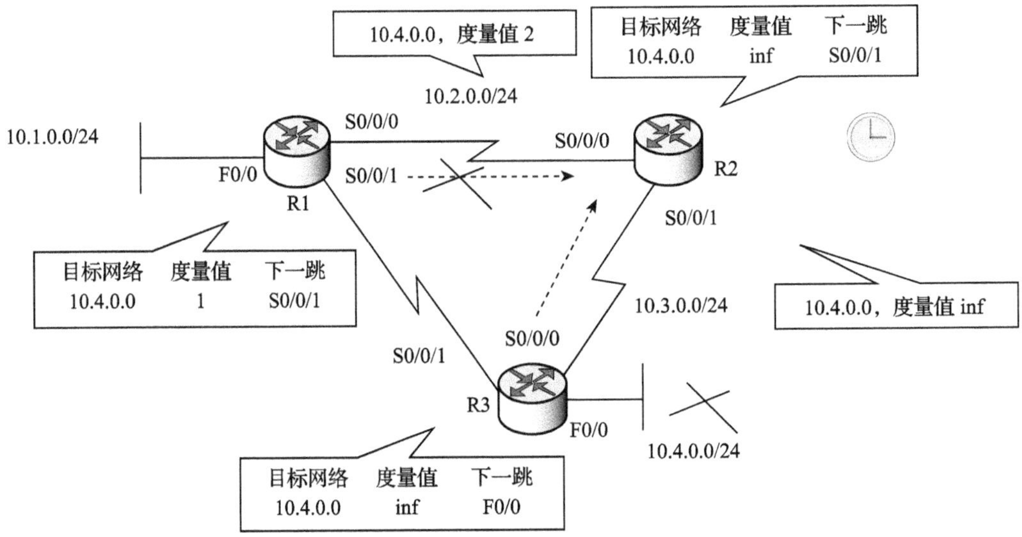

图 6-25　抑制时间

6. 触发更新

触发更新机制是指当路由表中路由信息产生改变时，路由器不必等到更新周期到来，而立即发送路由更新给相邻路由器。

在图6-26所示网络中，当网络10.4.0.0产生故障后，路由器R3不必等待更新周期到来，而是立即发送路由更新消息以通告网络10.4.0.0不可达信息，R1、R2接收到这个信息后，也立即向邻居发送路由更新信息，这样网络10.4.0.0不可达信息会很快传播到整个网络。

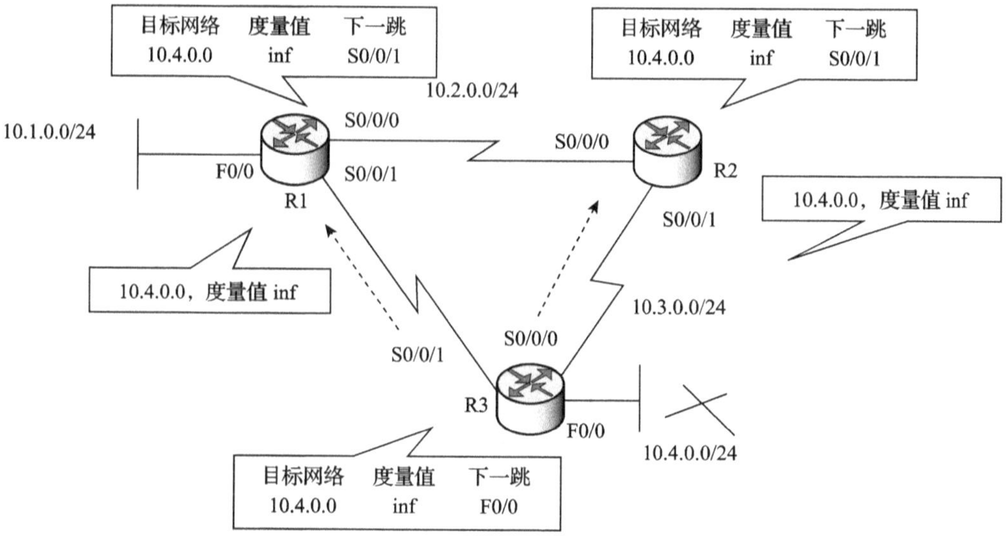

图6-26　触发更新

由以上工作机制可以看出，触发更新机制能够使网络不可达信息快速地传播到整个网络，从而极大地加快了网络收敛速度。

使用触发更新方法能够在一定程度上避免路由环路发生。但是，仍然存在如下两个问题：

1）触发更新信息在传输过程中可能会被丢掉或损坏。

2）如果触发更新信息还没来得及发送，路由器就接收到相邻路由器的周期性路由更新信息，则使路由器更新了错误的路由信息。

抑制时间和触发更新相结合，就可以解决上述问题。在抑制时间内，路由器不会理会从其他路由器传来的相关路由项可达信息，相当于确保路由项的不可达信息不被错误的可达信息所取代。

在实际网络中，各种防止环路机制会结合起来共同使用，从而最大可能地避免环路，加快网络收敛。图6-27所示为一个各种机制综合作用的示例。

在图6-27所示网络中，当网络10.4.0.0发生故障时，会有下面的情形发生：

1）路由毒化。当路由器R3检测到网络10.4.0.0故障时，毒化路由表中路由项10.4.0.0，使到此网络的跳数为无穷大。

2）设置抑制时间。R3给路由项10.4.0.0设定一个抑制时间，其默认值为120秒。

3）发送触发更新信息。R3向R1、R2发送触发更新信息，指出网络10.4.0.0故障。R1、R2接收到触发更新信息以后，使路由项10.4.0.0进入抑制状态，在抑制状态下不接收来自其他路由器的相关更新。然后，R1和R2也向其他接口发送网络10.4.0.0故障的触发更新信息。

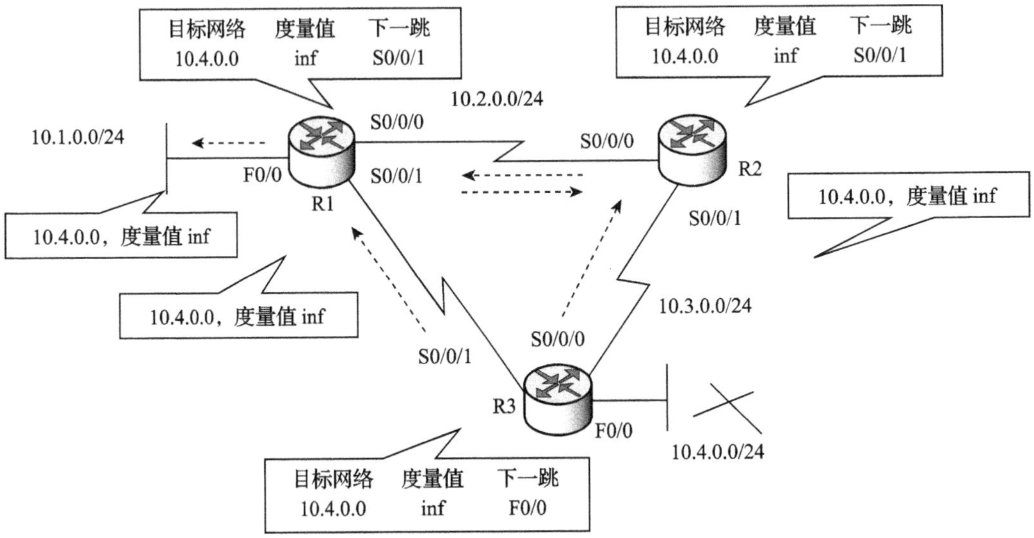

图 6-27　RIP 环路避免操作示例

至此，全网所有路由器的路由表中，表项 10. 4. 0. 0 的度量值均为无穷大，并且进入抑制状态，路由器会丢弃目的地为网络 10. 4. 0. 0 的数据包。

网络 10. 4. 0. 0 恢复正常后，R3 解除抑制时间，同时用触发更新向 R1、R2 传播。R1、R2 也解除抑制时间，路由表恢复正常。

项目小结

本章对 RIP 进行了介绍。RIP 是一种距离矢量协议，有多个版本，有各自的特点。最初的版本为 RIPv1，它是有类路由协议，但它的协议报文不携带掩码信息，同时还有其他如只支持以广播方式发布协议报文、系统和网络开销较大、不支持验证、缺乏安全性等缺点。RIPv2 继承了 RIPv1 的所有功能，并在此基础上进行改进。RIP 使用水平分割、路由毒化等机制来避免路由环路。

项目练习

1. RIP 将度量值（　　）视为无穷。

　A. 0　　B. 15　　C. 16　　D. 225

2. RIP 适用于基于 IP 的（　　）。

　A. 大型网络　　B. 中小型网络

　C. 更大规模的网络　　D. ISP 与 ISP 之间

3. 下列关于 RIP 的描述中，正确的是（　　）。

　A. 采用链路—状态算法　　B. 距离通常用宽带表示

　C. 向相邻路由器广播路由信息　　D. 适合特大型互联网使用

4. 关于路由收敛，下列说法中最确切的是（　　）。

　A. 收敛是由于网络变化而引起的变化过程

　B. 收敛是指路由器之间互相发送 hello 报文形成邻居的过程

C. 收敛是两个路由器将它们的路由表合并成一个的过程
D. 收敛是网络中所有路由表的同步过程，或简单地可以定义为一个路由器对网络变化采取相应措施达到稳定状态的过程

5. 与静态路由协议相比，动态路由的优点有（　　）。
A. 带宽占用少　B. 简单
C. 路由器能自动发现网络拓扑变化　D. 路由器能自动计算新的路由

6. 以下属于距离矢量协议的有（　　）。
A. RIP　B. BGP　C. IS-IS　D. OSPF

7. RIP 路由表的更新报文发送周期是（　　）秒。
A. 5　B. 30　C. 60　D. 180

8. 对路由器 A 配置 RIP，并在接口 S0（IP 地址为 10.0.0.1/24）所在网段使用 RIP，以下命令中必需用到的是（　　）。
A. rip　B. rip 10.0.0.0
C. network 10.0.0.0 255.255.255.0　D. network 10.0.0.0

项目实训

实训一：RIPv1 和 RIPv2 的兼容测试

1. 实训目的

1）了解 RIPv1 和 RIPv2 之间的差异。
2）掌握 RIP 两个版本共存环境的配置。
3）熟悉 RIP 的更新方式。

2. 实验设备

1）路由器两台。
2）PC 两台。
3）交叉双绞线若干。

3. 实训拓扑图和 IP 地址分配表

实训拓扑图如图 6-28 所示，IP 地址分配见表 6-5。

4. 实训任务

1）配置基础环境。
2）配置路由器 R1 使用 RIPv1，R2 使用 RIPv2，分别使用 network 命令进行网段宣告。
3）在 R2 中使用命令兼容 R1 的版本 1。
4）开启 DEBUG 查看 R1 和 R2 收发的 RIP 报文。

表 6-5　路由设备接口及 IP 地址分配

设备名	接　口	IP 地址	子网掩码
R1	F0/0	10.1.1.1	255.255.255.0
	F0/1	10.1.3.1	255.255.255.0
R2	F0/0	10.1.1.2	255.255.255.0
	F0/1	10.1.2.1	255.255.255.0
PC1	—	10.1.3.10	255.255.255.0
PC1	—	10.1.2.10	255.255.255.0

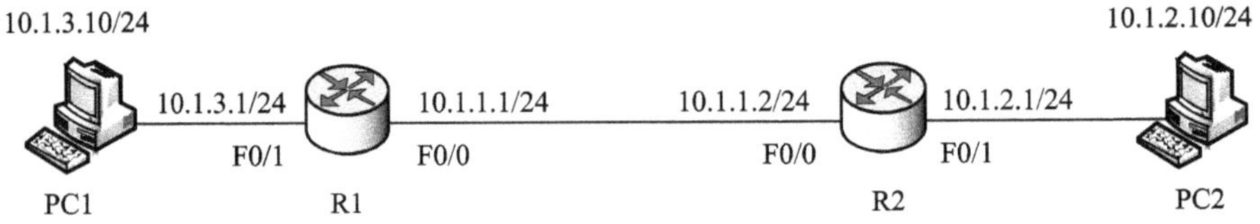

图 6-28 RIP 的配置拓扑图

实训二：配置 RIP 被动接口

1. 实训目的

1）理解 RIP 被动接口的意义。

2）掌握 RIP 被动接口的配置方法。

2. 实训设备

1）路由器两台。

2）PC 两台。

3）双绞线若干。

3. 实训拓扑图和 IP 地址表

实训拓扑图如图 6-29 所示，IP 地址分配见表 6-6。

4. 实训任务

1）配置基础环境。

2）配置 RIP 并使用 network 命令添加 192. 168. 2. 0 网络。

3）在 PC1 或者 PC2 上开启抓包软件捕获 RIP 报文。

4）路由器 R1 和 R2 使用 network 命令增加与 PC 互联的网络。

5）开启抓包软件捕获 RIP 报文分析结果。

6）在两台路由器中使用 passive 命令停止 RIP 在此端口发布更新。

7）再次开启抓包软件捕获 RIP 报文并分析结果。

表 6-6 路由设备接口及 IP 地址分配

设备名	接 口	IP 地址	子网掩码
R1	F0/0	192. 168. 2. 1	255. 255. 255. 0
	F0/1	192. 168. 1. 1	255. 255. 255. 0
R2	F0/0	192. 168. 2. 2	255. 255. 255. 0
	F0/1	192. 168. 3. 1	255. 255. 255. 0

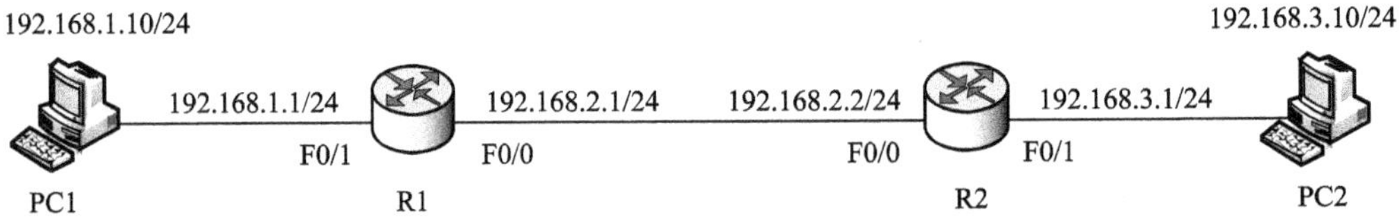

图 6-29 RIP 被动接口的配置拓扑图

项目 7　配置 OSPF

RIP 由于其自身的局限性更适用于中小型局域网。当网络拓扑较大，且网络结构较复杂时，可考虑使用另外一种动态路由协议——OSPF，那么两者有什么不同呢？如何配置 OSPF 呢？

本章学习目标

1）了解 OSPF 的工作原理。
2）了解 OSPF 的特性。
3）掌握 OSPF 的相关配置。
4）掌握 OSPF 的应用。

任务 1　认识 OSPF

OSPF（Open Shortest Path First，开放最短路径优先）是一种基于链路状态算法的动态路由协议。OSPF 具有支持 CIDR、手动路由汇总、不连续子网，以及收敛时间快、不会产生路由环路等特点，是目前使用最广泛的内部网关路由协议。

7.1.1　RIP 的缺陷

RIP 由于其自身算法的限制，不可避免地会引入路由环路。尽管后续增加了水平分割、抑制时间和毒性逆转等方法来避免这个问题，但一方面这些功能使得 RIP 网路的路由计算变得复杂，网络收敛慢；另一方面它们对于稍大些的复杂网络仍然无能为力，无法从理论上完全避免路由环路的产生。

RIP 以跳数来衡量到达目标网络的最优路径，但这种进行路由选择的方式在大多数网络中是不合适的。RIP 支持的最大条数为 16，这决定了其无法用于构建规模较大的网络。在启用 RIP 的网络里，每一个 RIP 路由器只能接收到网络中相邻路由器的路由信息，再将路由信息的度量值增加 1 后传送给相邻路由器。这种逐步传递路由信息的过程只发生在相邻路由器之间。当度量值增加到 16 之后，路由器会认为距离无穷远，目标网络不可达。这一限制决定了任何两个设备之间的距离不能超过 16 跳。

由于 RIP 存在无法避免的缺陷，所以在规划网络时，多用于构建结构简单的中小型网络。但随着网络规模的日益扩大，一些小型企业网的规模几乎等同于十几年前的中型企业网，并且对于网络的安全性和可靠性提出了更高要求，RIP 已不能完成适应此变化。相对地，OSPF 很好地解决了上述这些问题，因此得到了广泛的使用。

7.1.2　OSPF 的发展

Internet 工程任务组（IETF）的 OSPF 工作组于 1987 年着手开发 OSPF。

1989 年，RFC 113 中发布了 OSPFv1 规范。

1991 年，OSPFv2 由 John Moy 在 RFC 1247 中引入。OSPFv2 在 OSPFv1 基础上提供了重大的技术改进。它设计为无类方式，支持 VLSM 和 CIDR。

1998 年，OSPFv2 规范在 RFC 2328 中得以更新，也就是 OSPF 的现行 RFC 版本。

1999 年，RFC 2740 中发布了用于 IPv6 的 OSPFv3。

2008 年，RFC 5340 中将 OSPFv3 更新为用于 IPv6 的 OSPF。

表 7-1 显示了路由协议的分类及适用版本。

表 7-1　路由协议分类及适用版本

	内部网关协议				外部网关协议
	距离矢量		链路状态		路径矢量
IPv4	RIPv2	EIGRP	OSPFv2	BGP-4	
IPv6	RIPng	EIGRP（IPv6）	OSPFv3	IS-IS（IPv6）	BGP-MP

7.1.3　OSPF 消息

OSPF 使用链路状态数据包（LSP）建立和维护邻居邻接关系以及交换路由更新。在 OSPF 路由更新机制中使用了以下 5 种类型的数据包，每种数据包在 OSPF 路由过程中发挥各自的作用。

1）Hello 数据包：Hello 数据包的类型为 1，被 OSPF 路由器用来发现和维持 OSPF 邻接关系，或在多路访问网络中用于选举指定路由器（DR）和备用指定路由器（BDR）。OSPF 接口周期性发送 Hello 数据包。默认情况下，在广播多路访问和点对点网络中 Hello 数据包每 10s 发送一次，而在 NBMA 网络中，则每 30s 发送一次。链路失效时间（Deadtime）默认值为 4 个周期的 Hello 数据包时间，即如果 4 个周期未收到 Hello 数据包，则认为该链路失效，因此广播式多路访问和点对点网络中默认链路失效时间为 40s，而 NBMA 网络中默认链路失效时间为 120s。

2）数据库描述（Database Description，DD 或 DBD）数据包：DBD 数据包的类型为 2，用来描述 OSPF 路由器链路状态数据库的摘要或目录信息，用于两台相邻的 OSPF 路由器进行链路状态数据库同步。当某个 OSPF 路由器 LSDB（Link State Database，链路状态数据库）容量较大时，可以使用多个 DBD 包来描述数据库。DBD 的传递基于发送—响应机制实现，接收的 OSPF 路由器需要对所收到的 DBD 包进行确认，发送 OSPF 路由器和接收 OSPF 路由器之间根据 DBD 包中的序列号进行链路状态数据库信息的同步。

3）链路状态请求（Link State Request，LSR）数据包：LSR 数据包的类型为 3，用于向对方请求获得所需要的 LSA（Link State Advertisement，链路状态广播）包。当所请求的信息量较大时，有可能需要使用多个 LSR 包。

4）链路状态更新（Link State Update，LSU）数据包：LSU 数据包类型为 4，用于向对方发送其需要的 LSA 包。LSU 包含 7 种不同类型的 LSA 包。多个 LSA 包可以被包含在一个 LSU 包中，每个 LSU 包将其包含的 LSA 以洪泛方式传递到距其源端更远的 OSPF 路由器。

5）链路状态确认（Link State Acknowledgement，LSAck）数据包：LSAck 数据包的类型为 5。当路由器收到的 LSU 或者 LSA 包后，会发送 LSAck 用于进行确认。通过 LSAck 确认，增强 LSA 洪泛的可靠性。与 LSU 类似，多个 LSA 确认可以包含在一个 LSAck 包中。

1. Hello 数据包

OSPF 的第 1 类数据包是 Hello 数据包。Hello 数据包可用于以下几种情况：

1）运行 OSPF 的路由器通过发送和接收 Hello 数据包来发现 OSPF 邻居并建立相邻关系。

2）通告两台路由器建立相邻关系所必须统一的参数。

3）在多路访问网络中选择 DR 和 BDR。

Hello 数据包比较小，一般小于 50 个字节。图 7-1 显示了 Hello 数据包中包含的字段，每个字段的具体含义如下。

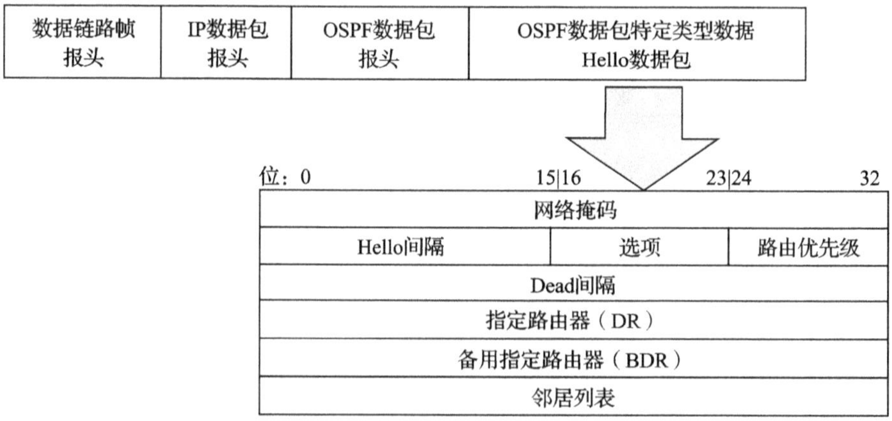

图 7-1　OSPF Hello 数据包内容

1）网络掩码（Network Mask）：长度为 32 比特，表示发送该 Hello 数据包接口关联的子网掩码。

2）Hello 间隔（Hello Interval）：长度为 16 比特，以秒为单位指定发送 Hello 数据包的时间间隔。广播型多路访问和点到点网络中默认 hello 间隔是 10s；在 NBMA 的网络中，Hello 间隔默认值为 30s。

3）选项（Options）：长度为 8 比特，路由器使用该字段来指定一些任选的配置。

4）路由器优先级（Router Priority）：长度为 8 比特，用于 DR/BDR 选举。在广播多路访问网络和非广播式多路访问网络中，优先级被用来决定一个路由器能否成为 DR 或 BDR。路由器优先级的默认值为 1，也可以人为改变路由器的优先级配置，该值越大，路由器越有可能成为链路的 DR。如果将优先级设为 0，表示该路由器不参与 DR/BDR 选举。

5）Dead 间隔（Dead Interval）：以秒为单位，路由器认定相邻路由器失效之前所需等待的时间。若路由器在等待 Dead 间隔后仍没有收到来自邻居路由器的 Hello 包，则认为对方已经失效。默认的 Dead 间隔是 Hello 间隔的 4 倍。两台相互交换 OSPF 链路状态信息的路由器之间必须具有相同的 Hello 间隔和 Dead 间隔，否则将无法建立邻接关系。

6）指定路由器（Designated Router，DR）：长度为 32 比特，指定 DR 的路由器 ID 值。

7）备用指定路由器（Backup Designated Router，BDR）：长度为 32 比特，指定 BDR 的路由器 ID 值。

8）邻居列表（List of Neighbor）：用于给出所有有效邻居路由器的 ID，由于一个路由器可能有多个邻居路由器，因此在该区域中，可有多个路由器 ID，每个邻居路由器的 ID 长度为 32 比特。

2. OSPF 消息封装

OSPF 消息有多种不同的类型，OSPF 所有类型的分组都是直接封装在 IP 数据包中，其 IP 数据包头中的协议字段值为 89，目的地址为组播地址 224.0.0.5 和 224.0.0.6 两个中的一个，224.0.0.5 表示所有的 OSPF 路由器，224.0.0.6 表示 DR 和 BDR。

由于 OSPF 分组没有使用 TCP/IP 模型中的传输层协议，从而无法利用 TCP 的可靠传输机制，为此 OSPF 自行提供了一种可靠的分组传输机制，即使用 LSAck 来提供对分组传输的确认。

OSPF 数据包包括 OSPF 数据包报头和 OSPF 数据字段，5 种 OSPF 数据包的 OSPF 数据包报头都相同。OSPF 数据包报头是由版本号、类型、分段长度、路由器 ID、区域 ID、校验和、认证类型和认证字段组成，如图 7-2 所示。

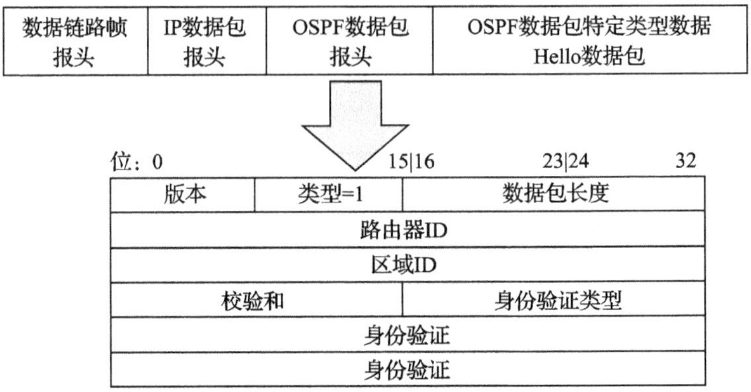

图 7-2　OSPF 消息封装

图 7-2 中，每个 OSPF 字段的具体含义如下。

1）版本（Version）：长度为 8 比特，用于给出 OSPF 的版本号，OSPF 有 3 个版本，其中版本 1 已经废弃，版本 2 用于支持 IPv4，版本 3 用于支持 IPV6。

2）类型（Packet Type）：长度为 8 比特，用于给出 OSPF 数据分组类型，类型 1 为 Hello，类型 2 为 DBD，类型 3 为 LSR，类型 4 为 LSU，类型 5 为 LSAck。

3）数据包长度（Packet Length）：长度为 16 比特，给出以字节为单位的数据包长度。

4）路由器 ID（Router ID）：长度为 32 比特，用于表示本数据包的源 OSPF 路由器 ID。

5）区域 ID（Area ID）：长度为 32 比特，用于指出该数据包所对应的始发区域 ID。

6）校验和（Checksum）：长度为 16 比特，用来分组头部进行错误检测，以判断 OSPF 分组在传输过程中是否被损坏。

7）认证类型（Authentication Type）：长度为 16 比特，指定所使用的认证类型，值为 0 表示不认证，值为 1 表示简单认证，值为 2 采用 MD5 方式进行认证。

8）认证（Authentication）：长度为 64 比特，该字段的值根据不同认证类型而定。当认证类型表示不认证时，此字段没有数据；当认证类型表示简单认证时，此字段值为认证密码；当认证类型表示 MD5 认证时，此字段值为 MD5 摘要信息。

7.1.4　OSPF 的工作过程

OSPF 是由 IETF（Internet Engineering Task Force，Internet 工程任务组）开发的基于链路状态（Link State）的自治系统内部路由协议，用来替代存在一些问题的 RIP。目前通用的 OSPF 第 2 版由 RFC 2328 定义。

与距离矢量协议不同，链路状态协议使用 Dijkstra 的最短路径优先（Shortest Path First，SPF）算法计算和选择路由。这类路由协议关心网络中链路或接口的状态（UP、DOWN、IP 地址、掩码、带宽、利用率和时延等），每个路由器将其已知的链路状态向该区域的其他路由器通告，通过这种方式，网络上的每台路由器对网络结构都会有相同的认识。随后，路由器以其为依据，使用 SPF 算法计算和选择路由。

OSPF 在有组播发送能力的链路层上以组播地址发送协议包，既达到了节约资源的目的，又最大限度地减少了对其他网络设备的干扰。

OSPF 将协议包直接封装在 IP 包中，协议号为 89。由于 IP 本身是无连接的，所以 OSPF 传输的可靠性需要协议本身来保证。因此，OSPF 定义了一些机制保证协议包安全可靠的。

总体来说，OSPF 比 RIP 具有更大的扩展性、快速收敛性和安全可靠性，同时，它采用路由增量更新的机制在保证全区域路由同步的同时，尽可能地减少了对网络资源的浪费。但是 OSPF 的算法耗费更多的路由器内存和处理能力，在大型网络里，路由器本身承受的压力会很大。因此，OSPF 适合企业中小型网络构建。

如图 7-3 所示，OSPF 的 4 个主要工作过程如下：

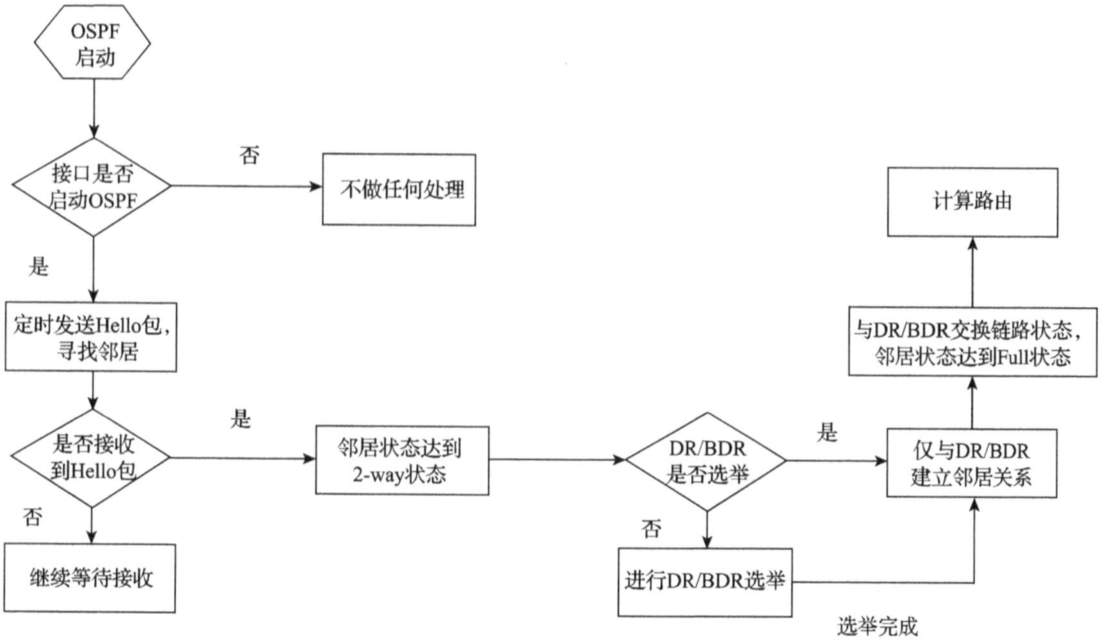

图 7-3　OSPF 工作过程

1）寻找邻居。不同于 RIP，OSPF 运行后，并不立即向网络广播路由信息，而是先寻找网络中可与自己交互链路状态信息的周边路由器。可以交互链路状态信息的路由器互为邻居（Neighbor）。

2）建立邻接关系。当在接口上启用 OSPF 时，路由器必须确认链路上是否存在另一个 OSPF 邻居。邻接关系（Adjacency）可以想象为一条点到点的虚链路，它是在一些邻居路由器之间构成的。只有建立了可靠邻接关系的路由器才能相互传递链路状态信息。路由器通过转发包含路由器 ID 的 Hello 包尝试建立邻居关系。

3）链路状态信息传递。OSPF 路由器将建立描述网络链路状况的 LSA，建立邻接关系的 OSPF 路由器之间将交互 LSA，最终形成包含网络完整链路状态信息的 LSDB。

4）计算路由。获得了完整的 LSDB 后，OSPF 区域内的每个路由器将会对该区域的网络结构有相同的认识，随后各路由器将依据 LSDB 的信息用 SPF 算法独立计算出路由。

下面具体来分析下 OSPF 的工作过程。

（1）寻找邻居

OSPF 路由器周期性地从其启动 OSPF 的每一个接口以组播地址 224.0.0.5 发送 Hello 包，以寻找邻居。Hello 包里携带有一些参数，比如始发路由器的路由器 ID（Router ID）、始发路由器接口的区域 ID（Area ID）、始发路由器接口的地址掩码、选定的 DR、路由器优先级等信息。

如图 7-4 所示，当两台路由器共享一条公共数据链路，并且相互成功协商它们各自 Hello 包中所指定的某些参数时，如网络掩码、Hello 间隔、Router Priority、DR/BDR 等，它们就能成为邻居。而邻居地址一般为启动 OPSF 并向外发送 Hello 包的路由器接口地址。

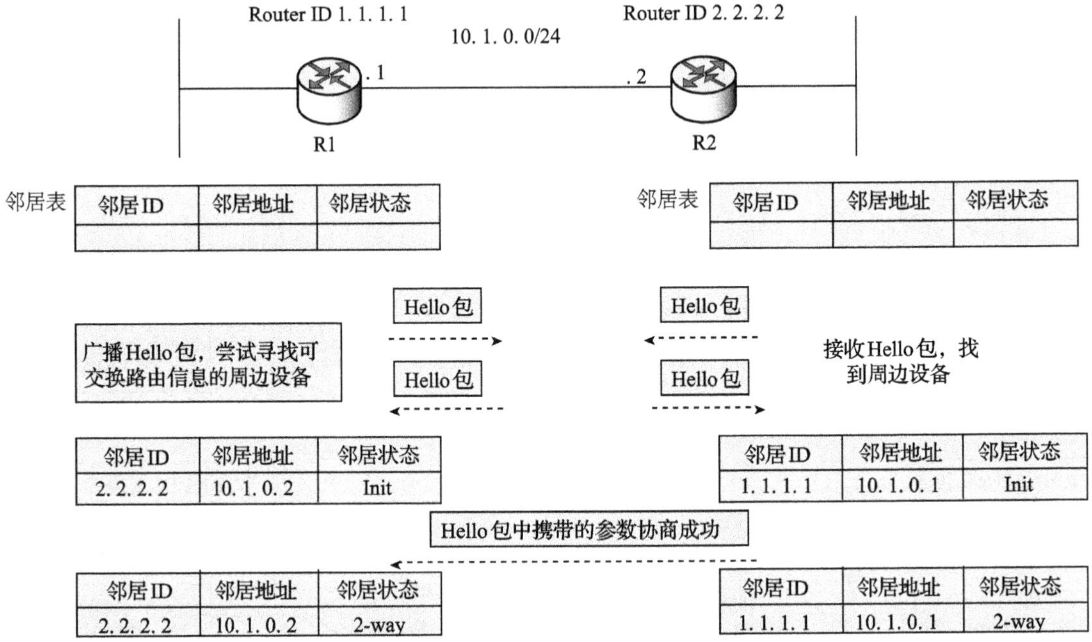

图 7-4　OSPF 邻居建立过程

路由器通过记录彼此的邻居状态来确认是否与对方建立了邻接关系。路由器初次接收到某路由器的 Hello 包时，仅将该路由器作为邻居候选人，将其状态记录为 Init 状态；只有在相互成功协商 Hello 包中所指定的某些参数后，才将该路由器确定为邻居，将其状态修改为 2-way 状态。当双方的链路状态信息交换成功后，邻居状态将变迁为 Full 状态，这表明邻居路由器之间的链路状态信息已经同步。

一台路由器可以有很多邻居，也可以同时成为几台其他路由器的邻居。邻居状态和维护邻居路由器的一些必要的信息都被记录在一张邻居表内，为了跟踪和识别每台邻居路由器，OSPF 定义了 Router ID。

Router ID 在 OSPF 区域内唯一标识一台路由器的 IP 地址。一台路由器可能有多个接口启动 OSPF，这些接口分别处于不用的网段，它们各自使用自己的接口 IP 地址作为邻居地址与网络里其他路由器建立邻居关系，但网络里的其他所有路由器只会使用 Router ID 来标识这台路由器。

（2）建立邻接关系

可以将邻接关系比喻为一条点到点的虚连接，那么可以想象，在广播型网络的 OSPF 路由器之间的邻接关系是很复杂的。

如图 7-5 所示，OSPF 区域内有 5 台路由器，它们彼此互为邻居并都建立邻接关系，总共有 10 个邻接关系；如果是 10 台路由器，那么就有 45 个邻接关系；如果有 n 台路由器，那么就有 n（n－1）/2 个邻接关系。邻接关系需要消耗较多的资源来维持，而且邻接路由器之间要两两交互链路状态信息，这也会造成网络资源和路由器处理能力的巨大浪费。

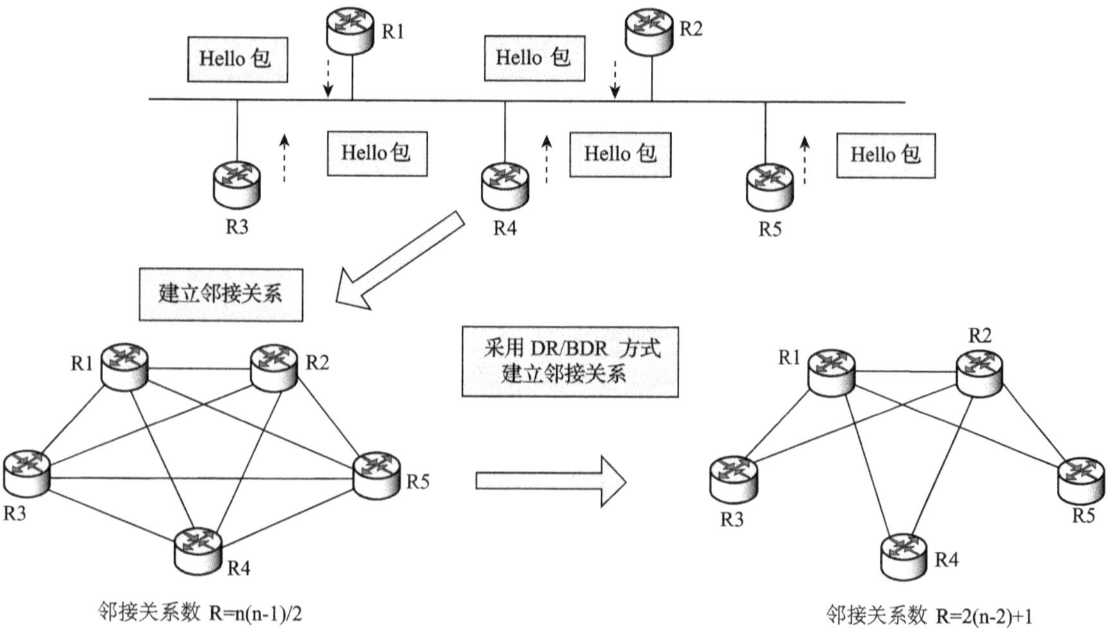

图 7-5 OSPF 协议邻接关系建立过程

为了解决这个问题，OSPF 要求在广播型网络里选举一台 DR（Designated Router，指定路由器）。DR 负责描述该网络类型及网络内的其他路由器，同时也负责管理他们之间的链路状态信息交互过程。

DR 选定后，该广播型网络内的所有路由器只与 DR 建立邻接关系，与 DR 互相交换链路状态信息以实现 OSPF 区域内路由器链路状态信息同步。值得注意的是，一台路由器可以有多个接口启动 OSPF，这些接口可以分别处于不用的网段里，这就意味着，这台路由器可能是其中一个网段的指定路由器，而不是其他网段的指定路由器，或者可能同时是多个网段的指定路由器。换句话说，DR 是一个 OSPF 路由器接口的特性，不是整台路由器的特性；DR 是某个网段的 DR，而不是全网的 DR。

如果 DR 失效，所有的邻接都会消失，此时必须重新选取一台新的 DR，网络中的所有路由器也要重新建立新的邻接关系并重新同步全网的链路状态信息。当这种问题发生时，网络将在一个较长时间内无法有效地传送链路状态信息和数据包。

为加快收敛速度，OSPF 在选举 DR 的同时，还会在选举一个 BDR（Backup Designated Router，备份指定路由器）。网络上所有的路由器将于 DR 和 BDR 同时形成邻接关系，如果 DR 失效，BDR 将立即成为新的 DR。

采用选举 DR 和 BDR 的方法，广播行网络内的邻接关系减少为 $2(n-2)+1$ 条，即 5 台路由器的邻接关系为 7 条，10 台路由器为 17 条。

注意：邻居与邻接关系并不是一个概念。在广播行网络里，OSPF 区域内的路由器可以互为邻居，但只与 DR 和 BDR 建立邻接关系。

在初始阶段，OSPF 路由器会在 Hello 包里将 DR 和 BDR 指定为 0.0.0.0。当路由器接收到邻居的 Hello 包后，检查 Hello 包所携带的路由器优先级（Router Priority）、DR 和 BDR 等字段然后列出所有具备 DR 和 BDR 资格的路由器（优先级不为 0 的路由器均具备选举资格）。

路由器优先级取值范围为 0～255。在具备选举资格的路由器中，优先级最高的将被宣告为 BDR，优先级相同则 Router ID 大的优先。BDR 选举成功后，进行 DR 选举。如果同时有一台或多台路由器宣称自己为 DR，则优先级最高的将被宣告为 DR，优先级相同，则 Router ID 大的优先。如果网络里没有路由器宣称自己为 DR，则将已有的 BDR 推举为 DR，然后再执行一次选举过程选出新的 BDR。DR 和 BDR 选举成功后，OSPF 路由器会将 DR 和 BDR 的 IP 地址设置到 Hello 包的 DR 和 BDR 字段上，表明该 OSPF 区域内的 DR 和 BDR 已经有效。

如图 7-6 所示，优先级为 5 的 R1 被选举为 DR，优先级为 3 的 R2 被选举为 BDR，其他有选举资格的路由器作为 DRother。

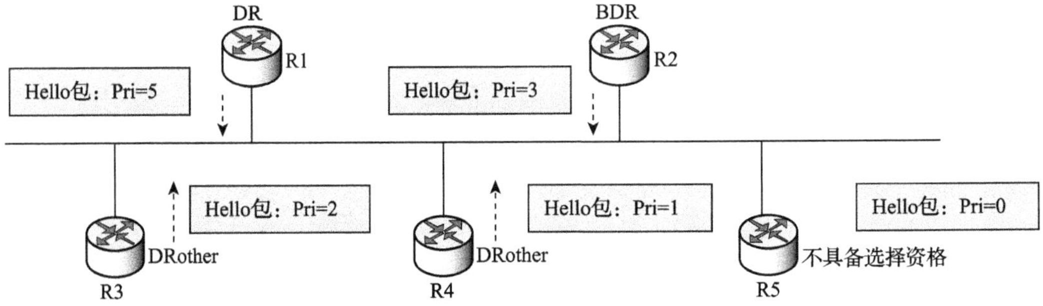

图 7-6　DR 的选举过程

虽然路由器的优先级可以影响选举过程，但它不能强制更改已经有效的 DR 和 BDR。当一台 OSPF 路由器加入一个 OSPF 区域时，如果该区域内尚未选举出 DR 和 BDR，则该路由器参与 DR 和 BDR 的选举；如果该区域内已经有有效的 DR 和 BDR，即使该路由器的优先级很高，也只能接受已经存在的 DR 和 BDR。因此在广播型网络里，最先初始化的具有 DR 选举资格的两台路由器将成为 DR 和 BDR。

一旦 DR 和 BDR 选举成功，其他路由器（DRother）只与 DR 和 BDR 之间建立邻接关系。此后，所有路由器继续组播 Hello 包（组播地址为 224. 0. 0. 5）来寻找新的邻居和维持旧邻居关系，而 DRother 路由器只与 DR 和 BDR 交互链路状态信息，故 DRother 与 DR、DRother 与 BDR 之间的邻居状态可以达到 Full 状态，而 DRother 之间的邻居状态只能停留在 2-way 状态。

（3）链路状态信息传递

建立邻接关系的 OSPF 路由器之间通过发布 LSA 来交互链路状态信息。通过获得对方的 LSA，同步 OSPF 区域内的链路状态信息后，各路由器将形成相同的 LSDB。

LSA 通告描述了路由器所有的链路信息（或接口）和链路状态信息。这些链路可以是到一个末梢网络（指没有和其他路由器相连的网络）的链路，也可以是到其他 OSPF 路由器的链路或是到外部网络的链路等。

为避免网络资源浪费，OSPF 路由器采取路由增量更新的机制发布 LSA，即只发布邻居缺失的链路状态给邻居。如图 7-7 所示，当网络变更时，路由器当即向已经建立邻接关系的邻居发送 LSA 摘要信息；而如果网络未发生变化，OSPF 路由器每隔 30 min 向已经建立邻接关系的邻居发送一次 LSA 的摘要信息。摘要信息仅对该路由器的链路状态进行简单的描述，并不是具体的链路信息。邻居接收到 LSA 摘要信息后，比较自身链路状态信息，如果发现对方具备自己不具备的链路信息，则向对方请求该链路信息，否则不做任何动作。当 OSPF 路由器接收到邻居发来的请求某个 LSA 的包后，将立即向邻居提供它所需要的 LSA，邻居在接收到 LSA 后，会立即给对方发送确认包确认。

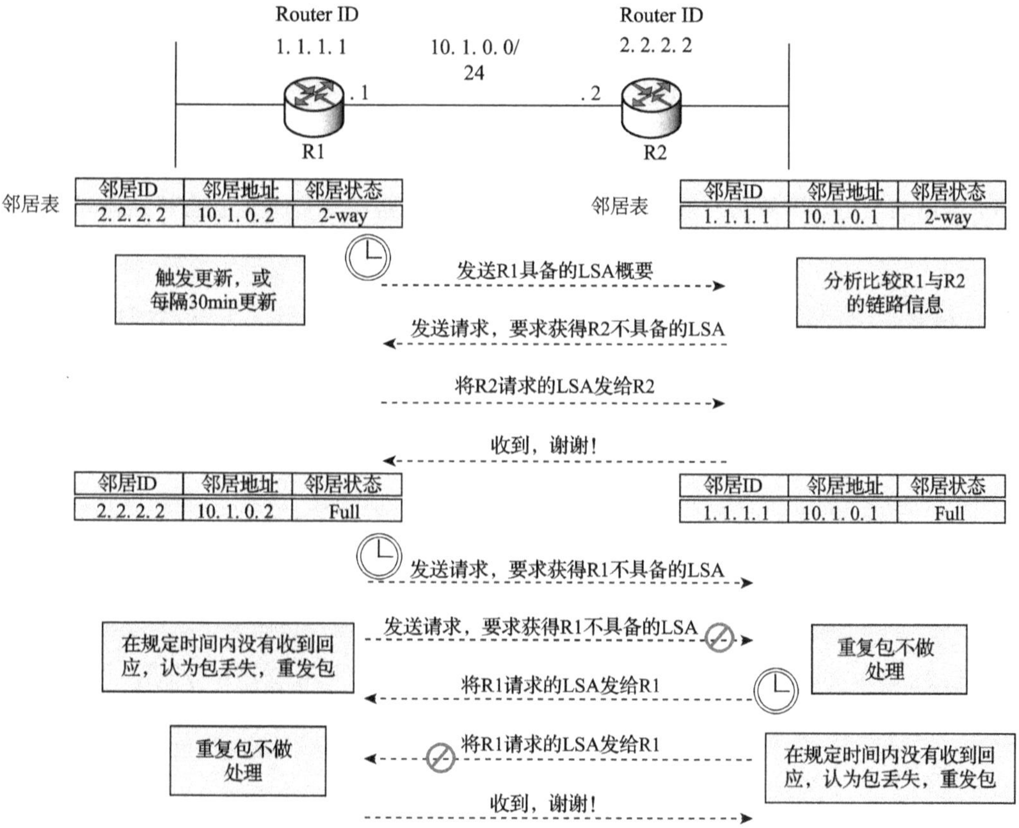

图 7-7 链路信息传递过程

以上可见，OSPF 在发布 LSA 时进行了 4 次握手，这种方式不仅有效避免了类似 RIP 发送全部路由带来的网络资源浪费的问题，还保证了路由器之间信息传递的可靠性，提高了收敛速度。

OSPF 具备超时重传机制。在 LSA 更新阶段，如果发送的包在规定时间内没有收到对方的回应，则认为包丢失，重新发送包。

为避免网络时延大造成其路由器超时重传，OSPF 为每个包编写从小到大的序列号，当路由器接收到重复序列号的包时，只响应第一个包。

同时，由于 LSA 更新时携带掩码，OSPF 支持 VLSM，能准确反映实际网络情况。

（4）OSPF 开销

OSPF 路由开销计算通过以下步骤完成：

1）评估一台路由器到另一台路由器所需要的开销（Cost）。OSPF 是根据路由器的每一个接口指定的度量值来决定最短路径的，这里的度量值指的就是接口指定的开销。一条路由的开销是指沿着到达目的网络的路径上所有路由器出接口的开销总和。

Cost 值与接口带宽密切相关。路由器的接口开销 = 参考带宽/接口带宽计算得到，默认的参考带宽为 10^8bit/s。其值可作为评估路由器之间网络资源的参考值。此外，用户也可以通过命令 ip ospf cost 手工指定路由器接口的 Cost 值。

2）同步 OSPF 区域内每台路由器的 LSDB。OSPF 路由器通过交换 LSA 实现 LSDB 的同步。LSA 不但携带了网络连接状态信息，而且携带了各接口的 Cost 信息。

由于一条 LSA 是对一台路由器或一个网段拓扑结构的描述，整个 LSDB 就形成了对整个网络的拓扑结构的描述。LSDB 实质上是一张带权的有向图，这张图便是对整个网络拓扑结构的真实反映。显然，OSPF 区域内所有路由器得到的是一张完全相同的图。

3）使用 SPF 计算出路由。如图 7-8 所示，OSPF 路由器用 SPF 算法以自身为根节点计算出一颗最短路径树，在这棵树上，由根到各节点的累计开销最小，既由根到各节点的路径在整个网络中都是最优的，这样也就获得了由根去往各个节点的路由。计算完成后，路由器将路由加入 OSPF 路由表。当 SPF 算法发现有两条到达目标网络的路径的 Cost 值就会将这两条路径都将加入 OSPF 路由表，形成等价路由。

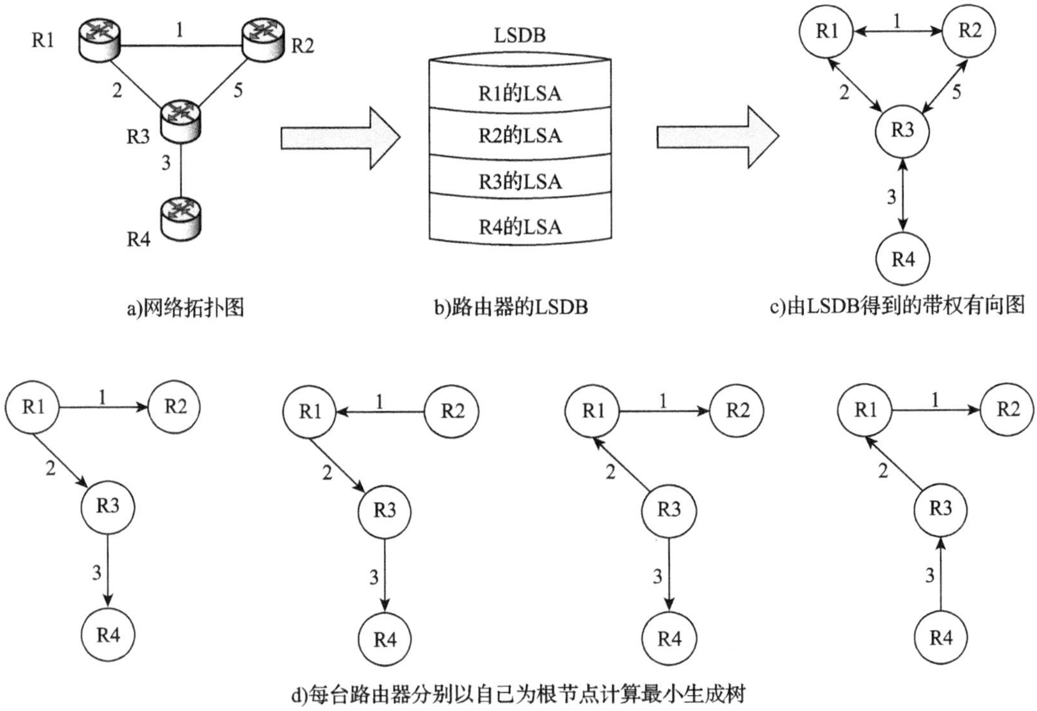

图 7-8　OSPF 路由计算过程

从 OSPF 的工作过程中能清晰地看出 OSPF 具备以下几个优势：

1）OSPF 区域内的路由器对整个网络的拓扑结构有相同的认识，在此基础上计算的路由不可能产生环路。

2）当网络结构变更时，所有路由器能迅速获得变更后的网络拓扑结构，网络收敛速度快。

3）由于引入了 Router ID 的概念，OSPF 区域内的每台路由器的行为都能很好地被跟踪。

4）使用 SPF 算法计算路由，路由选择与网络能力直接联系起来，选路更合适。

5）OSPF 采用多种手段保证信息传递的可靠性、准确性，确保每台路由器网络信息同步，同时，避免了不必要的网络资源浪费。

综合起来看，OSPF 的确解决了 RIP 的一些固有缺陷，成为企业网络中最常用的路由协议之一。

7.1.5　配置单域 OSPF

OSPF 是一种无类别路由协议，它可以用于采用 VLSM 分配地址的和不连续子网的网络中，可分为单域 OSPF 和多域 OSPF 两种部署方式。单域 OSPF 网络中所有 OSPF 路由器拥有相同的 LSDB，网络的任何变化都会引起所有 OSPF 路由器运行 SPF 算法重新计算路由，每次 SPF 算法的运行都会消耗路由器的许多资源。因此，单域 OSPF 一般适合于网络规模不超过 50 台路由器以及网络拓扑变化不频繁的网络。多域 OSPF 通过网路划分为多个区域，有效减少区域内 LSA 的数量和路由器震荡的影响，因此适合于大规模网络的路由部署。

使用单域 OSPF 时限路由器的选择，所有的 OSPF 路由器都属于同一个区域，即骨干区域，其区域号为 0。单域 OSPF 的配置一般需要以下 6 个步骤：

1）根据 DR 与 BDR 的规划，配置对应的 OSPF 路由器接口的优先级。充当 DR 的 OSPF 接口的优先级最高，充当 BDR 的 OSPF 路由器接口的优先级次高。

2）如果采用环回接口的 IP 地址作为路由器 ID，则先配置环回接口的 IP 地址/子网掩码环回接口；如果采用 router-id 命令配置路由器的 ID，则在启用 OSPF 进程后，指定接口参与 OSPF 路由进程前配置；否则，需要重启 OSPF 进程才能使配置的路由器 ID 生效。

3）在路由器上启用 OSPF 路由进程。

4）指定 OSPF 路由器哪些接口参与 OSPF 路由进程，并指定接口所属的 OSPF 区域为 0 区域。

5）根据网路实际状况，决定是否需要手工修改链路开销值，是否需要配置被动接口优化路由。

6）进行路由认证配置，OSPF 的认证可基于区域，也可基于链路。基于链路的认证进一步又分为明文认证和 MD5 认证。

对应于上述步骤，下面给出的是以 Cisco 路由器为例的单域 OSPF 配置与路由器实验认证命令：

```
Router(config-if)#ip ospf peiority number      //配置端口的优先级
Route(config-if)#ip ospf cost cost-number      //配置端口链路开销
Router(config-if)#ip ospf authentication      //启用基于接口的明文征明
Router(config-if)#ip ospf authentication-key password      //配置明文认证的密码
Router(config-if)#ip ospf authentication message-digest      //启用 MD5 认证
Router(config-if)#ip ospf message-digest-key key-id md5 key      //插入 MD5 的认证密码
```

其中，参数 key-id 是一个范围为 0 ~ 255 的标示符；参数 key 是由数字和字母组成的 MD5 密码，最长为 16 个字符。

```
Router(config-router)#area area-id authentication message-digest   //启用基于区域的 MD5 认证
Router(config)#router ospf process-id      //启动 OSPF 进程，并进入到 OSPF 路由配置模式
```

其中，参数 process-id 表示路由器 OSPF 进程的 ID 号，它只具有本地意义，其值可以从 1 ~ 65535 中随意取，同一个网络上不同路由器的 OSPF 进程 ID 号可以不一样。但在实际情况中，大多数的网络管理员在同一个自治系统（AS）中的 OSPF 路由器上配置相同的 OSPF 进程。要想启动 OSPF 路由进程，至少确保有路由器至少有一个接口是 UP 状态。

```
Router(config-router)#router-id router-id      //配置 OSPF 路由器 ID
Router(config-router)#network address wildcard-mask area area-id      //制定路由器参与发送和接收 OSPF 路由信息的接口
```

其中，参数 area-id 表示接口属于哪个区域，在单域 OSPF 中，所有参与 OSPF 进程的接口都属于 0 区域。

参数 address 与参数 wildcard-mask 成对使用，用来指定路由器需要参与发送和接受 OSPF 路由信息的接口。参数 address 的值一般是路由器需要参与发送 OSPF 路由信息接口的网络号或接口地址。参数 wildcard-mask 表示通配符掩码，与 IP 地址成对使用，用来说明 IP 地址相应位是否需要被检查和匹配，0 表示所对应的 IP 地址相应位需要匹配。与子网掩码类似，通配符掩码的长度为 32 位（二进制），用点分十进制表示。例如，使用通配码 0. 255. 255. 255 表示相应地址中的前 8 位需要检查，后 24 位可以忽略。表 7-2 给出了更多通配符掩码的示例。

表 7-2　通配符掩码的示例

测试条件	IP 地址	通配符掩码
10. 0. 0. 0/8	10. 0. 0. 0	0. 255. 255. 255
172. 31. 0. 0/16	172. 31. 0. 0	0. 0. 255. 255
202. 33. 44. 0/24	202. 33. 44. 0	0. 0. 0. 255
192. 168. 1. 64/26	192. 168. 1. 64	0. 0. 0. 63
210. 33. 44. 254/24	210. 33. 44. 254	0. 0. 0. 0

```
Router(config-router)#default-information originate      //把配置的默认路由器重发布到 OSPF 中
Router#show ip ospf interface      //查看接口的 OSPF 信息
Router#show ip ospf neighbor      //查看 OSPF 邻居路由器列表
Router#show ip ospf neighbor detail      //查看 OSPF 邻居路由器详细信息
Router#show ip ospf database      //查看 OSPF 链路状态数据库信息
Router#show ip ospf protocols      //查看配置的 IP 路由协议信息
Router#show ip ospf      //查看 OSPF 信息
Router#debug ip ospf adj      //跟踪调试 OSPF 邻居的建立
Router#show ip route      //查看路由表
Router#clear ip ospf process      //清除并重启 OSPF 进程
```

注意：OSPF 是一种不抢占协议，如果已配置或生成路由器 ID、完成了 DR 和 BDR 的选择后，需要更改路由器 ID 和重新选择 DR 和 BDR，就必须使用 clear ip ospf process 命令清除并重启 OSPF 进程才能让所做的配置更改生效。

OSPFv2 是用于 IPv4 的链路状态路由协议，于 1991 年引入。图 7-9 显示了网络拓扑结构以及 IP 编址方案。

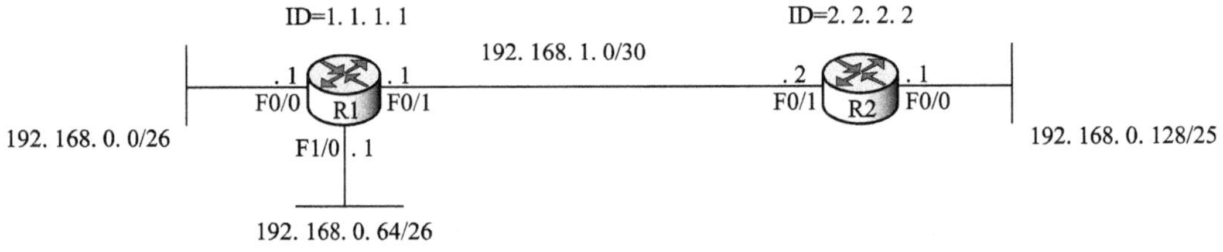

图 7-9　单域 OSPFv2 拓扑结构图

分析如下：网络规模较小，因此采用单域 OSPF 实现网络的互连互通。网络中的每个网段均为以太网，均需选择 DR 和 BDR。路由器 R2 的性能好于路由器 R1，更适合担任网段 192. 168. 1. 0/30 的 DR。可以将路由器 R2 的 F0/1 接口的优先级设置为 10，将路由器 R1 的 F0/1

接口的优先级设置为2，使得路由器R2的优先级高于路由器R1，这样路由器R2就会选为DR，路由器R1被选为BDR。为了保证OSPF路由器进程的稳定性，在每个路由器上使用命令完成路由器ID的配置。在路由器R1与R2上采用基于链路的明文认证，对邻居路由器进行身份验证，避免路由器收到伪造的路由更新信息，认证密钥为network。

在路由器R1上，参与OSPF路由进程的有F0/0、F0/1和F1/0这3个接口，其对应的网络号与通配符掩码分别为192.168.0.0（网络号）、0.0.0.63（通配符掩码），192.168.1.0（网络号）、0.0.0.3（通配符掩码），以及192.168.0.64（网络号）、0.0.0.63（通配符掩码）。路由器R1的F0/0和F1/0接口所连网络中不存在别的路由器，可以将这两个接口设置为被动接口以优化网络性能，进行以下配置：

1）在F0/1接口上配置明文认证。

2）配置F0/1接口的优先级值为“2”。

3）启动OSPF进程。

4）使用router-id命令配置路由器ID。

5）配置3个接口参与到OSPF路由进程中。

6）配置F0/0与F1/0接口为被动接口。

路由器R1上的OSPFv2路由配置命令如下：

```
R1(config)#interface f0/1
R1(config-if)#ip ospf authentication
R1(config-if)#ip ospf authentication-key network
R1(config-if)#ip ospf priority 2
R1(config-if)#router ospf 1
R1(config-router)#router-id 1.1.1.1
R1(config-router)#network 192.168.0.0 0.0.0.63 area 0
R1(config-router)#network 192.168.0.64 0.0.0.3 area 0
R1(config-router)#passive-interface f0/0
R1(config-router)#passive-interface f1/0
```

在路由器R2上，参与OSPF路由进程的有F0/0和F0/1两个接口，这两个接口对应的网络号与通配符掩码分别为192.168.0.128（网络号）、0.0.0.127（通配符掩码）192.168.1.0（网络号）、0.0.0.3（通配符掩码）。路由器R2的F0/0接口所连网络中不存在别的路由器，可以将这个接口设置为被动接口以优化网络性能，进行以下配置：

1）在F0/1接口上配置文明认证。

2）配置F0/1接口的优先级值为10。

3）启动OSPF进程。

4）使用router-id命令配置路由器ID。

5）配置两个接口参与到OSPF路由进程中。

6）配置F0/0接口为被动接口。

路由器R2上的OSPFv2路由配置命令如下。

```
R2(config)#interface f0/1
R2(config-if)#ip ospf authentication
R2(config-if)#ip ospf authentication-key network
R2(config-if)#ip ospf priority 10
R2(config-if)#router ospf 1
```

```
R2(config-router)#router-id 2.2.2.2
R1(config-router)#network 192.168.0.128 0.0.0.127 area 0
R1(config-router)#network 192.168.1.0 0.0.0.3 area 0
R1(config-router)#passive-interface f0/0
```

任务 2　配置 OSPFv3

7.2.1　OSPFv2 与 OSPFv3 的对比

如果在 IPv6 网络中使用 OSPF，需要用 OSPFv3。OSPFv3 具有与 OSPFv2 同样的功能，但它使用 IPv6 作为网络层传输，与 OSPFv3 对等设备通信，并通告 IPv6 路由。OSPFv3 使用 SPF 算法作为计算引擎，以确定整个路由域中的最佳路径。

表 7-3 列出了 OSPFv2 与 OSPFv3 的相同和不同处。

表 7-3　OSPFv2 与 OSPFv3 的对比

		OSPFv2	OSPFv3
相同处	链路状态	都是无类链路状态路由协议	
	路由算法	都使用 SPF 算法作出路由决定	
	度量	都定义为从接口发送数据包的开销	
	区域	相同的多区域概念	
	数据包类型	都使用 5 个基本数据包类型	
	邻居发现机制	相同的邻居状态机制	
	DR/BDR 选举过程	相同的 DR/BDR 选举过程	
	路由 ID	均使用 32 位数字，以点分十进制表示	
不同处	通告	通告 IPv4 路由	通告 IPv6 路由
	源地址	消息从出口接口的 IPv4 地址出发	消息使用出口接口的本地链路地址出发
	所有 OSPF 组播地址	224.0.0.5	FF02::5
	DR/BDR 组播地址	224.0.0.6	FF02::6
	通告网络	使用 network 命令	使用 ipv6 ospf process-id area area-id 命令
	IP 单播路由	默认情况下已启用	需要命令配置启用
	身份验证	使用明文或 MD5 身份验证	使用 IPv6 身份验证

7.2.2　单域 OSPFv3 配置示例

OSPFv3 的配置非常简单，与 OSPFv2 的配置绝大部分相同，区别在添加了关键字 v6。OSPFv3 配置步骤如下：

1）用命令 ipv6 unicast-routing 启用 IPv6 单播路由。

2）配置本地链路地址。

3）使用 router-id rid 命令在 OSPFv3 路由器配置模式下配置 32 位的路由器 ID。

4）配置特定的可选路由，例如调整参考带宽。

5）配置特定于 OSPFv3 接口的设置。例如调整接口带宽。

6）使用 ipv6 ospf area 命令启用 IPv6 路由。

下面示例为在图 7-10 所示拓扑中完成 OSPFv3 配置。

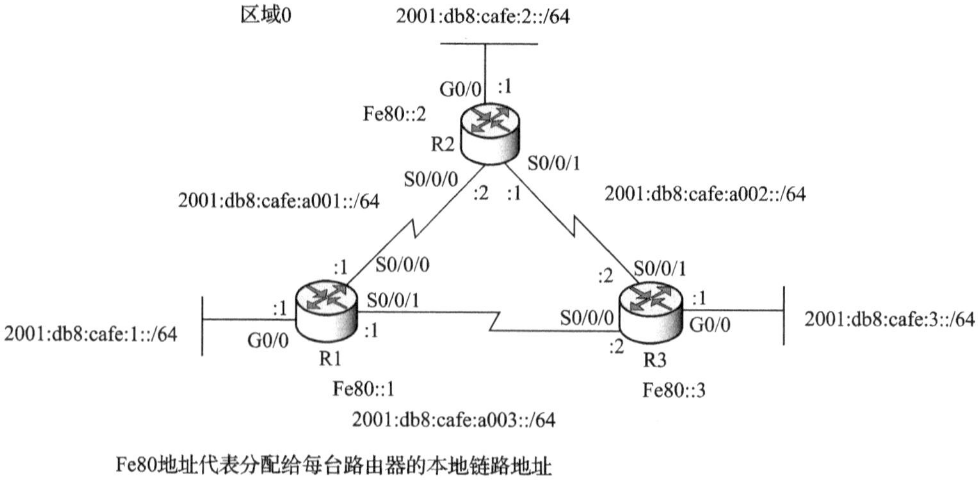

图 7-10 OSPFv3 配置拓扑图

路由器 R1 上的 OSPFv3 路由配置命令如下：

```
R1(config)#ipv6 unicast-routing
R1(config)#interface g0/0
R1(config-if)#ipv6 address fe80::1 link-local
R1(config-if)#ex
R1(config)#interface s0/0/0
R1(config-if)#ipv6 address fe80::1 link-local
R1(config-if)#ex
R1(config)#interface s0/0/1
R1(config-if)#ipv6 address fe80::1 link-local
R1(config-if)#ex
```

路由器 R1 上的 OSPFv3 路由配置命令如下：

```
R1(config)#ipv6 router ospf 10
%OSPFv3 - 4 - NORTRID: OSPFv3 process 10 could not pick a router - id, please
configure manually
R1(config-rtr)#router-id 1.1.1.1
R1(config-rtr)#auto-cost reference-bandwidth 1000
%OSPF: Reference bandwidth is changed.
Please ensure reference bandwidth is consistent across all routers.
R1(config-rtr)#ex
R1(config)#interface g0/0
R1(config-if)#ipv6 ospf 10 area 0
R1(config-rtr)#ex
R1(config)#interface s0/0/0
R1(config-if)#ipv6 ospf 10 area 0
R1(config-rtr)#ex
```

```
R1(config)#interface s0/0/1
R1(config-if)#ipv6 ospf 10 area 0
```

R2 和 R3 上 OSPFv3 配置与 R1 类似，不再赘述。

任务3 配置多域 OSPF

7.3.1 多域 OSPF 的配置步骤

在大规模的网络中，为了降低 OSPF 的运行开销、加快路由收敛、限制错误路由的传播范围以及提高网络的可扩展性等，需要使用多域 OSPF 方式实现路由的选择。

在多域 OSPF 中，把 OSPF 网络分为多个相对独立的区域，区域分为骨干区域和非骨干区域两大类，而非骨干区域进一步又分为标准区域、末节区域、完全末节区域、次末节区域和完全次末节区域共 5 种类型。

不同区域的不同配置主要体现在 ABR 路由器的配置上，而每个区域的 IR 配置与单域 OSPF 的路由器配置基本相同。

多域 OSPF 的配置时一般需要以下 6 个步骤：

1）在骨干区域的所有 IR 上根据规划完成路由器端口优先级、环回接口、启用 OSPF 路由进程、使用命令 router-id 配置路由器的 ID、指定 OSPF 路由器接口参数与 OSPF 路由进程和接口运行的区域（骨干区域为 0）、被动接口和身份认证等配置。

2）在 ABR 上根据规划完成 OSPF 的基本配置。注意：ABR 至少有两个或两个以上的不同接口属于不同区域。

3）在 ABR 上指定区域的类型。

4）在 ABR 上根据路由需求完成路由汇总。

5）在非骨干区域中所有 IR 上根据规划并参考骨干区域 IR 的步骤完成配置，如果 IR 所在区域为末节区域、完全末节区域、次末节区域和完全次末节区域，需要指定区域类型。

6）完成 ASBR 的配置。

在上述步骤中，配置路由器端口的优先级、环回接口、被动接口、身份认证、路由总汇等都是可选的。

单域 OSPF 的配置与路由验证命令也会用于多域 OSPF 中，多域 OSPF 常见的配置命令有：

```
Router(config-router)#area are-id range address mask      //对区域 area-id 进行路由汇总
```

上述命令在 ABR 上使用，对区域的路由进行汇总。参数 area-id 表示区域号；参数 address 为汇总后路由条目的网络地址；参考 mask 为汇总后路由条目的子网掩码。

```
Router(config-router)#summary-address address mask      //将外部路由重发布到 OSPF 区域前进行路由汇总。address 为汇总后路由条目的网络地址,mask 为汇总后路由条目的子网掩码
Router(config-router)#area area-id stub      //指定区域为末节区域
```

上述命令在末节区域的 IR 和 ABR 上使用，在完全末节区域的 IR 上使用，参数 area-id 为区域号。

```
Router(config-router)#area area-id stub no-summary      //指定区域为完全末节区域
```

上述命令只在连接完全末节区域与骨干区域的 ABR 上使用，参数 area-id 为区域号。

```
Router(config-router)#area area-id nssa      //指定区域为次末节区域,area-id 为区
```

域号

Router(config-router)#area area-id nssa no-summmary　　//指定区域为完全次末节区域

上述命令只在 ABR 上使用。

Router(config-router)#area area-id virtual-link neighbor-ID　　//配置虚链路

上述命令在建立虚链路的两个 ABR 上配置，参数 area-id 是传输区域的区域号；参数 neighbor-ID 为虚链路另一端 ABR 的路由器 ID。

7.3.2　多域 OSPF 的配置示例

某企业内部网络拓扑结构如图 7-11 所示，企业网内部采用私有地址进行编址，企业网络中各设备的 IP 地址编址见表 7-4 ~ 表 7-13。为了实现企业各网段之间、企业网络与 Internet 之间的相互访问，需要在路由器上完成路由的配置，要求如下：

1）由于网络规模较大，需要使用 OSPF 实现企业内部网络所有网段的互连互通。

2）避免由于网络中某个分部网络拓扑的经常改变而导致的企业网络中所有路由器重新计算路由引起的路由震荡现象。

3）企业分部 2 中的路由器性能较差，在实施路由时，尽量减少企业分部 2 中路由器上 LSDB 的大小和路由表条目数等。

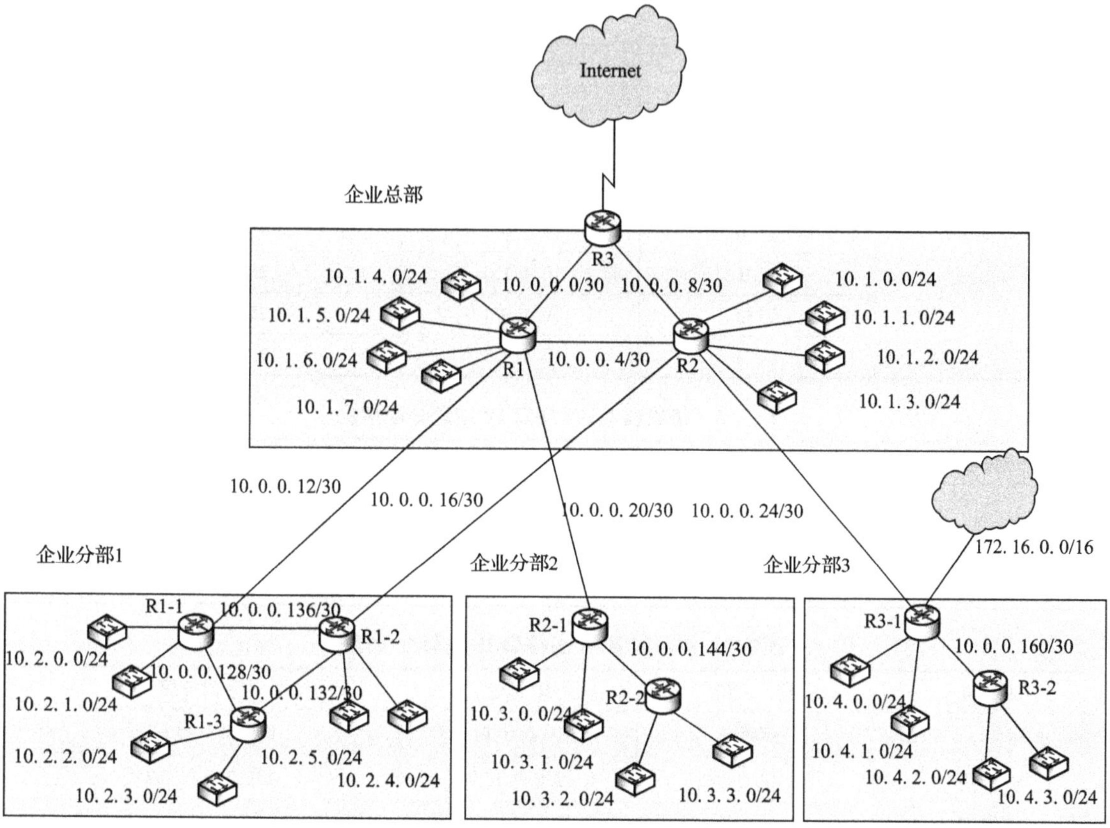

图 7-11　拓扑图

表 7-4　路由器 R1 各接口 IP 地址分配情况

设备名	接　　口	IP 地址	子网掩码
路由器 R1	G0/0	10. 0. 0. 2	255. 255. 255. 252
	G0/1	10. 0. 0. 5	255. 255. 255. 252
	G1/4	10. 0. 0. 13	255. 255. 255. 252
	G1/5	10. 0. 0. 21	255. 255. 255. 252
	G1/0	10. 1. 4. 1	255. 255. 255. 0
	G1/1	10. 1. 5. 1	255. 255. 255. 0
	G1/2	10. 1. 6. 1	255. 255. 255. 0
	G1/3	10. 1. 7. 1	255. 255. 255. 0

4）企业分部 3 中路由器 R3-2 上配置了一条到目的网络 172. 16. 0. 0/16 静态路由，需要把该静态路由重发布到 OSPF 中，同时，在企业分部 3 中需要使用认证来避免可能引入有害路由信息。

5）在满足路由需求的基础上，尽量减少每个路由器路由表的条目数量以优化路由。

6）优化 OSPF 路由，DR 由性能更好的路由器充当，如果路由器的接口所连网络不存在别的路由器，需要把该接口设置为被动接口以优化网络性能。

表 7-5　路由器 R2 各接口 IP 地址分配情况

设备名	接　　口	IP 地址	子网掩码
路由器 R2	G0/0	10. 0. 0. 10	255. 255. 255. 252
	G0/1	10. 0. 0. 6	255. 255. 255. 252
	G1/4	10. 0. 0. 25	255. 255. 255. 252
	G1/5	10. 0. 0. 17	255. 255. 255. 252
	G1/0	10. 1. 0. 1	255. 255. 255. 0
	G1/1	10. 1. 1. 1	255. 255. 255. 0
	G1/2	10. 1. 2. 1	255. 255. 255. 0
	G1/3	10. 1. 3. 1	255. 255. 255. 0

表 7-6　路由器 R3 各接口 IP 地址分配情况

设备名	接　　口	IP 地址	子网掩码
路由器 R3	G0/0	10. 0. 0. 1	255. 255. 255. 252
	G0/1	10. 0. 0. 9	255. 255. 255. 252
	S0/0/0	202. 33. 44. 2	255. 255. 255. 252

表 7-7　路由器 R1-1 各接口 IP 地址分配情况

设备名	接　　口	IP 地址	子网掩码
路由器 R1-1	G0/0	10. 0. 0. 14	255. 255. 255. 252
	G0/1	0. 0. 0. 137	255. 255. 255. 252
	G1/2	10. 0. 0. 129	255. 255. 255. 252
	G1/0	10. 2. 0. 1	255. 255. 255. 0
	G1/1	10. 2. 1. 1	255. 255. 255. 0

表 7-8　路由器 R1-2 各接口 IP 地址分配情况

设备名	接　口	IP 地址	子网掩码
路由器 R1-2	G0/0	10.0.0.18	255.255.255.252
	G0/1	10.0.0.138	255.255.255.252
	G1/2	10.0.0.133	255.255.255.252
	G1/0	10.2.4.1	255.255.255.0
	G1/1	10.2.5.1	255.255.255.0

表 7-9　路由器 R1-3 各接口 IP 地址分配情况

设备名	接　口	IP 地址	子网掩码
路由器 R1-3	G0/0	10.0.0.130	255.255.255.252
	G0/1	10.0.0.134	255.255.255.252
	G1/0	10.2.2.1	255.255.255.0
	G1/1	10.2.3.1	255.255.255.0

表 7-10　路由器 R2-1 各接口 IP 地址分配情况

设备名	接　口	IP 地址	子网掩码
路由器 R2-1	G1/0	10.0.0.22	255.255.255.252
	F0/1	10.0.0.145	255.255.255.252
	F0/0	10.3.0.1	255.255.255.0
	F2/0	10.3.1.1	255.255.255.0

表 7-11　路由器 R2-2 各接口 IP 地址分配情况

设备名	接口	IP 地址	子网掩码
路由器 R2-2	F0/1	10.0.0.146	255.255.255.252
	F0/0	10.3.3.1	255.255.255.0
	F2/0	10.3.2.1	255.255.255.0

表 7-12　路由器 R3-1 各接口 IP 地址分配情况

设备名	接口	IP 地址	子网掩码
路由器 R3-1	G0/0	10.0.0.26	255.255.255.252
	G0/1	10.0.0.161	255.255.255.252
	G1/0	10.4.1.1	255.255.255.0
	G1/1	10.4.0.1	255.255.255.0

表 7-13　路由器 R3-2 各接口 IP 地址分配情况

设备名	接口	IP 地址	子网掩码
路由器 R3-2	G0/0	10.0.0.162	255.255.255.252
	G0/1	172.16.0.1	255.255.255.252
	G1/0	10.4.2.1	255.255.255.0
	G1/1	10.4.3.1	255.255.255.0

1. 采用多域 OSPF 来实现企业内部网络的相互连通

由于该企业网络规模较大，因此可以采用多域 OSPF 来实现企业内部网络的相互连通，并通过区域划分有效避免由于网络中某个分部网络拓扑的经常改变而导致企业网络中所有路由器重新计算路由引起的路由震荡现象。全网共划分为 4 个区域，分别是区域 0、区域 1、区域 2 和区域 3，区域的详细设计如下。

区域 0：骨干区域，根据骨干区域路由器性能与链路带宽的设计要求和企业网络便于维护的要求，企业总部路由器 R3 的 G0/0 和 G0/1 接口运行在骨干区域，路由器 R1 和 R2 除了连接到企业分部的接口外，其余接口都运行在骨干区域。

区域 1：企业分部 1 所有路由器的所有接口都运行在区域 1，路由器 R1 的 G1/4 和路由器 R2 的 G1/5 接口运行在区域 1。区域 1 有两个出口连接到骨干区域，因此，将区域 1 的区域类型设计为标准区域。

区域 2：企业分部 2 所有路由器的所有接口都运行在区域 2，路由器 R1 的 G1/5 接口运行在区域 2。由于区域 2 只有一个出口链接到骨干区域，企业分部 2 的路由器性能又较差，将区域 2 的区域类型设计为完全末节区域以有效减少企业分部 2 中路由器上 LSDB 的大小和路由表数目。

区域 3：企业分部 3 路由器 R3-1 所有接口都运行在区域 3，路由器 R3-2 的 G0/0、G0/1 和 G1/1 接口运行在区域 3，路由 R2 的 G1/4 接口运行在区域 3。由于区域 3 只有一个出口连接到骨干区域。区域 3 中有 ASBR（路由器 R3-2 配置了一条到目的网络 172.16.0.0/16 静态路由，并把该静态路由重发布到 OSPF 中），因此将区域 3 的区域类型设计为完全次末节区域。

2. 在 ABR 上对每个区域内的路由进行汇总

为减少 LSA 通告量，减少路由器路由表条目数量以优化 OSPF 路由，在 ABR 上对每个区域内的路由进行汇总，即将 3 类 LSA 进行汇总。区域间路由汇总的设计如下所述。

对于区域 0 来说，可以将 10.1.0.0/24 ~ 10.1.7.0/24 这 8 个子网汇总成 10.1.0.0/21。

对于区域 1 来说，可以将 10.2.0.0/24 ~ 10.2.3.0/24 这 4 个子网汇总成 10.2.0.0/22，将 10.2.4.0/24 ~ 10.2.5.0/24 这两个子网汇总成 10.2.4.0/23。

对于区域 2 来说，可以将 10.3.0.0/24 ~ 10.3.3.0/24 这 4 个子网汇总成 10.3.0.0/22。

对于区域 3 来说，可以将 10.4.0.0/24 ~ 10.4.3.0/24 这 4 个子网汇总成 10.3.0.0/22。

路由器 R1 是连接区域 0、区域 1、区域 2 的 ABR，因此需要在路由器 R1 上完成关于区域 0、区域 1 和区域 2 的路由汇总。

路由器 R2 是连接区域 0、区域 1 和区域 3 的 ABR，因此需要在路由器 R1 上完成关于区域 0、区域 1 和区域 3 的路由汇总。

OSPF 区域及区域路由汇总的详细规划见表 7-14。

表 7-14　OSPF 区域及区域间路由汇总规划设计

区域 ID	区域类型	区域包含的路由器接口	区域汇总后的网络前缀
0	骨干区域	路由器 R1 的 G0/0、G0/1、G1/0、G1/1、G1/2 和 G1/3 接口，路由器 R2 的 G0/0、G0/1、G1/0、G1/1、G1/2 和 G1/3 接口，路由器 R3 的 G0/0 和 G0/1 接口	10.1.0.0/21
1	标准区域	路由器 R1-1、R1-2 和 R1-3 的所有接口，路由器 R1 的 G1/4 接口，路由器 R2 的 G1/5 接口	10.2.0.0/22 和 10.2.4.0/23

（续）

区域 ID	区域类型	区域包含的路由器接口	区域汇总后的网络前缀
2	完全末节区域	路由器 R1 的 G1/5 接口，路由器 R2-1 和 R2-2 的所有接口	10.3.0.0/22
3	次末节区域	路由器 R3-1 的所有接口，路由器 R3-2 的 G0/0、G1/0 和 G1/1 接口，路由器 R2 的 G1/4 接口	10.4.0.0/22

3. DR 和 BDR 规划

采用修改路由器接口优先级的方式使性能高的路由器充当 DR，路由器性能次高的路由器充当 BDR。网络中各连接网段 DR 和 BDR 的规划见表 7-15，充当 DR 的路由器对应端口优先级值更改为 10。路由器 ID 使用手工配置方式为 OSPF 路由器指定，将路由器所连网络不存在别的路由器的百兆或千兆以太网接口设置为被动接口以优化网络性能，路由器 ID 和被动接口规划见表 7-16。

表 7-15　DR 和 BDR 规划

网段	DR	BDR	网段	DR	BDR
10.0.0.0/30	R1	R3	10.0.0.4/30	R1	R2
10.0.0.8/30	R2	R3	10.0.0.12/30	R1	R1-1
10.0.0.16/30	R2	R1-2	10.0.0.20/30	R1	R2-1
10.0.0.24/30	R2	R3-1	10.0.0.128/30	R1-1	R1-3
10.0.0.132/30	R1-2	R1-3	10.0.0.136/30	R1-1	R1-2
10.0.0.144/30	R2-1	R2-2	10.0.0.160/30	R3-1	R3-2

表 7-16　OSPF 路由规划

设备	路由器类型	路由器 ID	被动接口
R1	ABR 和 BR	1.1.1.1	G1/0、G1/1、G1/2、G1/3
R2	ABR 和 BR	2.2.2.2	G1/0、G1/1、G1/2、G1/3
R3	ASBR 和 BR	3.3.3.3	
R1-1	IR	11.11.11.11	G1/0、G1/1
R1-2	IR	12.12.12.12	G1/0、G1/1
R1-3	IR	13.13.13.13	G1/0、G1/1
R2-1	IR	21.21.21.21	F0/0、F2/0
R2-2	IR	22.22.22.22	F1/0、F0/1
R3-1	IR	31.31.31.31	G1/0、G1/1
R3-2	ASBR	32.32.32.32	G1/0、G1/1

4. 采用基于区域的 MD5 认证来避免引入有害路由信息

在企业分部 3 中采用基于区域的 MD5 认证来避免引入有害路由信息，认证秘钥为 network。

5. OSPF 的具体配置

网络拓扑中各种路由器的具体部署与实施步骤如下：

（1）路由器主机名与接口的配置

在企业网中所有路由器上根据表 7-3 ~ 表 7-13 的规划，参考项目 1 中的路由配置基础完成路由设备主机名和端口 IP 地址等的配置。

（2）路由的配置

路由器 R1 上 OSPF 路由的配置命令如下：

```
Router1(config)#int g0/0
Router1(config-if)#ip ospf priority 10
Router1(config-if)#ex
Router1(config)#int g0/1
Router1(config-if)#ip ospf priority 10
Router1(config-if)#ex
Router1(config)#int g1/4
Router1(config-if)#ip ospf priority 10
Router1(config-if)#ex
Router1(config)#int g1/5
Router1(config-if)#ip ospf priority 10
Router1(config-if)#ex
Router1(config)#router ospf 1
Router1(config-router)#router-id 1.1.1.1
Router1(config-router)#network 10.0.0.0 0.0.0.3 area 0
Router1(config-router)#network 10.0.0.4 0.0.0.3 area 0
Router1(config-router)#network 10.1.4.0 0.0.0.255 area 0
Router1(config-router)#network 10.1.5.0 0.0.0.255 area 0
Router1(config-router)#network 10.1.6.0 0.0.0.255 area 0
Router1(config-router)#network 10.1.7.0 0.0.0.255 area 0
Router1(config-router)#network 10.0.0.12 0.0.0.3 area 1
Router1(config-router)#network 10.0.0.20 0.0.0.3 area 2
Router1(config-router)#area 0 range 10.1.0.0 255.255.248.0
Router1(config-router)#area 1 range 10.2.0.0 255.255.252.0
Router1(config-router)#area 1 range 10.2.4.0 255.255.254.0
Router1(config-router)#area 2 range 10.3.0.0 255.255.252.0
Router1(config-router)#area 2 stub no-summary
Router1(config-router)#passive-interface g1/0
Router1(config-router)#passive-interface g1/1
Router1(config-router)#passive-interface g1/2
Router1(config-router)#passive-interface g1/3
```

路由器 R2 上 OSPF 路由的配置命令如下：

```
Router2(config)#int g0/0
Router2(config-if)#ip ospf priority 10
Router2(config-if)#ex
Router2(config)#int g1/4
Router2(config-if)#ip ospf priority 10
```

```
Router2(config-if)#ex
Router2(config)#int g1/5
Router2(config-if)#ip ospf priority 10
Router2(config-if)#ex
Router2(config)#router ospf 1
Router2(config-router)#router-id 2.2.2.2
Router2(config-router)#area 3 authentication message-digest
Router2(config-router)#network 10.0.0.8 0.0.0.3 area 0
Router2(config-router)#network 10.0.0.4 0.0.0.3 area 0
Router2(config-router)#network 10.1.0.0 0.0.0.255 area 0
Router2(config-router)#network 10.1.1.0 0.0.0.255 area 0
Router2(config-router)#network 10.1.2.0 0.0.0.255 area 0
Router2(config-router)#network 10.1.3.0 0.0.0.255 area 0
Router2(config-router)#network 10.0.0.16 0.0.0.3 area 1
Router2(config-router)#network 10.0.0.24 0.0.0.3 area 3
Router2(config-router)#area 0 range 10.1.0.0 255.255.248.0
Router2(config-router)#area 1 range 10.2.0.0 255.255.252.0
Router2(config-router)#area 1 range 10.2.4.0 255.255.254.0
Router2(config-router)#area 3 range 10.4.0.0 255.255.252.0
Router2(config-router)#area 3nssa no-summary
Router2(config-router)#passive-interface g1/0
Router2(config-router)#passive-interface g1/1
Router2(config-router)#passive-interface g1/2
Router2(config-router)#passive-interface g1/3
```

路由器 R3 上 OSPF 路由的配置命令如下：

```
Router3(config)#ip route 0.0.0.0 0.0.0.0 s0/0/0
Router3(config)#router ospf 1
Router3(config-router)#router-id 3.3.3.3
Router3(config-router)#network 10.0.0.0 0.0.0.3 area 0
Router3(config-router)#network 10.0.0.8 0.0.0.3 area 0
Router3(config-router)#default-information originate
```

路由器 R1-1 上 OSPF 路由的配置命令如下：

```
Router1-1(config)#int g0/1
Router1-1(config-if)#ip ospf priority 10
Router1-1(config-if)#ex
Router1-1(config)#int g1/2
Router1-1(config-if)#ip ospf priority 10
Router1-1(config-if)#ex
Router1-1(config)#router ospf 1
Router1-1(config-router)#router-id 11.11.11.11
Router1-1(config-router)#network 10.0.0.12 0.0.0.3 area 1
Router1-1(config-router)#network 10.0.0.128 0.0.0.3 area 1
Router1-1(config-router)#network 10.0.0.136 0.0.0.3 area 1
Router1-1(config-router)#network 10.2.0.0 0.0.0.255 area 1
Router1-1(config-router)#network 10.2.1.00.0.0.255 area 1
```

```
Router1-1(config-router)#passive-interface g1/0
Router1-1(config-router)#passive-interface g1/1
```

路由器 R1-2 上 OSPF 路由的配置命令如下：

```
Router1-2(config)#int g1/2
Router1-2(config-if)#ip ospf priority 10
Router1-2(config-if)#ex
Router1-2(config)#router ospf 1
Router1-2(config-router)#router-id 12.12.12.12
Router1-2(config-router)#network 10.0.0.16 0.0.0.3 area 1
Router1-2(config-router)#network 10.0.0.132 0.0.0.3 area 1
Router1-2(config-router)#network 10.0.0.136 0.0.0.3 area 1
Router1-2(config-router)#network 10.2.4.0 0.0.0.255 area 1
Router1-2(config-router)#network 10.2.5.00.0.0.255 area 1
Router1-2(config-router)#passive-interface g1/0
Router1-2(config-router)#passive-interface g1/1
```

路由器 R1-3 上 OSPF 路由的配置命令如下：

```
Router1-3(config)#router ospf 1
Router1-3(config-router)#router-id 13.13.13.13
Router1-3(config-router)#network 10.0.0.132 0.0.0.3 area 1
Router1-3(config-router)#network 10.0.0.128 0.0.0.3 area 1
Router1-3(config-router)#network 10.2.2.0 0.0.0.255 area 1
Router1-3(config-router)#network 10.2.3.00.0.0.255 area 1
Router1-3(config-router)#passive-interface g1/0
Router1-3(config-router)#passive-interface g1/1
```

路由器 R2-1 上 OSPF 路由的配置命令如下：

```
Router2-1(config)#int f0/1
Router2-1(config-if)#ip ospf priority 10
Router2-1(config-if)#ex
Router2-1(config)#router ospf 1
Router2-1(config-router)#router-id 21.21.21.21
Router2-1(config-router)#network 10.0.0.20 0.0.0.3 area 2
Router2-1(config-router)#network 10.0.0.144 0.0.0.3 area 2
Router2-1(config-router)#network 10.3.0.0 0.0.0.255 area 2
Router2-1(config-router)#network 10.3.1.0 0.0.0.255 area 2
Router2-1(config-router)#area 2 stub
Router2-1(config-router)#passive-interface f0/0
Router2-1(config-router)#passive-interface f2/0
```

路由器 R2-2 上 OSPF 路由的配置命令如下：

```
Router2-2(config)#router ospf 1
Router2-2(config-router)#router-id 22.22.22.22
Router2-2(config-router)#network 10.0.0.144 0.0.0.3 area 2
Router2-2(config-router)#network 10.3.2.0 0.0.0.255 area 2
Router2-2(config-router)#network 10.3.3.0 0.0.0.255 area 2
```

```
Router2-2(config-router)#area 2 stub
Router2-2(config-router)#passive-interface f0/1
Router2-2(config-router)#passive-interface f1/0
```

路由器R3-1上OSPF路由的配置命令如下：

```
Router3-1(config)#int g0/1
Router3-1(config-if)#ip ospf priority 10
Router3-1(config-if)#ip ospf message-digest-key 1 md5 network
Router3-1(config-if)#ex
Router3-1(config)#int g0/0
Router3-1(config-if)#ip ospf message-digest-key 1 md5 network
Router3-1(config)#router ospf 1
Router3-1(config-router)#router-id 31.31.31.31
Router3-1(config-router)#network 10.0.0.24 0.0.0.3 area 3
Router3-1(config-router)#network 10.0.0.160 0.0.0.3 area 3
Router3-1(config-router)#network 10.4.0.0 0.0.0.255 area 3
Router3-1(config-router)#network 10.4.1.0 0.0.0.255 area 3
Router3-1(config-router)#area 3 nssa
Router3-1(config-router)#passive-interface g1/1
Router3-1(config-router)#passive-interface g1/0
```

路由器R3-2上OSPF路由的配置命令如下：

```
Router3-2(config)#ip route 172.16.0.0 255.255.0.0 172.16.0.2
Router3-2(config)#int g0/0
Router3-2(config-if)#ip ospf message-digest-key 1 md5 network
Router3-2(config-if)#ex
Router3-2(config)#router ospf 1
Router3-2(config-router)#router-id 32.32.32.32
Router3-2(config-router)#area 3 authentication message-digest
Router3-2(config-router)#network 10.0.0.160 0.0.0.3 area 3
Router3-2(config-router)#network 10.4.2.0 0.0.0.255 area 3
Router3-2(config-router)#network 10.4.3.0 0.0.0.255 area 3
Router3-2(config-router)#redistribute static subnets
Router3-2(config-router)#area 3 nssa
Router3-2(config-router)#passive-interface g1/1
Router3-2(config-router)#passive-interface g1/0
```

（3）路由的测试

在网络所有链路都正常的情况下，在所有路由器上使用show ip ospf database命令查看每个路由器上的LSDB，测试路由结果是否满足案例对路由的需求。

项目小结

本章介绍了链路状态协议OSPF，它使用SPF算法计算最短路径，不会产生路由环路。OSPF通过DR/BDR选举减少邻接关系，网络链路状态信息同步通过DR/BDR进行管理。OSPF网络收敛快、信息传递可靠、节省网络资源、支持VLSM，适用于中小型网络，经细致规划后也可用于大型网络。

项目练习

1. 在广播式多路访问和点到点网络中，默认的 Hello 周期为（　　）秒。
   A. 5　　B. 10　　C. 20　　D. 40
2. 下列类型的网络中不会选择 DR 的是（　　）。
   A. 点对点　　B. 广播式多路访问网络
   C. 非广播式多路访问网络　　D. 以上都不会
3. NBNA 网络中默认链路失败时间为（　　）秒。
   A. 40　　B. 60　　C. 90　　D. 120
4. 网络管理员在全局配置模式下输入命令"router ospf 1"，此命令中 1 表示（　　）。
   A. 自治系统号　　B. 进程号　　C. 区域号　　D. 以上均可以
5. OSPF 默认的管理距离值为（　　）。
   A. 90　　B. 110　　C. 100　　D. 120
6. 在末节区域中不存在的 LSA 是（　　）。
   A. 1 类 LSA　　B. 2 类 LSA　　C. 3 类 LSA　　D. 5 类 LSA
7. 网络 LSA 由（　　）路由器。
   A. 骨干路由器　　B. BDR　　C. DR　　D. DRother

项目实训

实训一：单域 OSPFv2 的配置

1. 实训目的

1）掌握单域 OSPFv2 的配置。

2）理解链路状态路由协议的工作过程。

2. 实训设备

1）路由器 3 台。

2）CR-V35FC 线 1 根。

3）CR-V35MT 线 1 根。

3. 实训拓扑图和 IP 地址表

实训拓扑图如图 7-12 所示，IP 地址分配见表 7-17。

表 7-17　路由设备接口及 IP 地址分配

设备名	接口	IP 地址	子网掩码
R1	S0/3（DCE）	172. 16. 24. 1	255. 255. 255. 0
	Loopback 0	10. 10. 10. 1	255. 255. 255. 0
R2	F0/0	172. 16. 25. 1	255. 255. 255. 0
	S0/3（DTE）	172. 16. 24. 2	255. 255. 255. 0
	Loopback 0	10. 10. 11. 1	255. 255. 255. 0
R3	F0/0	172. 16. 25. 2	255. 255. 255. 0
	Loopback 0	10. 10. 12. 1	255. 255. 255. 0

4. 实训任务

1）按照拓扑图连接网络。

2）按照要求配置路由器各接口地址。

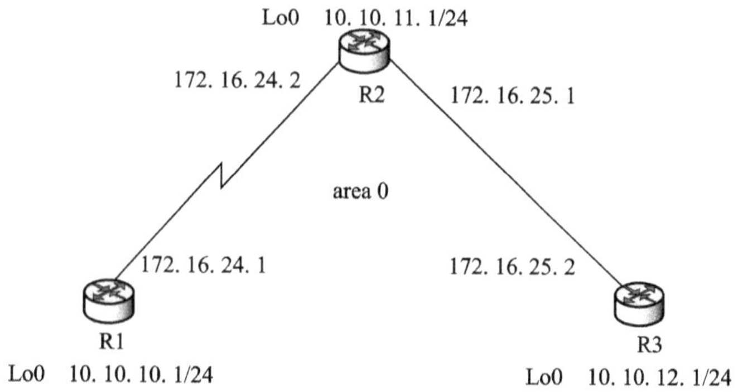

图 7-12 单域 OSPFv2 的配置拓扑图

实训二：多域 OSPFv2 的配置

1. 实训目的

1）掌握多域 OSPFv2 的配置。

2）理解 OSPF 区域的含义。

2. 实训设备

1）路由器 3 台。

2）CR-V35FC 线 1 根。

3）CR-V35MT 线 1 根。

3. 实训拓扑图和 IP 地址表

实训拓扑图如图 7-13 所示，IP 地址分配见表 7-18。

表 7-18 路由设备接口及 IP 地址分配

设备名	接口	IP 地址	子网掩码
R1	S0/3（DCE）	172. 16. 24. 1	255. 255. 255. 0
	Loopback 0	10. 10. 10. 1	255. 255. 255. 0
R2	F0/0	172. 16. 25. 1	255. 255. 255. 0
	S0/3（DTE）	172. 16. 24. 2	255. 255. 255. 0
	Loopback 0	10. 10. 11. 1	255. 255. 255. 0

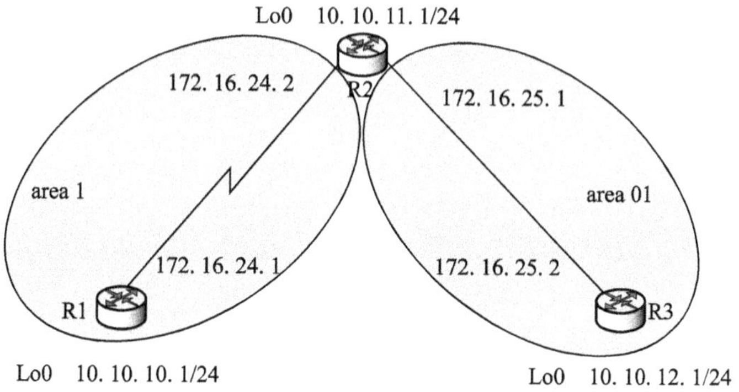

图 7-13 多域 OSPFv2 的配置拓扑图

4. 实训任务

1）按照拓扑图连接网络。

2）按照要求配置路由器各接口地址。

实训三：OSPF 路由汇总配置

1. 实训目的

1）掌握 OSPF 区域间路由汇总的配置。

2）掌握 OSPF 自治系统外汇总的配置。

2. 实训设备

1）路由器 3 台。

2）CR-V35FC 线 1 根。

3）CR-V35MT 线 1 根。

3. 实训拓扑图和 IP 地址表

实训拓扑图如图 7-14 所示，IP 地址分配见表 7-19。

表 7-19 路由设备接口及 IP 地址分配

设备名	接口	IP 地址	子网掩码
R1	S0/2（DCE）	172.16.24.1	255.255.255.0
	Loopback	1～6	
R2	S0/3（DTE）	172.16.24.2	255.255.255.0
	Loopback	1～6	

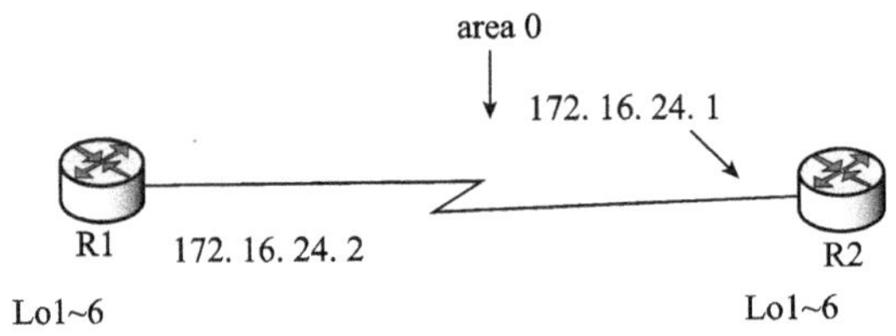

图 7-14 OSPF 路由汇总的配置

4. 实训任务

1）按照拓扑图连接网络。

2）按照要求配置路由器各接口地址。

项目8　路由策略与优化

路由协议配置完成以后是不是就万事大吉呢？在现实中，网络拓扑是不断发生变化的，这就需要根据实际情况对路由策略进行优化和调整。那么如何进行优化呢？

本章学习目标

1）了解路由过滤的作用。
2）掌握过滤列表的使用方法。
3）掌握路由策略的功能和配置方法。
4）掌握路由重发布的配置。

任务1　路由策略的优化

8.1.1　网络路由性能的影响因素

在路由器中配置动态路由协议后，路由器间通过交换路由信息，自动学习到目标网络的路由。而对于复杂的网络，可能同时存在多个路由协议，导致路由性能下降。为优化路由，可在路由器上使用重分发技术实现路由协议间路由的注入，使用路由过滤技术减少路由更新量、控制数据包的转发路径，使用路由策略技术实现根据用户指定的策略进行路由选择。

现实网络中常用动态路由协议实现到目标网络的选路，只要网络拓扑结构发生了任何变化，路由协议都会发送路由更新信息将之通告给网络中的路由器。动态路由协议具有很好的自动适应网络变化能力，但在使用设计与部属动态路由协议时，需要考虑以下两个影响网络路由性能的因素：

1）是否运行有多个路由协议。在对网络进行网络设计时，一般会选择在一个网络中运行一种路由协议，但由于网络扩展、迁移以及多厂商网络环境等原因，在一个网络可能运行了多个路由协议时，由于不同的路由协议根据不同的路由度量因子计算目标网络的最佳路径，不同路由协议学习到的路由信息不能直接互通，此时需要使用路由重分发技术使得一种路由协议的路由信息可以引入到另一种路由协议中去，以达到网络互通的目的。网络中运行有多个路由协议将增加协议必须处理的更新信息数量，从而加重了路由器的工作负担。

2）路由更新信息量。路由协议通过发送路由更新信息达到动态获得目标网络路由信息的目的。如果网络中存在过多的路由更新信息，这些信息一方面会占用链路带宽，另一方面，路由设备在收到路由更新信息后，必须对路由更新信息进行处理，就会消耗路由设备的 CPU 和内存等资源，降低网络性能。

路由更新信息量大小通常取决于路由更新的频率、路由更新信息的长度和路由汇总设计这 3 个因素。其中路由更新的频率和路由更新信息的长度取决于所使用的动态路由协议。例如，在 RIP 中，路由更新频率为 30s 发送一次路由更新信息；而在 OSPF 中，当网络稳定且无变化时，

LSA 每 30min 才更新一次。路由更新频率越大、路由更新信息的长度越长、对网络性能的影响也就越大。路由汇总设计取决于动态路由协议和设计的 IP 编制方案是否可以进行路由汇总。例如，RIP 不能汇总为超网，而 OSPF 可以汇总为超网。

8.1.2　网络路由性能的优化方案

为了有效提高网络路由性能，通常采用以下几种解决方案：

1）修改路由设计使网络性能优化。在一个网络中，为了降低网络的复杂性，使网络易于维护，通常，在设计网络时尽量使用一种路由协议。如果由于进行网络合并、网络迁移或网络升级导致网络中必须同时使用多种路由协议，也需要尽量减少路由协议的数量。在路由协议之间进行路由重分发时，需要合理设计路由重分发，以避免产生路由环路和次优路由问题。

2）使用路由过滤。为了减少网络中路由更新信息的数量，可以将未连接任何其他路由设备的路由器端口配置为被动接口，被动禁止向外通告路由协议的所有路由更新信息，可以有效地减少网络上的路由更新信息；还可以使用分发列表向路由器通告特定的路由，过滤不想要的路由更新信息，减少网络上路由更新量，提高网络性能。

3）使用策略路由。通常，传统的路由只是根据 IP 分组中的目的地址查找路由表并进行转发操作，它无法对数据分组转发路径进行控制。要控制数据分组的转发路径，路由器在发布与接收路由信息时，可能需要实施一些策略，对路由信息进行过滤，使其只接受或发布满足一定条件的路由信息。策略路由（Policy Based Route，PBR）是一种根据用户制定的策略进行路由选择的机制，它可根据分组中的源 IP 地址、目的 IP 地址、协议字段、TCP 源和目的端口等进行多种组合，灵活地进行路径选择。

8.1.3　路由重分发

1. 多协议网络

如果在一个网络中同时运行了动态路由协议和静态路由，或者同时运行了两个以上不同的路由协议，则这个网络称为多协议网络。

图 8-1 给出了一个多协议网络示例。在图 8-1 中，路由器 R1 与路由器 R2 之间运行 RIP，而路由器 R2 与路由器 R3 之间运行 OSPF，因此该网络为一个多协议网络。

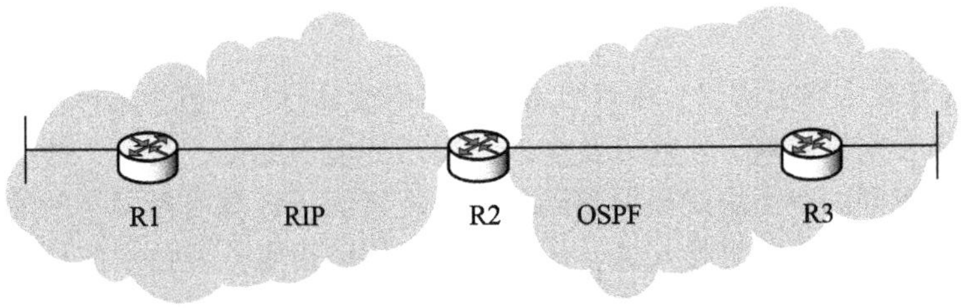

图 8-1　多协议网络示例

导致一个网络成为多协议网络的原因很多，通常有以下几条：

1）通常，企业网络既要实现对 Internet 的访问，又要实现企业内部各网段之间的相互连接。一般使用默认路由访问 Internet，而采用动态路由协议实现内部网络之间的通信。

2）由于企业网络规模的增大，原有的路由协议不能满足网络的要求，需要更新路由协议，而在新的路由协议完全取代旧路由协议之前，网络中存在多个路由协议同时运行的情况。例如，企业在刚开始构建网络时，由于网络规模较小，选择 RIP 实现路由的动态选择。随着网络规模不断增长，RIP 不能满足大规模网络的需要，企业需要将路由协议升级成适合于大规模网络、具有更好的扩展性的 OSPF，而网络的升级过程中，存在 OSPF 与 RIP 同时运行的情况。

3）在多厂商网络环境中的多协议网络中，可能存在部分网络使用厂商的私有路由协议，而在网络其余部分使用如 OSPF 的开放路由协议的场景。

2. 路由重分发技术

在多协议网络中，不同路由协议学习到的路由信息不能直接互通，即一个路由协议学习的路由不能直接传播到另一个路由协议中。要将一种路由协议获得的路由信息传播到另一种路由协议中，需要使用路由重分发技术。路由重分发技术也称路由引入或路由重分布，它可以把静态路由、默认路由和直连网络获得的路由信息传播到动态路由协议中，也可以把一种动态路由协议获得的路由传播到另一种动态路由协议中。

路由重分发总是向外的，即执行路由重分发的路由器不会修改其本身的路由表。例如，在图 8-1 所示的网络中，在同时运行 RIP 和 OSPF 的边界路由器 R2 上配置了 RIP 到 OSPF 的路由重分发，路由器 R2 的 OSPF 进程就会将其路由表中的由 RIP 获得的路由作为 OSPF 外部路由通告给 OSPF 邻居路由器 R3。

路由重分发根据是否在一台路由器上部署可分为单点重分发和多点重分发两种类型。

（1）单点路由重分发

单点重分发指的是在一台运行两种及两种以上路由协议的路由器上实现不同路由协议之间的路由重分发。单点路由重分发根据重分发的方向又可分为以下两种：

1）单点单向重分发。单点单向重分发是指把一种路由协议获得的路由信息重发给另一种路由协议的路由重分发。典型的单点单向重分发把默认路由或静态路由的路由信息重分发到动态路由协议中。

2）单点多向重分发。单点双向重分发是指在一个路由器上将两个不同的路由协议沿两个方向进行重分发。例如，在图 8-1 所示的网络中，路由器 R2 同时运行了 RIP 和 OSPF 两个路由协议，路由器 R2 把 RIP 获得的路由信息重分发到 OSPF 中，同时，也把 OSPF 获得的路由信息重分发到 RIP 中。

单点重分发由于只在一台路由器上实现重分发，路由协议之间只有一条通道，因此具有不会形成环的优点。但单点重分发有可能形成次优路由，例如，在图 8-2 所示的网络中，路由器 R2、R3 和 R4 之间运行 OSPF，路由器 R1、R2 和 R3 之间运行 RIPv2，在路由器 R1 上配置了到 Internet

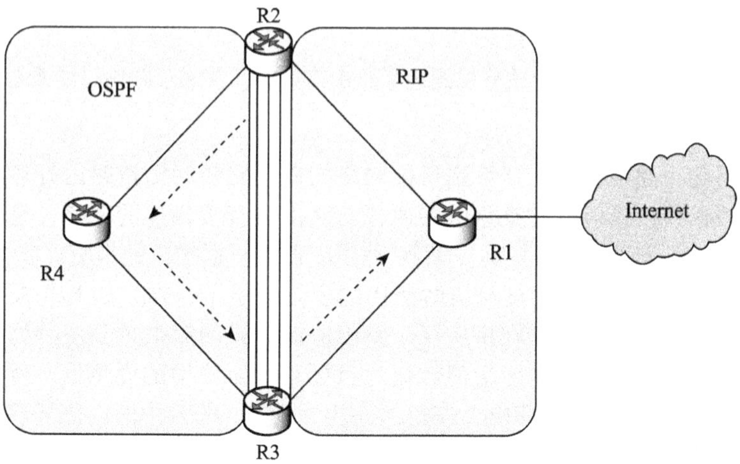

图 8-2　单点重分发的次优路由示例

的默认路由，并在网络中部署了单点重分发，在路由器 R1 上把默认路由重分发到 RIP 中，在路由器 R3 把 RIP 获得的路由信息重分发到 OSPF 中，同时把 OSPF 获得的路由信息重分发到 RIP 中。路由器 R2 由于同时运行了 RIP 和 OSPF 两种路由协议，它通过 RIP 和 OSPF 都可以获取到 Internet 的默认路由信息，但由于 OSPF 的默认管理距离值比 RIP 的管理距离值更小，因此路由器 R2 插入到路由表中的默认路由的路径通过 OSPF 获得的默认路由信息，即转发的下一个路由器为路由器 R4。这样，路由器 R2 传输到 Internet 的数据分组会沿图 8-2 中虚线箭头所示的路径转发到 Internet。

（2）多点重分发技术

多点重分发是在两台及两台以上的路由器上运行两种及两种以上路由协议并实现不同路由协议之间路由重分发。多点路由重分发根据重分发的方向又可分为以下两种：

1）多点单向重分发。多点单向重分发是指在至少两台或两台以上的路由器上同时把一种路由协议获得的路由信息重发给另一种路由协议。例如，在图 8-2 中，路由器 R2 和 R3 上都配置了把 RIPv2 获得的路由信息重分发到 OSPF 中，即为多点单向重分发。

2）多点双向重分发。多点双向重分发指的是在至少两台或两台以上的路由器上，在两个不同路由协议之间沿两个方向进行路由重分发。例如，在图 8-2 中，在路由器 R2 和 R3 上都配置有把 RIPv2 获得的路由信息重分发到 OSPF 中，同时，也把 OSPF 获得的路由信息重分发到 RIPv2 中，即为多点双向重分发。

不管是多点单向重分发技术还是多点双向重分发技术都可能导致路由环路，尤其是多点重分发技术更容易导致路由环路。

一般来说，单点单向重分发是最安全的方法，它不会出现路由环路，但它会导致网络中出现单点故障。如果网络需求必须要执行双向重分发或者在多台路由器上执行重分发，可根据以下原则进行重分发技术设计：

1）核心路由协议比边缘路由协议更高级。其中核心路由协议是网络中运行的主路由协议，边缘路由协议是网络中运行的旧路由协议。

2）在实施单点路由重分发时，可以将多条关于核心网络的静态路由重分发到边缘路由协议中，并将边缘网络中的路由信息重分发到核心网络中。注意：该原则适合在 Cisco 设备上实施，因为 Cisco 设备上静态路由默认管理距离值小于任何其他静态路由协议。

3）将核心路由协议获得的路由重分发到边缘路由协议中，将边缘路由协议获得的路由重分到核心路由协议中，并修改通过重分发路由管理距离。当网络中存在到同一目的网络有多条路径时，不会选择重分发所获得的路由。

4）将核心路由协议获得的路由重分发到边缘路由协议中，并通过路由过滤来避免不合适的路由。

8.1.4　种子度量值

种子度量值是每个路由协议在计算到目标网络的最佳路径时衡量路由好坏的一个数值，也称为初始度量值或默认度量值。它是路由器通告与路由器直接相连的链路，是根据接口特征而得到的值。RIP 中的种子度量值为 0 跳，OSPF 种子度量值根据接口的带宽计算得出。

由于不同的路由协议计算路由度量值时使用的度量因子不一样，如 RIP 根据度量因子“跳数”计算路由度量值，边缘路由器在将从一个路由协议获得的路由重分发到另一个路由协议中时，要把源路由协议获得的路由的度量值转化为目标路由协议中的度量值。例如，在图 8-3 所示的网络中，边缘路由器 R2 在将 RIPv2 获得的路由重分到 OSPF 中时，需要将 RIPv2 中路由的度量值“跳数”转换为 OSPF 中路由的度量值 Cost，这样 OSPF 自治系统中其他的 OSPF 路由器才能够明白。

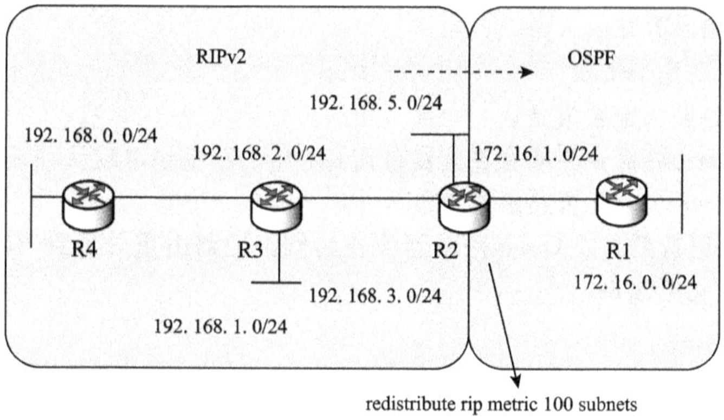

R4的路由表	R3的路由表	R2的路由表	R1的路由表
C 192. 168. 0. 0	C 192. 168. 1. 0	C 192. 168. 1. 0	C 172. 16. 0. 0/24
C 192. 168. 1. 0	C 192. 168. 2. 0	C 192. 168. 2. 0	C 172. 16. 1. 0/24
R 192. 168. 2. 0/24 [120/1]	C 192. 168. 3. 0	C 172. 16. 1. 0/24	0 192. 168. 0. 0/24 [110/100]
R 192. 168. 3. 0/24 [120/1]	R 192. 168. 0. 0/24 [120/1]	R 192. 168. 0. 0/24 [120/1]	0 192. 168. 1. 0/24 [110/100]
R 192. 168. 5. 0/24 [120/1]	R 192. 168. 5. 0/24 [120/1]	R 192. 168. 1. 0/24 [120/1]	0 192. 168. 2. 0/24 [110/100]
		R 192. 168. 2. 0/24 [120/1]	0 192. 168. 3. 0/24 [110/100]
		0 172. 16. 0. 0/24 [110/2]	0 192. 168. 4. 0/24 [110/100]

图 8-3　种子度量值示例

种子度量值是在重分发配置期间定义的，一旦路由重分发路由的种子度量值配置后，该度量值在重分发的目标网络中正常递增。图 8-3 给出了种子度量值的示例，图中路由器 R1 和 R2 之间运行 OSPF，R2、R3、与 R4 之间运行 RIPv2，R2 使用重分发命令 redistribute rip metric 100 subnets 把 RIPv2 获得的路由信息重分发到 OSPF 中，指定的默认种子度量值为 100。

如果在路由重分发配置时未指定种子度量值，则使用默认的种子度量值。表 8-1 给出了 Cisco 设备上被重分发到各种 IP 路由协议中的路由默认种子度量值，度量值无穷大意味着该路由不可达，路由器不应通告该路由的信息。由于重分发到 RIP、IS-IS 以及 Cisco 的私有路由协议 IGRP/EIGRP 默认种子路由度量值无穷大，因此在将路由重分发到这几个路由协议时必须指定其种子度量值，否则重分发的路由在重分发的目的网络中不会被通告。

表 8-1　Cisco 设备上默认路由度量值

重分发目的协议	默认种子度量值
RIP	0，被视为无穷大
OSPF	在将 BGP 重发布到 OSPF 中，默认种子度量值为 0，其他路由协议重分发到 OSPF 中时，默认种子度量值为 20
IS-IS	0，被视为无穷大
IGRP/EIGRP	0，被视为无穷大

8.1.5　路由重分发的配置

路由重分发可以将直连路由、静态路由以及所有的动态路由协议获得的路由重分发到任何动态路由协议中，使得动态路由协议能够通告从重分发所获得的路由信息。需要注意的是，路由重分发只能在支持相同协议栈的协议之间重分发，不同协议栈的路由协议之间不能进行重分发。例如，RIPv1、RIPv2、OSPF 和 BGP 都是基于 IPv4 实现的，它们之间可以进行重分发，但 RIPng 是基于 IPv6 实现的，因此不能在 RIPng 和基于 IPv4 的 OSPF 之间进行路由重分发。

1. 路由重分发到 RIP 中

配置通常需要以下几个步骤：

1）进入到 RIP 的路由配置模式。

2）使用 default-metric 命令为所有重分发布到 RIP 中的路由指定默认种子度量值。

3）使用 redistribute 命令配置路由重发布。

其中，步骤 2 是可选的。以 Cisco 路由器设备为例，把路由重分发到 RIP 中的配置命令如下，命令中的参数含义见表 8-2。

```
Router(config)#router rip
Router(config-router)#default-metric metric-value      //配置默认种子度量值
Router(config-router)#redistribute protocol[protocol-id][match route-type]
[metric metric-value][route-map map-tag]      //把路由重分发到 RIP 中
```

表 8-2　路由重分发到 RIP 中的配置命令参数描述

参　数	描　　述
protocol	表示重分发路由的源协议，源协议可以使直连路由、静态路由以及各种动态路由协议
protocol-id	如果 protocol 为 BGP 或 EIGRP，protocol-id 为 AS 号；如果 protocol 为 OSPF，protocol-id为重分发源 OSPF 的进程号；如果 protocol 为 connected（直连路由）、static（静态路由）和 IS-IS，则不需要 protocol-id
route-type	可选参数，该参数只有在把 OSPF 重发布到 RIP 中时才使用，其值可以是 internal、external 和 nssa-external，分别表示把 OSPF 的内部路由、外部路由和 nssa 外部路由重发布到 RIP 中
metric-value	可选参数，指定重发布到 RIP 的路由的种子度量值，如果没有配置该值，并且也没有使用命令 default-metric 配置默认种子度量值，则默认种子度量值为 0
map-tag	可选项，该参数为路由映射表的标识符，重分发可以使用它过滤源路由协议，只将部分路由重分发到 RIP 中

下面的路由重分发到 RIP 示例 1 演示了把静态路由重分发到 RIP 的配置过程。在如图 8-4 所示的拓扑结构中，路由器 R1 与 R2 之间运行 RIPv2，R1 的 S0/0/0 和 S0/0/1 端口所在网络不参与 RIPv2 的路由更新，R1 上配置了两条到目标网络 192. 168. 64. 0/24 和 192. 168. 65. 0/24 的静态路由，R1 需要把这两条静态路由重分到 RIPv2 中。

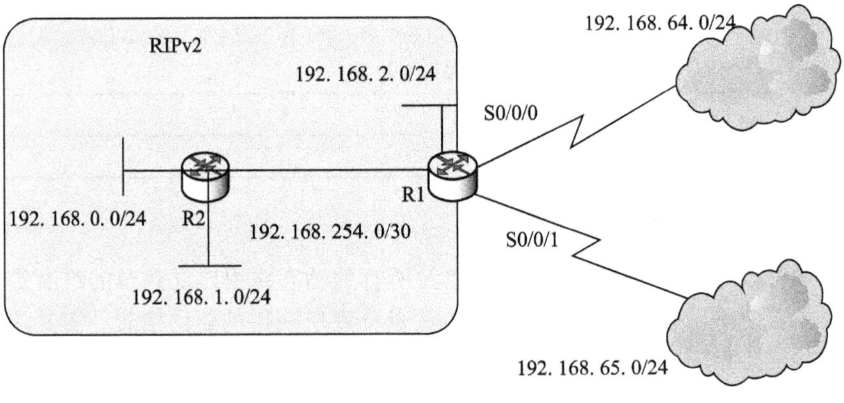

图 8-4　路由重分发到 RIP 示例 1 的网络拓扑

把静态路由重分发到 RIPv2 的详细配置命令如下，重分发路由的 RIP 种子度量值为 5。

```
R1(config)#IP route 192.168.64.0 255.255.255.0 s0/0/0
R1(config)#ip route 192.168.65.0 255.255.255.0 s0/0/1
R1(config)#router rip
R1(config-router)#version 2
R1(config-router)#network 192.168.2.0
R1(config-router)#network 192.168.254.0
R1(config-router)#redistribute static metric 5
```

下面的路由重分发到 RIP 示例 2 演示了把 OSPF 获得路由重分发到 RIP 的配置过程。在如图 8-5 所示的拓扑结构中，路由器 R1 和 R2 之间运行 OSPF，R2、R3 和 R4 之间运行 RIPv2，需要在 R2 上把 OSPF 获得的路由信息重分发到 RIPv2 中。

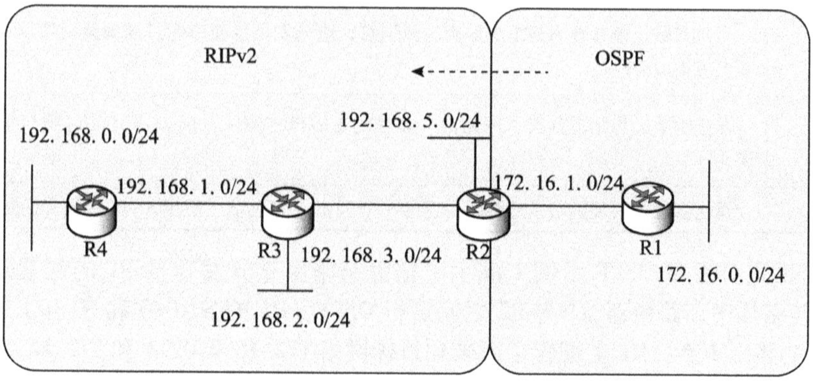

图 8-5 路由重分发到 RIP 示例 2 的网络拓扑

把 OSPF 重分发到 RIPv2 的详细配置命令如下，重分发路由的 RIP 种子度量值为 4。

```
R2(config)#router OSPF 1
R2(config-router)#network 172.16.1.0 0.0.0.255 area 0
R2(config-router)#exit
R2(config)#router rip
R2(config-router)#version 2
R2(config-router)#network 192.168.3.0
R2(config-router)#network 192.168.5.0
R2(config-router)#redistribute OSPF 1 metric 4
```

2. 路由重分发到 OSPF 中

把路由重分发到 OSPF 中的配置通常需要以下几个步骤：

（1）进入到 OSPF 的路由配置模式。

（2）使用 redistribute 命令配置路由重发布。

以 Cisco 路由设备为例，把路由重分发到 OSPF 中的配置命令如下，命令中的参数含义见表 8-3。

```
router(config)#router ospf process-id        //启动 OSPF 进程,并进入 OSPF 路由配置模式
router(config-router)#default-metric metric-value      //配置默认种子度量值
router(config-router)#redistribute protocol[protocol-id][metric metric-value][metric-type type-value][route-map map-tag][subnets][tag tag-value]     //把路由重分发到 OSPF 中
```

表 8-3　路由重分发到 OSPF 中的配置命令参数描述

参　数	描　　述
protocol	表示重分发路由源协议，源协议可以是直连路由、静态路由以及各种动态路由协议
protocol-id	如果 protocol 为 BGP 或 EIGRP，protocol-id 为 AS 号；如果 protocol 为 connected（直连路由）、static（静态路由）或 IS-IS，则不需要 protocol-id
metric-value	可选参数，指定重发布到 OSPF 的路由的种子度量值，BGP 重分发到 OSPF 的默认种子度量值为 1，其他路由协议重分发到 OSPF 的默认种子度量值为 20
type-value	可选参数，指定重发布到 OSPF 的外部路由类型，其值为 1 时，表示 1 类外部路由；其值为 2 时，表示 2 类外部路由。1 类外部路由在 OSPF 中传播时，种子度量值会在 OSPF 网络中递增；2 类外部路由在 OSPF 中传播时，种子度量值不会改变
map-tag	可选参数，该参数为路由映射表的标识符，重分发可以使用它过滤源路由协议，只将部分路由重分发到 OSPF 中
subnets	可选参数，指定重分发子网路由，如果配置时没有使用 subnets 关键字，则只重发主类网络的路由
tag-value	可选参数，附加到每条外部路由上的一个 32 位十进制值，用在 ASBR 之间交换路由信息

下面的路由重分发到 OSPF 示例 1 演示了把静态路由重分发到 OSPF 的配置过程。在如图 8-6所示的拓扑结构中，路由器 R1 与 R2 之间运行 OSPF，R1 的 S0/0/0 和 S0/0/1 端口所在网络不参与 OSPF 的路由更新，R1 上配置了两条到目标网络 172. 16. 0. 0/24 和 172. 16. 1. 0/24 的静态路由，R1 需要把这两条静态路由重分到 OSPF 中。

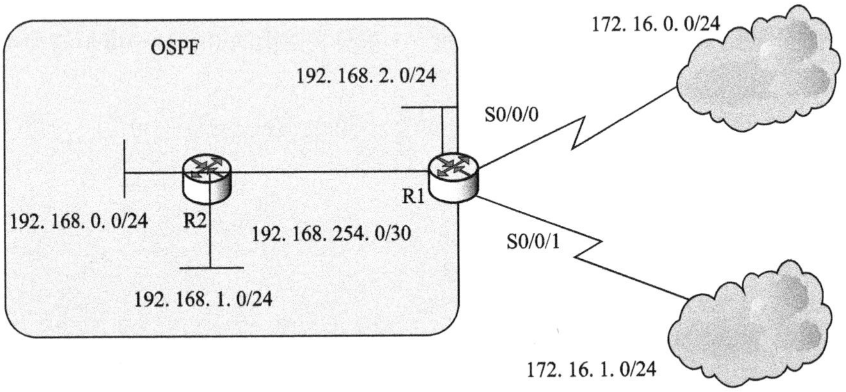

图 8-6　路由重分发到 OSPF 示例 1 的网络拓扑

路由器 R1 上使用默认种子路由把静态路由重分发到 OSPF 中的详细配置命令如下：

```
R1(config)#ip route 172.16.0.0 255.255.255.0 s0/0/0
R1(config)#ip route 172.16.1.0 255.255.255.0 s0/0/1
R1(config)#router OSPF 1
R1(config-router)#router-id 1.1.1.1
R1(config-router)#network 192.168.2.0 0.0.0.255 area 0
R1(config-router)#network 192.168.254.0 0.0.0.255 area 0
R1(config-router)#redistribute static subnets
```

随后可在路由器 R2 使用 show ip route 命令查看路由表内容，将静态路由重分到 OSPF 中重分发的路由条目如图 8-7 所示。可以看出，重发布到 OSPF 中的外部路由默认类型为 1 类外部路由（代码为“O E1”）；由于在配置时指定了重分发子网路由，因此路由表中分别有子网 172. 16. 0. 0/24 和 172. 16. 1. 0/24 两条外部路由；路由器 R2 到两条 1 类外部路由的度量值为 21，其值为默认种子度量值 20 加上 R2 与 R1 之间链路的开销 1。

```
O E1    172.16.0.0 [110/21]  via  192.168.254.1,  00:00:02,  FastEthernet0/0
O E1    172.16.1.0 [110/21]  via  192.168.254.1,  00:00:02,  FastEthernet0/0
```

图 8-7　路由重分发到 OSPF 配置示例 1 中路由器 R2 路由表部分内容

下面的路由重分发到 OSPF 示例 2 演示了把 RIPv2 获得的路由重分发到 OSPF 的配置过程。在如图 8-8 所示的拓扑结构中，路由器 R1 和 R2 之间运行 RIPv2，R2、R3 和 R4 之间运行 OSPF，需要在 R2 上把 RIPv2 获得的路由信息重分发到 OSPF 中。

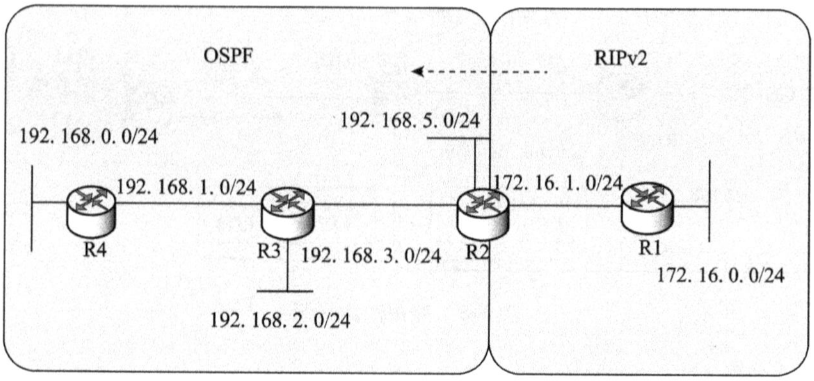

图 8-8　路由重分发到 OSPF 示例 2 的网络拓扑

在路由器 R2 上把 RIPv2 重分发到 OSPF 中的详细配置命令如下，重分发的路由的 OSPF 种子度量值为 100，外部路由类型为 2 类外部路由。

```
R2(config)#router rip
R2(config-router)#version 2
R2(config-router)#network 172.16.0.0
R2(config-router)#exit
R2(config)#router OSPF 1
R2(config-router)#router-id 2.2.2.2
R2(config-router)#network 192.168.3.0 0.0.0.255 area 0
R2(config-router)#network 192.168.5.0 0.0.0.255 area 0
R2(config-router)#redistribute rip metric 100 metric - type 2
```

任务 2　配置路由过滤

8. 2. 1　路由过滤概述

运行动态路由协议的路由器默认情况下会向所有参与路由进程的网络发送路由更新信息。然而，有时为了减少网络上路由更新信息量或者为了控制数据分组的转发路径，路由器在发布和接收路由更新信息时，需要将路由更新信息进行过滤，使其只接收或发布满足一定条件的路由更新信息。

图 8-9 给出了路由过滤的示例。图中是某企业网络拓扑图，企业总部与分支机构使用动态路由协议 RIPv2 交换路由信息，但分支机构不希望总部知道关于网络 192. 168. 1. 0/24 和 192. 168. 2. 0/24 的路由信息，分支机构的路由器 R1-1 在向总部路由器 R1 发送路由更新信息时，使用路由过滤的方法把网络 192. 168. 1. 0/24 和 192. 168. 2. 0/24 的路由过滤掉，仅将网络 192. 168. 0. 0/24 和 192. 168. 254. 0/30 的路由发布给 R1，这样总部的路由器就不能学习到关于 192. 168. 0. 0/24 和 192. 168. 2. 0/24 的路由。

路由过滤仅将必要的路由信息发布出去，它减少了路由更新信息量，可以节省链路带宽、减轻路由设备的负担、保护网络的安全。

路由过滤通常可以用在将一种路由协议重发布到另一种路由协议时，也可以用在同一种路由协议发送或接收路由更新信息时。

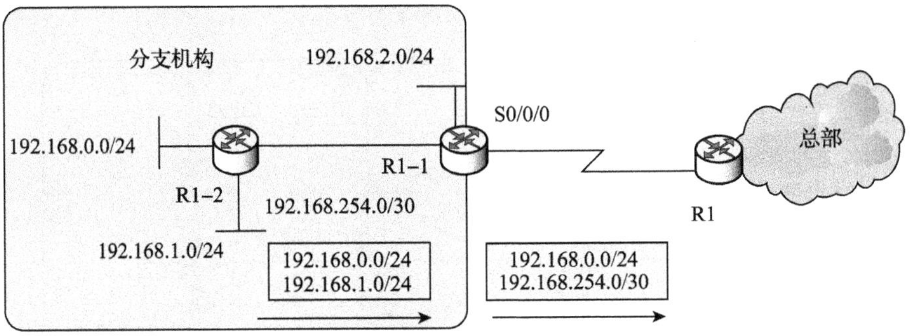

图 8-9　路由过滤示例

8.2.2　被动接口

被动接口（Passive-interface）有时也称为静默接口（Silent-interface），是非常简单也易用的一种过滤手段。在配置动态路由协议时，需要使用 network 命令指定路由器接口直接连接的网络参与到动态路由协议进程中，但可能希望路由器将路由器接口直接连接的网络通告给其他路由器，但又不想在该接口上发送路由更新信息，这时可以将该路由器接口配置为被动接口。

下面以一个示例来说明被动接口的作用，在如图 8-10 所示的拓扑结构中，路由器 R1、R2 与 R3 都运行 RIPv1 动态学习网络的路由信息，每个路由器在配置 RIPv1 时都使用 network 命令使与自己直接相连的网络参与到 RIPv1 进程中。但对路由器 R1、R2 与 R3 的 F0/0 接口来说，这些接口没有连接其他路由器，RIPv1 路由更新信息从这些接口发送出去会占用链路带宽，并且会占用主机的资源，因此可以把路由器 R1、R2 与 R3 的 F0/0 接口配置为被动接口，被动接口不会发送路由更新信息，但被动接口所属网络会包含在路由更新信息中通告给其他路由器。

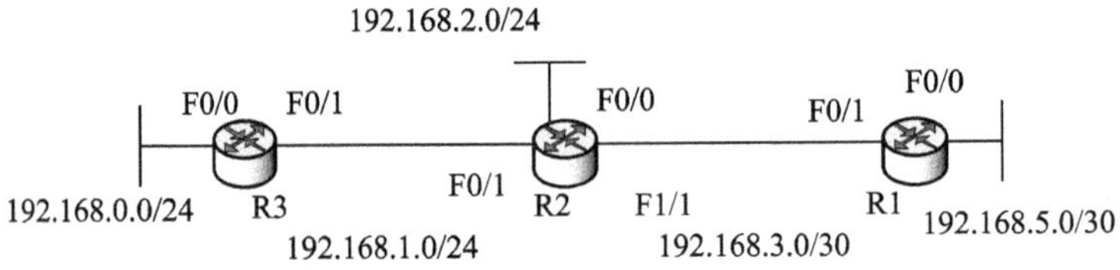

图 8-10　被动接口示例

被动接口可以有两种配置方式：一种是在路由器配置模式下使用 passive-interface 命令指定

路由器的哪个接口为被动接口；另一种是在路由器配置模式下使用 passive-interface default 命令将路由器的所有接口都设置为被动接口，然后使用 no passive-interface 命令启用路由器接口发送路由更新信息。下面给出的是以 Cisco 路由器为例的被动接口配置命令及使用方法：

```
Router(config-router)#passive-interface interface-name    //配置路由器某个接口为被动接口
Router(config-router)#passive-interface default    //将路由器所有接口设置为被动接口
Router(config-router)#no passive-interface interface-name    //启用路由器接口发送路由更新
```

在不同的路由协议中，路由器设置为被动接口的处理不完全相同。在 RIP 中，路由器接口配置被动接口，意味着 RIP 的路由更新信息不会从该接口发送。在 OSPF 和 IS-IS 中，路由器接口配置为被动接口，意味着 Hello 分组不会从该接口发送出去，因此路由器和邻居路由器也就建立不了邻接关系。

8.2.3 分发列表

分发列表是一种使用 ACL（Access Control List，访问控制列表）进行路由更新控制的方法，它根据 ACL 定义的规则过滤路由更新。分发列表能够对通过特定接口进入或者离开的路由更新信息进行过滤，也能够对其他路由协议重分发过来的路由信息进行过滤。

1. ACL

ACL 是应用在路由器等设备上由一系列允许和拒绝语句组成的指令列表，路由器根据指令规则确定哪些分组允许通过，哪些分组拒绝通过，从而达到既允许正常的访问流量，同时又把不希望的访问流量过滤掉的目的。ACL 不会影响当前路由器产生的流量。默认情况下，路由器上没有配置任何 ACL，不会过滤流量。

ACL 可以根据数据分组头部中的协议类型、源 IP 地址、目的 IP 地址、源 TCP 端口、源 UDP 端口、目的 TCP 端口以及目的 UDP 端口等信息过滤数据分组。ACL 分为标准 ACL 和扩展 ACL 等。标准 ACL 只能检查数据分组中的源 IP 地址，而扩展 ACL 可以检查数据分组中的源 IP 地址、目的 IP 地址、源 TCP 端口、源 UDP 端口、目的 TCP 端口以及目的 UDP 端口。

一个 ACL 可以由多条 ACL 语句组成，ACL 语句的放置顺序对流量过滤结果来说非常重要。当路由器决定某个数据分组是被允许转发还是拒绝转发时，会顺序匹配 ACL 的每条语句。如果数据分组头部与某一条 ACL 语句匹配，则根据匹配的 ACL 语句的动作决定是允许还是拒绝该数据分组，不再检查列表中余下的其他 ACL 语句。如果数据分组头部与 ACL 语句不匹配，那么将检查列表中的下一条语句是否与数据分组的头部匹配。该匹配过程一直继续，直到检查完列表的所有语句，如果所有 ACL 语句与数据分组的头部都不匹配，ACL 默认的隐含语句为拒绝所有流量。图 8-11 给出了数据分组匹配 ACL 语句的过程。

2. 分发列表

分发列表使用 ACL 所定义的允许或拒绝流量，决定允许哪些路由更新信息、拒绝哪些路由更新信息。路由器可以使用基于收到的路由更新信息（入站）的分发列表进行过滤，也可以基于发送的路由更新信息（出站）的分发列表进行过滤。分发列表过滤过程如图 8-12 所示，其过程说明如下：

1）路由器收到或者准备发送一个路由更新信息。

2）路由器查询收到或发送该路由更新信息设计的接口是路由更新信息进入的接口，还是需要发送的路由更新信息的出口。

3）路由器查询是否有与接口相关联的分发列表（也称为过滤器）。

4）如果该接口没有相关联的分发列表，则正常接收或者发送路由更新信息。

5）如果该接口有与之相关联的分发列表，路由器将扫描分发列表所引用的 ACL，并查找 ACL 中是否有与路由更新信息匹配的条目。

6）如果 ACL 中有与路由更新信息匹配的条目，则根据匹配的 ACL 语句允许或者拒绝该路由。

7）如果 ACL 中没有与路由更新信息匹配的条目，由于 ACL 最后隐含语句为拒绝所有流量，这将导致丢弃该路由。

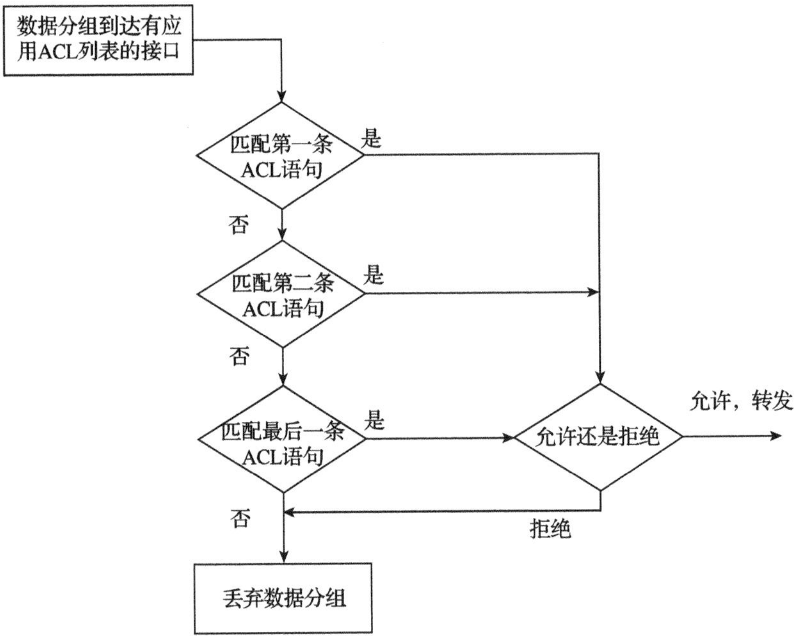

图 8-11　数据分组匹配 ACL 语句的过程

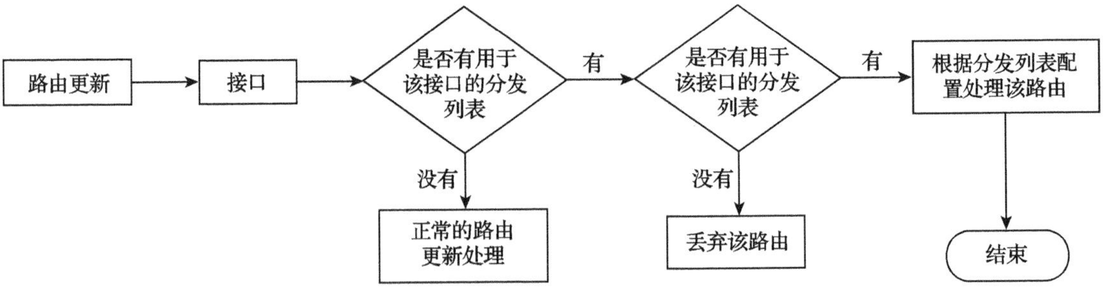

图 8-12　使用分发列表进行路由过滤通用流程

8.2.4　分发列表的配置

分发列表在用于对路由进行过滤时，需要定义 ACL，并将定义的 ACL 应用于特定的路由协议，以达到过滤路由更新的目的。

采用分布列表实现路由过滤的配置通常需要以下两个步骤：

1）创建 ACL，定义要过滤的路由。

2）使用 distribute-list 命令配置分布列表。

对应于上述步骤，下面给出的是以 Cisco 路由器为例的分布列表配置与路由调试验证命令：

```
Router(config)#access-list access-list-number deny | permit source wildcard-mask    //创建标准 ACL
```

上述命令中，参数 access-list-number 表示访问控制列表号，标准 ACL 的列表号为 1～99，路由器较新的操作系统扩大了列表号的范围，允许标准 ACL 还可以使用 1300～1999 的列表号；关键字 deny 表示拒绝匹配的流量通过；关键字 permit 表示允许匹配的流量通过；参数 source 表示源地址；参数 wildcard-mask 表示通配符掩码。

```
Router(config-router)#distribute-list access-list-number in interface-name
//配置过滤入站接口上流量的分发列表
```

上述命令中，参数 access-list-number 表示访问控制列表号，该命令在作用于 OSPF 时，不能禁止路由进入 LSDB 中，但可以禁止路由进入其他路由表中。

```
Route(config-router)#distribute-list access-list-number out [interface-name | routing-process]    //配置过滤出站口流量的分发列表
```

上述命令如果在 OSPF 中使用，须注意，由于 OSPF 同一区域内所有 OSPF 路由器的 LSDB 同步，因此在 OSPF 中，不能使用该命令对出站路由更新信息进行过滤，该命令在过滤 OSPF 时，只能用来过滤外部 1 类（E1）和外部 2 类（E2）路由，而不能用来过滤区域内路由和区域间路由。

下面举一个实例来说明使用分发列表在运行 RIPv2 的路由器间进行路由过滤的配置过程。在如图 8-13 所示的拓扑结构中，路由器 R1 与 R2 之间运行 RIPv2 交换路由信息，但 R1 在发送给 R2 路由更新信息时，希望隐藏关于网络 192.168.0.0/24 的路由信息，只发送除了网络 192.168.0.0/24 外的其他网络的路由信息。

分析该网络路由过滤要求后，其分发列表规划如下：

1）创建的 ACL 需要两条条目，一条是拒绝网络 192.168.0.0/24 的流量通过，一条是允许所有流量通过。

2）分发列表用于过滤出站接口的路由更新信息，出站接口为 S0/0/0 接口。

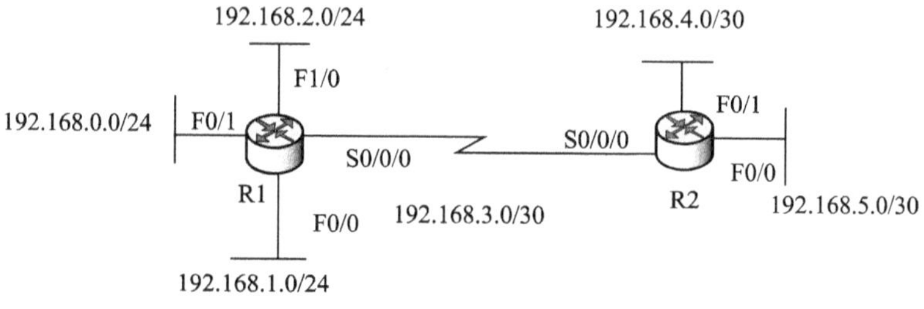

图 8-13 分发列表过滤路由更新示例

路由器 R1 上发送路由更新信息时使用分发列表过滤掉网络 192.168.0.0/24 的路由的详细配置命令如下：

```
R1(config)#access-list 1 deny 192.168.0.0 0.0.0.255
```

```
R1(config)#access-list 1 permit any
R1(config)#router rip
R1(config-router)#version 2
R1(config-router)#network 192.168.0.0
R1(config-router)#network 192.168.1.0
R1(config-router)#network 192.168.2.0
R1(config-router)#distribute-list 1 out s0/0/0
```

接下来举一个实例来说明使用分发列表控制重分发的配置过程。在如图 8-14 所示的拓扑结构中，路由器 R1 和 R2 之间运行 RIPv2，R2 和 R3 之间运行 OSPF，需要在 R2 上把 OSPF 网络的路由信息重分发到 RIPv2 中，要求在实施重发布时，使用分发列表进行路由过滤，不重发关于网络 192.168.5.0/24 的路由，其余网络的路由都允许充分发到 RIPv2。

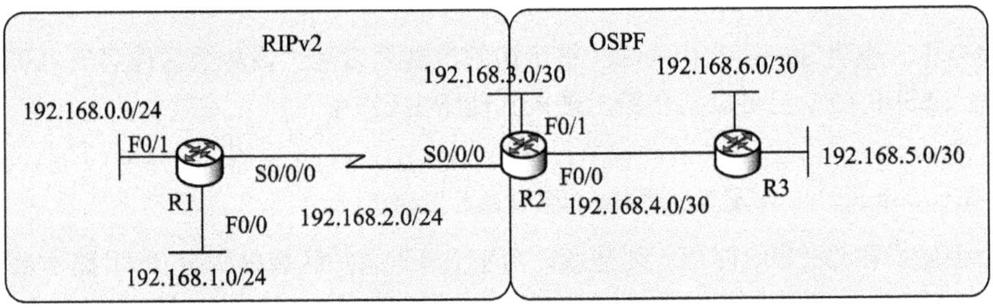

图 8-14　使用分发列表控制路由重分发示例的网络拓扑

路由器 R2 上运行了两个路由协议，在 R2 上配置重分发并使用分发布表进行路由过滤。根据重分发及路由过滤要求，其部署需要完成以下 3 个配置步骤：

1）使用 access-list 命令创建一个路由两条条目的 ACL，第一条 ACL 条目为拒绝网络 192.168.5.0/24 的流量，第二条 ACL 条目为允许所有流量。

2）在 RIP 路由配置模式下，把通过 OSPF 获得的路由重分发布到 RIPv2 中。

3）在 RIP 路由配置模式下，使用 distribute-list 命令根据 ACL 规则过滤 OSPF 重分发到 RIPv2 的路由。

路由器 R2 上使用分发列表控制重分发的配置过程的详细配置命令如下。其中 distribute-list 2 out ospf 1 命令的含义为："2" 表示访问控制列表号；由于该命令在 RIP 路由模式下完成，因此 "OSPF" 表示将 OSPF 重分发到 RIPv2，"out" 即为向 RIPv2 方向；"1" 表示 OSPF 的进程号。

```
R2(config)#access-list 2 deny 192.168.5.0 0.0.0.255
R2(config)#access-list 2 permit any
R2(config)#router ospf 1
R2(config-router)#network 192.168.4.0 0.0.0.255 area 0
R2(config-router)#exit
R2(config)#router rip
R2(configrouter)#version 2
R2(config-router)#network 192.168.2.0
R2(config-router)#network 192.168.3.0
R2(config-router)#redistribute ospf 1 metric 4
R2(config-router)#distribute - list 2 out ospf 1
```

任务 3 配置策略路由

8.3.1 策略路由概述

通常，路由器只是根据 IP 分组中的目的地址查找路由表并进行转发操作。如果多个 IP 分组的目的 IP 地址相同，传统的路由则无法对数据分组转发路径进行控制。例如，在如图 8-15 所示的拓扑结构中，某企业有两条链路分别连接到两个 Internet 服务提供商。企业内部网络的用户在访问 Internet 时，为了实现两条链路带宽的合理使用，需要让一部分 Internet 访问流量经过路由器 ISP1 转发到 Internet，而另一部分 Internet 访问流量经过路由器 ISP2 转发到 Internet。此时，使用传统的路由则无法实现。

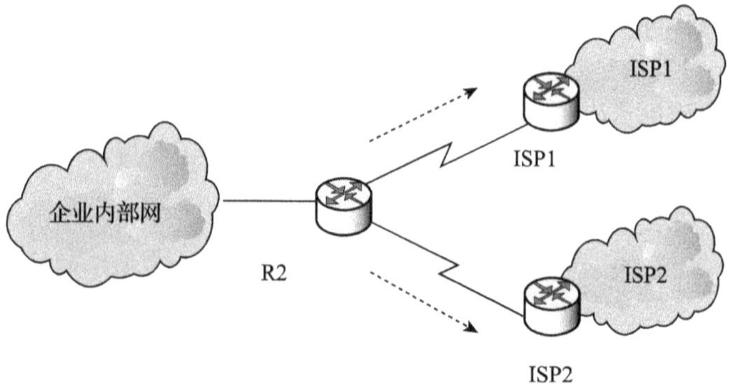

图 8-15 策略路由示例

策略路由（Policy Based Routing，PBR）是一种根据用户制定的策略进行路由选择的机制，它是一种比传统的基于目的 IP 进行路由转发更灵活的路由机制。策略路由可根据数据分组中的源 IP 地址、目的 IP 地址、协议字段、TCP 源和目的端口、UDP 源和目的端口等进行多种组合来选择路径，而不仅仅使用路由表基于 IP 分组中的目的 IP 地址来选择路径。

策略路由应用到路由器的进入端口，它只对入口数据包有效。数据分组到达路由器接口后，路由器检查该接口是否应用了路由策略。如果接口没有策略路由，数据分组就根据数据分组中的目的 IP 地址查找路由表进行相应的转发。如果接口应用了路由策略，进一步检查是否有匹配的条目；如果有，再检查是否允许使用策略路由进行分组转发；如果使用策略路由，就根据配置的规则进行相应的转发。策略路由的流程如图 8-16 所示。

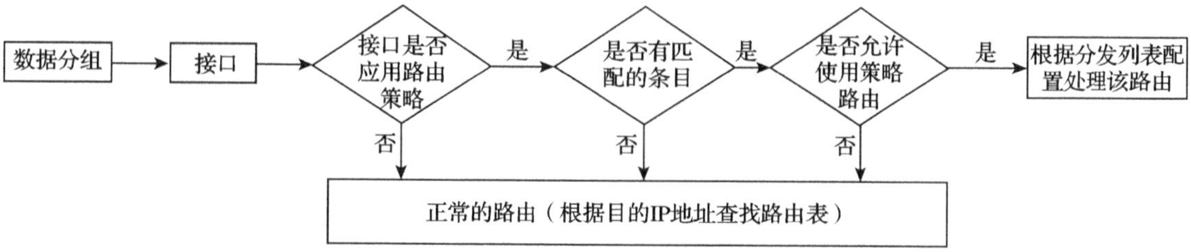

图 8-16 策略路由的流程

8.3.2 策略路由的配置

通常，策略路由是通过路由映射（Route-map）来配置的，路由映射也称为路由图。路由映射除了可用于策略路由外，还可在重分发时进行路由过滤、NAT 和 BGP 策略部署等。路由映射是由一组 match 语句和 set 语句组成。当数据分组进入应用策略路由接口时，如果数据分组匹配路由映射中由 match 定义的允许规则，就根据 set 配置决定该分组的路由方式（见图 8-16），其路由方式可以设置转发分组的下一跳、分组的优先级字段、分组的发送出口等。一个路由映射可以由很多的策略组成，策略按序号大小排列，只要匹配了某个策略，就不再执行路由映射的其他策略。

策略路由的配置一般需要以下 4 个步骤：

1）用 route-map 命令定义路由映射表。一个路由映射表可以由多个策略组成，策略按序号大小排列，匹配时按号由小到大进行策略的匹配，只要符合了前面策略，就退出路由表的执行。

2）定义路由映射中每个策略的匹配规则或条件，只有符合规则的数据组才会进行策略路由。如果路由映射策略中没有配置任何匹配规则，表示所有数据分组都满足规则。

3）使用 set 命令设置满足匹配规则的数据分组 IP 的路由方式。

4）将定义的路由映射表应用到指定接口上。

对应上述步骤，下面给出了以 Cisco 路由器为例的策略路由配置命令：

```
Router(config)#route-map map-name [permit | deny] sequence //定义路由映射表
```

其中，参数 map-name 表示路由映射表名称；参数 sequence 表示序列号，路由映射表默认为 permit。

```
Router(config-route-map)#match ip address access-list-number    //匹配条件为访问列表所定义地址,参数 access-list-map 表示 ACL 列表号
Router(config-route-map)#match length min-length max-length    //匹配条件为数据分组长度范围,参数 min-length 表示最小长度,参数 max-length 表示最大长度
Router(config-route-map)#set default interface interface-name    //设置数据分组的默认路由发送端口
Router(config-route-map)#set ip default next-hop ip-address    //设置数据分组的默认下一跳 IP 地址
Router(config-route-map)#set ip next-hop ip-address //设置数据分组的下一跳 IP 地址
```

其中，set ip default next-hop ip address 命令和 set ip next-hop ip-address 命令的区别在于：如果使用 set ip default next-hop ip-address 命令配置下一跳地址，路由器对数据分组的处理方法是先检查路由表是否匹配的路由信息，如果有，就根据路由表的路径进行分组的转发，如果没有，才使用策略路由对数据分组进行转发；如果使用 set ip next-hop ip-address 命令配置下一跳地址，路由器会首先检查策略路由，匹配策略规则后，根据策略路由对数据分组进行转发，只有不符合策略才检查路由表。

下面举一个实例来说明策略路由的配置过程。在图 8-17 所示的拓扑结构中，企业边缘路由器 R2 有两条链路分别连接到两个 Internet 服务提供商。企业内部网络的用户在访问 Internet 时，为了实现两条链路带宽的合理使用，需要让网段 192.168.0.0/24、192.168.1.0/24、192.168.2.0/24 和网段 192.168.3.0/24 的主机访问 Internet 时，其访问流量经过路由器 ISP1 转发到 Internet，而网段 192.168.4.0/24 的主机访问 Internet 时，其访问流量经过路由器 ISP2 转发到 Internet。

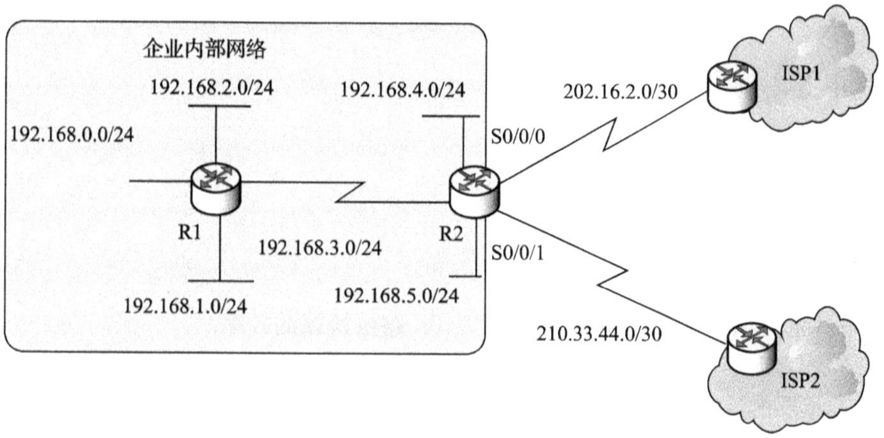

图 8-17 策略路由示例拓扑结构

分析网络策略路由的要求后，其规划如下：

1）定义一个名为 AccessInternet 的路由映射表，该映射表有两个策略组成，一个策略序号为 10，另一策略序号为 20。

2）策略序号为 10 的匹配条件为 ACL 列表号为 1 所定义的允许网络 192.168.0.0/22 的流量经过。策略序号为 20 的匹配条件为 ACL 列表号为 2 所定义的允许网络 192.1168.4.0/23 的流量经过。

3）策略序号为 10 的数据分组转发时其下一跳为 202.16.2.1，策略序号为 20 的数据分组转发时下一跳为 210.33.44.1。

4）定义的路由映射表 AccessInternet 应用到路由器 R2 的 F0/0、F0/1 和 S0/0/0 接口上。

路由器 R2 上关于策略路由的详细配置命令如下：

```
R2(config)#access-list 1 permit 192.168.0.0 0.0.3.255
R2(config)#access-list 2 permit 192.168.4.0 0.0.1.255
R2(config)#router route-map AccessInternet permit 10
R2(config-route-map)#match ip address 1
R2(config-route-map)#set ip next-hop 202.16.2.1
R2(config-route-map)#exit
R2(config)#router route-map AccessInternet permit 20
R2(config-route-map)#match ip address 2
R2(config-route-map)#set ip next-hop 210.33.44.1
R2(config-route-map)#exit
R2(config)#interface s0/0/0
R2(config-if)#ip policy route-map AccessInternet
R2(config-if)#interface f0/0
R2(config-if)#ip policy route-map AccessInternet
R2(config-if)#interface f0/1
R2(config-if)#ip policy route-map AccessInternet
```

项目小结

本章介绍了与路由相关的网络性能问题。复杂网络中使用多种路由协议，会产生一系列问题，本章给出了网络常见问题及其解决方案，然后就路由重分发、路由过滤以及策略路由的工作原理进行了阐述并给出了相关配置示例。

项目练习

1. 下列测试中不属于性能测试的是（　　）。
   A. 测试路由器的丢包率
   B. 对路由器的路由表最大值进行测试
   C. 路由器 OSPF Hello 报文相关字段验证
   D. 路由器吞吐量测试
2. 路由器性能的主要决定因素是（　　）。
   A. 路由算法的效率　　B. 路由协议的效率
   C. 路由地址复用的程度　　D. 网络安全技术的提高
3. 要实现的最重要的访问策略是（　　）。
   A. 对网络设备的管理访问　　B. 用户对网络的访问
   C. 广播的路由　　D. 用户对网络上服务的访问
4. 解决 IP 欺骗技术的最好方法是安装过滤路由器，在该路由器的过滤规则中，正确的是(　　)。
   A. 允许包含内部网络地址的数据包通过该路由器进入
   B. 允许包含外部网络地址的数据包通过该路由器发出
   C. 在发出的数据包中，应该过滤掉源地址与内部网络地址不同的数据包
   D. 在发出的数据包中，允许源地址与内部网络地址不同的数据包通过

项目实训

实训一：直连路由和静态路由的重发布

1. 实训目的

1）理解路由选择的过程和路由表维护过程。

2）掌握直连路由和静态路由的重发布。

2. 实训设备

1）路由器 3 台。

2）PC 两台。

3）双绞线若干。

3. 实训拓扑图和 IP 地址表

实训拓扑图如图 8-18 所示，IP 地址分配见表 8-4。

表 8-4　路由设备接口及 IP 地址分配

设备名	接口	IP 地址	子网掩码
R1	F0/0	192. 168. 2. 1	255. 255. 255. 0
	F0/1	192. 168. 1. 1	255. 255. 255. 0
R2	F0/0	192. 168. 2. 1	255. 255. 255. 0
	F0/1	192. 168. 4. 2	255. 255. 255. 0
R3	F0/0	192. 168. 4. 1	255. 255. 255. 0
	F0/1	192. 168. 3. 1	255. 255. 255. 0

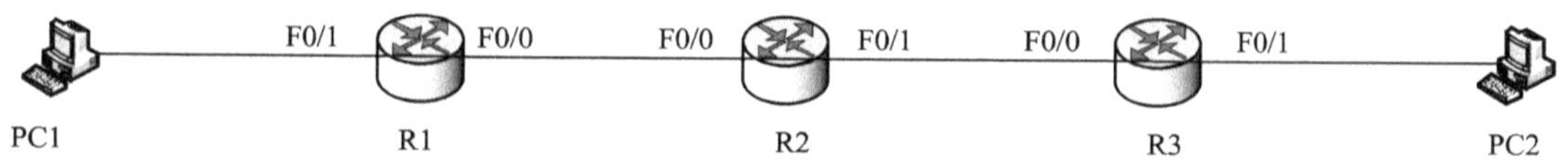

图 8-18　静态路由和默认路由重发布拓扑图

4. 实训任务

1）配置基础网络环境。

2）配置 R2 使用静态路由到达 192.168.1.0 网络，通过 RIP 学习到 192.168.3.0 网络；R2 中的 network 只增加 192.168.4.0 网络。

3）R1 使用默认路由 192.168.2.2 到达其他远程网络。

4）R3 使用 RIP 与 R2 交互学习网络信息。

5）在没有配置重发布前，查看 3 台路由的路由表。

6）在 R2 中做静态路由的重发布，查看 R3 的路由表。

7）在 R2 中增加直连路由的重发布，查看 R3 的路由表的变化。

实训二：RIP 和 OSPF 的重发布

1. 实训目的

1）理解 RIP 和 OSPF 路由协议的更新方法差异。

2）掌握 RIP 和 OSPF 的重发布。

2. 实训设备

1）路由器 3 台。

2）PC 两台。

3）双绞线若干。

3. 实训拓扑图和 IP 地址表

实训拓扑图如图 8-19 所示，IP 地址分配见表 8-5。

表 8-5　路由设备接口及 IP 地址分配

设备名	接口	IP 地址	子网掩码
R1	F0/0	192.168.2.1	255.255.255.0
	F0/1	192.168.1.1	255.255.255.0
R2	F0/0	192.168.2.1	255.255.255.0
	F0/1	192.168.4.2	255.255.255.0
R3	F0/0	192.168.4.1	255.255.255.0
	F0/1	192.168.3.1	255.255.255.0
PC1		192.168.1.10	255.255.255.0
PC2		192.168.3.10	255.255.255.0

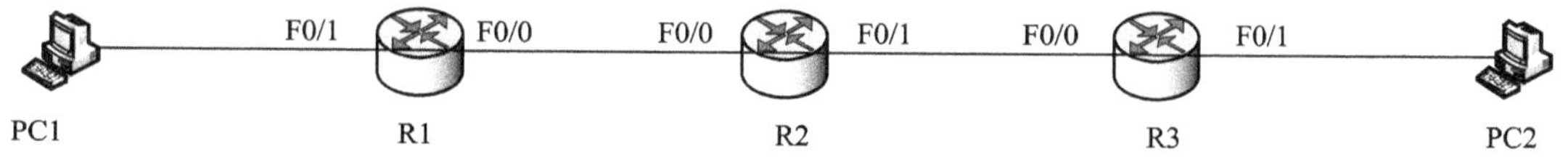

图 8-19　RIP 和 OSPF 路由重发布拓扑图

4. 实训任务

1）配置基础网络环境。

2）配置 R1 和 R2 之间使用 RIP 学习路由信息，R2 和 R3 之间使用 OSPF 学习路由信息。

3）R1 配置 RIP，使用两条 network 包括所有的直连网络。

4）R2 配置 RIP 使用一条 network 包括 192.168.2.0 网络。

5）R2 配置 OSPF 使用一条 network 包括 192.168.4.0 网络。

6）R3 配置 OSPF 使用两条 network 包括所有的直连网络。

7）在 R2 中配置 RIP 到 OSPF 的重发布，再配置 OSPF 到 RIP 的重发布。

8）查看路由表的变化。

项目9　配置ACL实现流量过滤

假设某公司的销售部（172.16.1.0/24网段）、经理部（172.16.2.0/24网段）、财务部（172.16.4.0/24网段）分别属于3个不同的网段，为了安全起见，公司领导要求销售部不能对财务部进和访问，但经理部可以对财务部进行访问。在保证网络连通的情况下，如何控制相应的流量呢？用什么技术可以实现数据包的过滤，控制不必要的流量呢？

网络设计师使用防火墙来防止网络被未授权用户使用。防火墙是强制执行网络安全策略的硬件或软件解决方案。可以想象建筑物内一间房间的门锁，该锁只允许拥有钥匙或门卡的授权用户进入那道门。类似地，防火墙过滤未经授权或可能存在危险的数据包，防止其进入网络。在路由器上，可以配置简单的防火墙，使用ACL（访问控制列表）提供基本的流量过滤功能。管理员使用ACL在其网络中阻止流量或仅允许指定流量。

本章学习目标

1）了解利用标准ACL进行网络流量控制的原理和方法。
2）掌握编号方式标准ACL的制定规则与配置方法，以及编号的范围。
3）掌握网段和主机在制定规则时的命令区别。
4）掌握ACL在不同端口上进行应用的区别和应用原则。

任务1　了解ACL的工作原理

ACL是一系列permit或deny语句组成的顺序列表，应用于地址或上层协议。ACL在控制进出网络的流量方面相当有用，可用于所有路由式网络协议。配置ACL最重要的目的是增加网络安全性。下面将介绍ACL的定义以及如何使用数据包过滤保护网络安全。

9.1.1　什么是ACL

ACL是一系列IOS命令，根据数据包报头中找到的信息来控制路由应该转发还是丢弃数据包。ACL是IOS软件中最常用的功能之一。

在配置后，ACL将执行以下任务：

1）限制网络流量以提高网络性能。例如，如果公司政策不允许在网络中传输视频流量，那么就应该配置和应用ACL以阻止视频流量。这可以显著降低网络负载并提高网络性能。

2）提供流量控制。ACL可以限制路由更新的传输。如果网络状况不需要更新，便可从中节约带宽。

3）提供基本的网络访问安全性。ACL可以允许一台主机访问部分网络，同时阻止其他主机访问同一区域。例如，“人力资源”网络仅限授权用户进行访问。

4）根据流量类型过滤流量。例如，ACL可以允许电子邮件流量，但阻止所有Telnet流量。

5）屏蔽主机以允许或拒绝对网络服务的访问。ACL可以允许或拒绝用户访问特定文件类型，如FTP或HTTP。

默认情况下，路由器并未配置 ACL，因此路由不会默认过滤流量，传输到路由的流量根据路由表中的信息独立路由。但是，当 ACL 应用于接口时，路由器会在网络数据包通过接口时执行另一项评估所有网络数据包的任务，以确定是否可以转发数据包。

除了允许或拒绝流量外，ACL 还可用于选择需要以其他方式进行分析、转发或处理的流量类型。例如，ACL 可用于对流量进行分类，以实现按优先级处理流量的功能。此功能与音乐会或体育赛事中的 VIP 通行证类似。VIP 通行证使选定的客人享有高于普通入场券持有人的特权，例如优先进入或能够进入专用区。

图 9-1 所示为一个应用了 ACL 的示例拓扑。

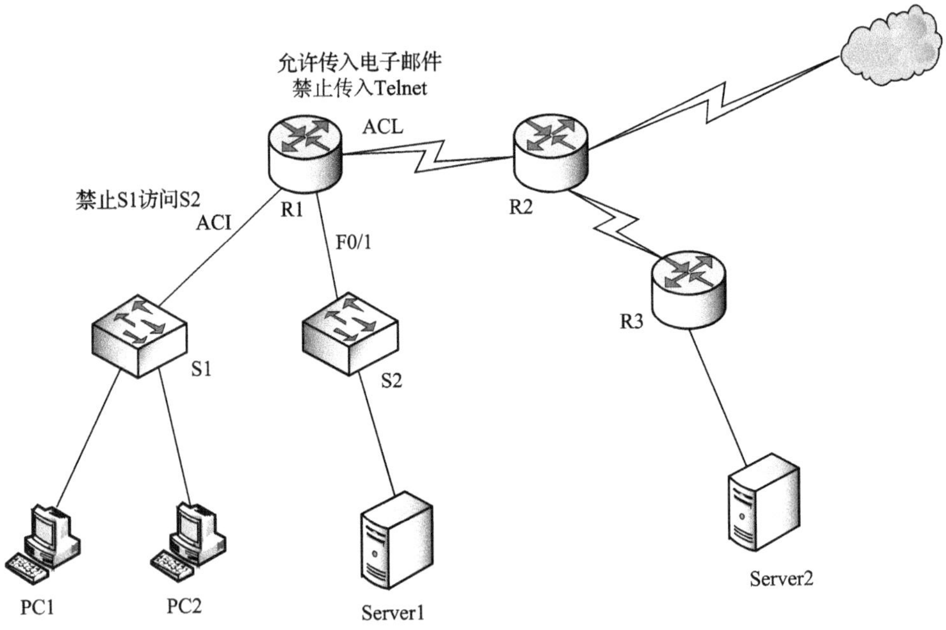

图 9-1　ACL 示例拓扑

9.1.2　TCP 会话

ACL 使管理员能够控制进出网络的流量。这种控制可能简单到根据网络地址允许或拒绝流量，也可能复杂到根据所请求的 TCP 端口控制网络流量。通过检查 TCP 会话中（如请求网页时）出现的对话，可以更容易理解 ACL 过滤流量的方式。

当客户端向 Web 服务器请求数据时，IP 将会管理 PC（源）和服务器（目的地）之间的通信，TCP 将会管理 Web 浏览器（应用程序）和网络服务器软件之间的通信。

当发送电子邮件、查看网页或下载文件时，TCP 负责在发送数据之前将其划分为 IP 数据段，还会在数据段到达时负责从数据段中组装数据。TCP 的作用就像网络中的两个节点协商彼此之间数据传输时所用的会话。

TCP 提供面向连接的可靠字节流服务，其中面向连接是指两个应用程序在交换数据之前必须建立 TCP 连接。TCP 是全双工协议，也就是说每个 TCP 连接都能支持一对字节流，其中每个字节流各自沿一个方向流动。TCP 为每个字节流提供了流量控制机制，以允许接收方向限制发送可以传输的数据流量。此外，TCP 还具备拥塞控制机制。

TCP 数据段标有指示其用途的标志：SYN 可以开启（同步）会话；ACK 是对收到预期数据段的确认；FIN 可以结束会话。SYN/ACK 用于确认传输进行了同步。TCP 数据段包含将应用程序数据指引到正确应用程序所需的高层协议。

TCP数据段还标示了匹配所请求服务的端口。例如，HTTP对应端口80，SMTP对应端口25，而FTP对应端口20和端口21。表9-1显示了UDP和TCP端口的范围，表9-2显示了常用协议及其对应的端口号。

表9-1 端口号

端口号范围	端口类别
0~1023	公认端口
1024~49151	注册端口
49152~65535	私有和（或）动态端口

表9-2 常用协议端口号

应用层协议	传输层协议	端口号
HTTP	TCP	80
HTTPS	TCP	443
FTP	TCP	20，21
Telnet	TCP	23
SMTP	TCP	25
TFTP	UDP	69
DNS	TCP/UDP	53
MY SQL	TCP/UDP	1433

9.1.3 数据包过滤

那么ACL如何使用TCP/IP会话过程中传递的信息量过滤流量？

数据包过滤有时也称为静态路由数据包过滤，通过分析传入和传出的数据包并根据给定的条件（如源IP地址、目的IP地址和数据包内传输的协议）传递或丢弃数据包，从而控制网络访问。

当路由器根据过滤规则转发或拒绝数据包时，它便充当了一种数据包过滤器。当数据包到达数据包过滤路由器时，路由器将从数据包报头中提取某些信息。通过此信息，路由器将根据已配置的过滤规则进行决策，决定数据包可以通过或将被丢弃。数据包过滤可在OSI模型的不同层上运行，也可以在TCP/IP的网络层运行。

数据包过滤路由器使用特定规则确定是允许还是拒绝流量。路由器还可以在第四层（传输层）过滤数据包，也可以根据TCP或UDP数据段的源端口和目的过滤数据包。ACL用来定义这些规则。

ACL是一系列permit或deny语句组成的顺序列表，这些语句称为访问控制条目（ACE），通常也称为ACL语句。用户可以创建ACE，使其根据某一标准（如源地址、目的地址、协议和端口号）过滤流量。当网络流量经过配置了ACL的接口时，路由器会将数据包中的信息与每个ACE按顺序进行比较，以确定数据包是否匹配其中一条语句。如果找到匹配项，就将数据包进行相应的处理。这样，就可以配置ACL来控制对网络或子网的访问。

为了评估网络流量，ACL将从第三层数据包报头中提取以下信息：

1）源 IP 地址。

2）目的 IP 地址。

3）ICMP 消息类型。

ACL 还可以从第四层报头中提取上层信息，包括：

1）TCP/UDP 源端口。

2）TCP/UDP 目的端口。

为理解路由器如何使用数据包过滤这一功能，可以想象一下在上锁的门前站岗的保安。该保安收到的命令是：只允许名单中列出的人员进入大门。因此，这位保安是根据“姓名是否出现在授权名单中”这一标准来过滤人员。ACL 以类似方式运行，根据既定标准进行决策。

例如，可将 ACL 配置为逻辑上“允许来自网络 A 的用户访问 HTTP，但对其拒绝所有其他服务；拒绝来自网络 B 的用户访问 HTTP，但允许其进行所有其他访问。”

在本场景中，数据包过滤器按如下方式检查每个数据包：

1）如果来自网络 A 的 TCP SYN 数据包使用端口 80，则允许其通过，但会拒绝这些用户的所有其他访问。

2）如果来自网络 B 的 TCP SYN 数据包使用端口 80，则阻止该数据包，但会允许所有其他访问。

这仅仅是个简单的示例。可配置多条规则，以便进一步针对特定用户允许或拒绝服务。

9.1.4　ACL 的工作原理

1. ACL 的工作过程

ACL 定义了一组规则，用于对进入入站接口的数据包、通过路由器转发的数据包以及从路由器出站接口输出的数据包施加额外的控制。ACL 对路由器自身产生的数据包不起作用。

ACL 编写完成后，要选择将其应用于路由器的某一接口的某一方向上。同一个 ACL 应用于不同的接口或同一接口的不同方向上，结果会截然不同的。如图 9-2 所示，配置 ACL 使其应用于入站流量或出站流量。

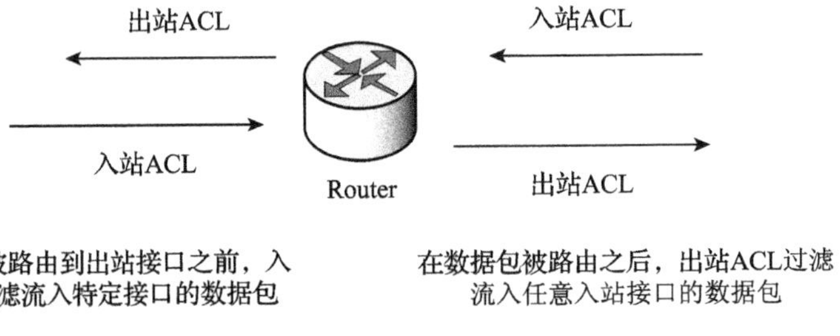

图 9-2　入站和出站 ACL

入站 ACL：传入数据包经过处理之后才会被路由到出站接口。入站 ACL 非常高效，如果数据包被丢弃，则节省了执行路由查找的开销。当测试表明应允许传入该数据包后，路由器才会处理路由。当与入站接口连接的网络是需要检测的数据包的唯一来源时，最适合使用入站 ACL 过滤数据包。

出站 ACL：传入数据包路由到出站接口，由出站 ACL 进行处理。在来自多个入站接口的数据包通过同一出站接口之前，对数据包应用相同过滤器时，最适合使用出站 ACL。

ACL 的最后一条语句都是隐式 deny 语句。每个 ACL 的末尾都会自动插入该语句，尽管实际上 ACL 中并不显示该语句。隐式 deny 语句会阻止所有流量。由于具有隐式 deny 语句，一条 permit 语句也没有的 ACL 会阻止所有流量。

2. ACL的创建原则

ACL的编写可能会相当复杂。对于每个接口，可能需要使用多条策略来管理允许进入或离开此接口的流量类型。如果两种协议在两个接口上和在两个方向上都需要ACL，则需要8个不同的ACL。每个接口将使用4个ACL，两个是IPv4 ACL，另外两个是IPv6 ACL。对于每种协议，一个ACL用于入站流量，另一个用于出站流量。

下面是一些使用ACL的指导原则：

1）在位于内部网络和外部网络（如Internet）交界处的防火墙路由器上使用ACL。

2）在位于网络两个部分交界处的路由器上使用ACL，以控制进出内部网络特定部分的流量。

3）在边界路由器（即位于网络边界的路由器）上配置ACL。这样可以在内外部网络之间，或网络中受控度较低的区域与敏感区域之间起到基本的缓冲作用。

记住3P原则，即可以为每种协议（Per Protocol）、每个方向（Per Direction）、每个接口（Per Interface）配置一个ACL，便记住了在路由器上应用ACL的通用规则。

1）每种协议一个ACL：要控制接口上的流量，必须为接口上启用的每种协议定义相应的ACL。

2）每个方向一个ACL：一个ACL一次只能控制接口上一个方向的流量。要控制入站流量和出站流量，必须分别定义两个ACL。

3）每个接口一个ACL：一个ACL只能控制一个接口（如GigabitEthernet0/0）上的流量。

使用ACL时务必小心谨慎、关注细节，因为一旦犯错可能导致代价极高的后果，如停机、耗时的故障排查以及糟糕的网络服务。在配置ACL之前，必须进行基本规划。表9-3显示的指导原则是实施ACL最佳做法的基础。

表9-3 ACL最佳做法

指导原则	优　势
根据组织的安全策略实现ACL	可以确保实现了组织的安全指导原则
记下希望使用ACL来达到什么目的	有助于避免不小心造成潜在的访问问题
使用文本编辑器创建、编辑和保存ACL	有助于创建可重复使用的ACL库
在生产网络中实施ACL之前，先在开发网络中进行测试	有助于避免造成代价高昂的错误

任务2 了解ACL的类型

ACL有标准ACL和扩展ACL两种类型。可以使用编号或名称标示ACL及其语句列表，从而创建标准ACL和扩展ACL。编号ACL适用于具有较多类似流量的小型网络中。但是，编号不会提供有关ACL作用的信息。因此，从Cisco IOS 11.2版开始，可以使用名称来标识Cisco ACL。

下面总结了指定编号ACL和命名ACL的规则。

1）编号ACL：根据要过滤的协议指定编号。

①（1~99）和（1300~1999）：标准IP ACL。

②（100~199）和（2000~2699）：扩展IP ACL。

2）命名ACL：指定名称来标识ACL。

①名称可以包含字母、数字字符。

②建议名称采用大写字母。

③名称不能含有空格或标点符号。

④可以在 ACL 中添加或删除条目。

对于编号 ACL，要跳过 200 ~ 1299 的数字，因为这些数字已由其他协议使用，并且其中许多已经过时或遭到淘汰。本章仅着重介绍 IP ACL。传统 ACL 协议编号的示例包括：Apple Talk 使用的 600 ~ 699 的数字，IPX 使用的 800 ~ 899 的数字。

9.2.1 标准 ACL

1. 简介

标准 ACL 可以用于允许或拒绝仅来自源 IPv4 地址的流量。它不涉及数据包的目的地址和相应的端口。以下示例允许来自 192.168.30.0/24 网络的所有流量。因为 ACL 末尾隐含了 deny any 语句，所以它将阻止所有其他流量。

标准 ACL 在全局配置模式中创建，命令如下：

```
access-list 10 permit 192.168.30.0 0.0.0.255
```

标准 ACL 仅根据源地址过滤 IP 数据包。

2. 放置位置

因为标准 ACL 不会指定目的地址，所以其位置应该尽可能靠近目的地。在流量源附近放置标准 ACL 可以有效阻止流量通过应用了 ACL 的接口到达任何其他网络。

9.2.2 扩展 ACL

1. 简介

扩展 ACL 根据多种属性过滤 IPv4 数据包：

1）协议类型。

2）源 IPv4 地址。

3）目的 IPv4 地址。

4）源 TCP 或 UDP 端口。

5）目的 TCP 或 UDP 端口。

6）可选协议类型信息，用于进行更好的控制。

在下列输出中，如果流量的目的主机端口为 80（HTTP），则 ACL 103 将允许来自 192.168.30.0/24 网络任一地址的流量发送到任何 IPv4 网络。扩展 ACL 在全局配置模式中创建，命令如下：

```
access-list 103 permit tcp 192.168.30.0 0.0.0.255 any eq 80
```

扩展 ACL 根据多种属性过滤 IP 数据包，包括：

1）源 IP 地址和目的 IP 地址。

2）源 TCP 和 UDP 端口以及目的 TCP 和 UDP 端口。

3）协议类型/协议号（如 IP、ICMP、UDP、TCP 等）。

2. 放置位置

和标准 ACL 一样，扩展 ACL 可以根据源地址过滤流量。但是，扩展 ACL 还可根据目的地址、协议和端口号来过滤流量，这使网络管理员能够更加灵活地选择可过滤流量的类型以及

ACL放置位置。放置扩展ACL的基本规则是将其置于尽量靠近源地址的位置，这可以阻止将不需要的流量通过多个网络发送，只在其到达目的地时才拒绝它。

任务3 配置标准ACL

9.3.1 ACL中的通配符掩码

在OSPF中，通配符掩码可以使语句极其通用，或极其明确。ACL中应用了相同的原则：在过滤数据包时，通配符掩码可使ACL语句或极其通用，或极其明确。

1. 通配符掩码

IPv4 ACE包括通配符掩码。通配符掩码是由32个二进制数字组成的字符串，路由器使用它来确定检查地址的哪些位匹配。和子网掩码一样，通配符掩码中的数字1和0用于标识如何处理相应的IP地址位。但是在通配符掩码中，这些位的用途不同，所遵循的规则也不同。子网掩码使用二进制1和0标识IP地址网络、子网和主机部分；而通配符掩码使用二进制1和0过滤单个IP地址或一组IP地址，以便允许或拒绝对资源的访问。通配符掩码和子网掩码之间的差异在于它们匹配二进制1和0的方式。通配符掩码使用以下规则匹配二进制1和0。

1）通配符掩码位0：匹配地址中对应的值。

2）通配符掩码位1：忽略地址中对应位的值。

注意：通配符掩码通常也称为反掩码，原因在于通配符掩码与子网掩码的工作方式相反，子网掩码采用二进制1表示匹配，而二进制0表示不匹配。

2. 使用通配符掩码

表9-4显示了将0.0.255.255通配符掩码应用到32位IPv4地址中的结果。请记住二进制0表示应用匹配的值。

表9-4 通配符掩码示例

	十进制地址	二进制地址
要处理的IP地址	192.168.10.0	11000000.10101000.00001010.00000000
通配符掩码	0.0.255.255	00000000.00000000.11111111.11111111
处理后的IP地址	192.168.0.0	11000000.10101000.00000000.00000000

在配置某些IPv4（如OSPF）时，通配符掩码也可用于在特定接口上启用协议。

3. 通配符掩码示例

下面将介绍ACL语句中一些较为常用的通配符掩码。表9-5～表9-7提供了3个通配符掩码示例。

在表9-5中，通配符掩码规定IPv4 192.168.1.1中的每一位都必须精确匹配。

表9-5 与IPv4主机和子网匹配的通配符掩码：示例1

	十进制地址	二进制地址
IP地址	192.168.1.1	11000000.10101000.00000001.00000001
通配符掩码	0.0.0.0	00000000.00000000.00000000.00000000
结果	192.168.1.1	11000000.10101000.00000001.00000001

在表 9-6 中，通配符掩码规定任意地址都可匹配。

表 9-6　与 IPv4 主机和子网匹配的通配符掩码：示例 2

	十进制地址	二进制地址
IP 地址	192. 168. 1. 1	11000000. 10101000. 00000001. 00000001
通配符掩码	255. 255. 255. 255	11111111. 11111111. 11111111. 11111111
结果	0. 0. 0. 0	00000000. 00000000. 00000000. 00000000

在表 9-7 中，通配符掩码规定，其与 192. 168. 1. 0/24 网络中的任意主机匹配。

表 9-7　与 IPv4 主机和子网匹配的通配符掩码：示例 3

	十进制地址	二进制地址
IP 地址	192. 168. 1. 1	11000000. 10101000. 00000001. 00000001
通配符掩码	0. 0. 0. 255	00000000. 00000000. 00000000. 11111111
结果	192. 168. 1. 0	11000000. 10101000. 00000001. 00000000

这些示例都非常简单直观。但是，通配符掩码的计算可能会复杂。

4. 计算通配符掩码

计算通配符掩码似乎颇具挑战性。一个简便方法是从 255. 255. 255. 255 减去子网掩码。下面是这种简便方法的 3 个示例。

示例 1：假设希望允许 192. 168. 3. 0 网络中的所有用户进行访问。因为其子网掩码是 255. 255. 255. 0，所以可以从 255. 255. 255. 255 中减去子网掩码 255. 255. 255. 0。得到的通配符掩码为 0. 0. 0. 255.

示例 2：假设希望允许子网 192. 168. 3. 32/28 中的 14 位用户访问网络。IP 子网的子网掩码是 255. 255. 255. 240，因此从 255. 255. 255. 255 中减去子网掩码 255. 255. 255. 240。得到的通配符掩码为 0. 0. 0. 15。

示例 3：假设希望只匹配网络 192. 168. 10. 0 和 192. 168. 11. 0。同样，可以从 255. 255. 255. 255 中减去对应的子网掩码（本例中为 255. 255. 252. 0）。结果是 0. 0. 3. 255。

示例1：
255.255.255.255
- 255.255.255.000
000.000.000.255

示例2：
255.255.255.255
- 255.255.255.240
000.000.000.015

示例3：
255.255.255.255
-255.255.254.000
000.000.001.255

可以使用如下所示的两条语句得到相同结果：

```
R1(config)#access-list 10 permit 192.168.10.0
R1(config)#access-list 10 permit 192.168.11.0
```

按以下方式配置通配符掩码更为有效：

```
R1(config)#access-list 10 permit 192.168.10.0 0.0.3.255
```

5. 通配符位掩码关键字

使用二进制通配符掩码位的十进制表示有时可能显得比较冗长。此时可使用关键字 host 和 any 来标识最常用的通配符掩码，从而简化此任务。这些关键字避免了在标识特定主机或整个网络时输入通配符掩码的麻烦。它们还可提供有关条件的源和目的地的可视化提示，使 ACL 更加易于理解。

host 关键字可替代 0.0.0.0 掩码。此掩码表明必须匹配所有 IPv4 地址位，即仅匹配一台主机。

any 选项可替代 IP 地址和 255.255.255.255 掩码。该掩码表示忽略整个 IPv4 地址，这意味着接受任何地址。

示例 1：匹配单个 IP 地址的通配符掩码过程，可以不使用 192.168.10.10 0.0.0.0，而是输入 host 192.168.10.10。

示例 2：匹配任意 IP 地址的通配符掩码过程，可以不使用 0.0.0.0 255.255.255.255，而是使用关键字 any。

示例 3：any 关键字。本例显示了如何使用 any 关键字替代 IPv4 地址 0.0.0.0 和通配符掩码 255.255.255.255。

```
R1(config)#access-list 1 permit 0.0.0.0 255.255.255.255
```

等同于

```
R1(config)#access-list 1 permit any
```

示例 4：host 关键字。本例显示了在标识单个主机时，如果使用 host 关键字替代通配符掩码。

```
R1(config)#access-list 1 permit 192.168.10.10 0.0.0.0
```

等同于

```
R1(config)#access-list 1 permit host 192.168.10.10
```

9.3.2 定义标准 ACL

当流量传输到路由器时，会将流量以 ACL 中条目的顺序与所有 ACE 进行比较。路由器会逐条比对 ACE，直到发现匹配条目。路由器会根据发现的第一个匹配条目处理数据包，并且不再检查其他 ACE。

如果路由器在到达列表末尾时仍未找到匹配项，则会拒绝流量。这是因为，默认情况下，对于已配置条目不匹配的流量，所有 ACL 的末端都有一条隐含的 deny。如果 ACL 中仅包含一个 deny 条目，则其效果与拒绝所有流量相同。在 ACL 中必须至少配置一条 permit ACE，否则将阻止所有流量。

9.3.3 创建标准 ACL

要在 Cisco 路由器上使用标准编号 ACL，必须先创建标准 ACL，然后在接口上激活 ACL。

access-list 全局配置命令使用 1～99 范围内的一个数字定义标准 ACL。Cisco IOS 软件 12.0.1 版扩展了这些编号，允许将 1300～1999 之间的数字用于标准 ACL，这最多可能产生 798 个标准 ACL，这些附加的编号称为扩充 IP ACL。

标准 ACL 命令的完整语法如下：

```
Router(config)#access-list access-list-number {deny | permit | remark} source
[source-wildcard] [log]
```

表 9-8 详细介绍了标准 ACL 的语法。

表 9-8　标准 ACL access-list 命令语法

参　数	说　明
access-list-number	ACL 的编号。这是一个十进制数，取值范围为 1 ~ 99 或 1300 ~ 1999（适用于标准 ACL）
deny	符合条件时拒绝访问
permit	符合条件时允许访问
remark	在 IP 访问列表中添加备注，以提高列表的可读性
source	发送数据包的网络或主机的编号。指定 source 的方法有以下两种： 1）使用 32 位有 4 部分组成的点分十进制格式 2）使用关键字 any 作为 source 0. 0. 0. 0 和 source-wildcard 255. 255. 255. 255 的缩写
source-wildcard	（可选）应用于 source 的通配符掩码；将要忽略的位设置为 1
log	（可选）将匹配条目的数据包生成的信息性日志消息发送到控制台（记录到控制台的消息级别由 logging console 命令控制）。消息内容包括 ACL 号、数据包被允许还是被拒绝、源地址和数据包的数量。此消息将在出现与条件匹配的第一个数据包时生成，随后每 5min 生成一次，其中包含在过去的 5min 内被允许或拒绝的数据包的数量

ACE 可用于拒绝或允许单个主机或一组主机地址。要在编号 ACL 10 中创建一条 host 语句以允许 IP 地址为 192. 168. 10. 0 的特定主机，应该输入：

```
R1(config)#access-list 10 permit host 192.168.10.10
```

如下列输出所示，要在允许网络 192. 168. 10. 0/24 中所有 IPv4 地址编号 ACL 10 中创建一条允许一组 IPv4 地址的语句，应该输入：

```
R1(config)#access-list 10 remark allow 192.168.10.0 subnets
R1(config)#access-list 10 permit 192.168.10.0 0.0.0.255
R1(config)#exit
R1#show access-lists
Standard IP access list 10
10 permit 192.168.10.0,wildcard bits 0.0.0.255
R1#conf t
Enter configuration commands, one per line .End with CNTL/Z.

R1(config)#no access-list 10
R1(config)#exit
R1#show access-lists
R1#
```

要删除 ACL，使用全局配置命令 no access-list 。上例中发出 show access-list 命令确认访问列表 10 已删除，该输出也显示了此命令。

通常，当管理员创建 ACL 时，已经知道并理解每条语句的用途。但是，为了确保管理员和其他人能够回想起语句的用途，还应当包含注释。remark 关键字用于记录信息，使访问列表更易于理解。每条注释限制在100个字符以内。下列输出中的ACL相当简单，此处仅用于提供一个示例。当使用 show running-config 命令查看配置中的ACL时，注释也会显示。

```
R1(config)#access-list 10 remark permit hosts from the 192.168.10.0 LAN
R1(config)#access-list 10 permit 192.168.10.0 0.0.0.255
R1(config)#exit
R1#show running-config | include access-list 10
access-list 10 remark permit hosts from the 192.168.10.0 LAN
access-list 10 permit 192.168.10.0 0.0.0.255
```

9.3.4 应用标准ACL

配置标准ACL之后，可以在接口配置模式下使用 ip access-group 命令将其关联到接口。

```
Router(config-if)#ip access-group {access-list-number | access-list-name} {in
| out}
```

要从接口上删除ACL，首先在接口上输入 no ip access-group 命令，然后输入全局命令 no access-list 删除整个ACL。

在路由器上配置和应用标准编号ACL的步骤和命令如下：

1）在标准IPv4 ACL中使用 access-list 全局配置命令创建条目。

```
R1(config)#access-list 1 permit 192.168.10.0 0.0.0.255
```

上述命令匹配任何以192.168.10.x开头的地址。使用 remark 选项可为ACL添加注释。

2）使用 interface 配置命令选择要应用ACL的接口。

```
R1(config)#interface serial 0/0/0
```

3）使用 ip access-group 接口配置命令激活接口上现有的ACL。

```
R1(config-if)#ip access-group 1 out
```

上述命令在接口上激活标准IPv4 ACL 1，并将使其做出站过滤器。

图9-3显示了一个允许单个网络的ACL示例。

此ACL仅允许来自源网络192.168.10.0的流量从接口S0/0/0转发。来自网络192.168.10.0之外的流量将被阻止。

第一条语句将ACL标识为访问列表1，它允许匹配选定参数的流量。在本例中，IPv4地址和通配符掩码确定的源网络为192.168.10.0 0.0.0.255 。我们曾学过ACL最后有一条隐式语句 deny all，它的作用等价于添加了语句 access-list deny 0.0.0.0 255.255.255.255。

ip access-group 1 out 接口配置命令将ACL 1关联到Serial0/0/0接口上，将其作为出站过滤器。

因此，ACL 1仅允许来自192.168.10.0/24网络的主机通过路由器R1。它拒绝任何其他网络，包括192.168.11.0网络。

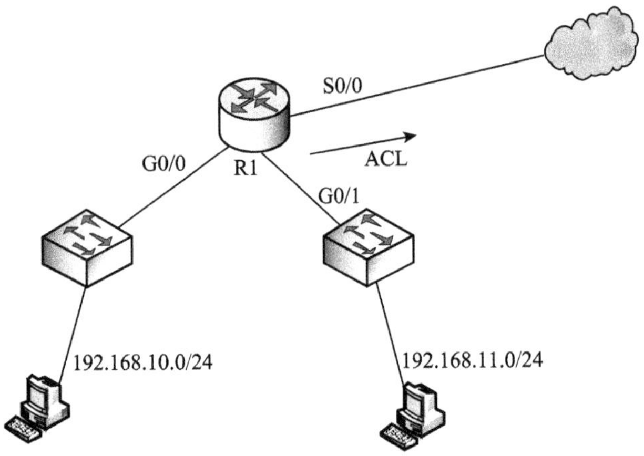


```
R1(config) #access-list 1 permit 192.168.10.0 0.0.0.255
R1(config) #interface serial 0/0
R1(config-if) # ip access-group 1 out
```

图 9-3　允许特定子网

图 9-4 显示了一个允许特定子网（除该子网上的一个特定主机之外）的 ACL 示例。

该 ACL 用于取代上一个示例的 ACL，但它还可以阻止来自特定地址的流量。第一条语句将删除之前的 ACL 1 版本。下一条 ACL 语句将拒绝 IP 地址为 192. 168. 10. 10 的主机 PC1，但允许 192. 168. 10. 0/24 网络中的其他各台主机。同样，隐式 deny 语句匹配所有其他网络。

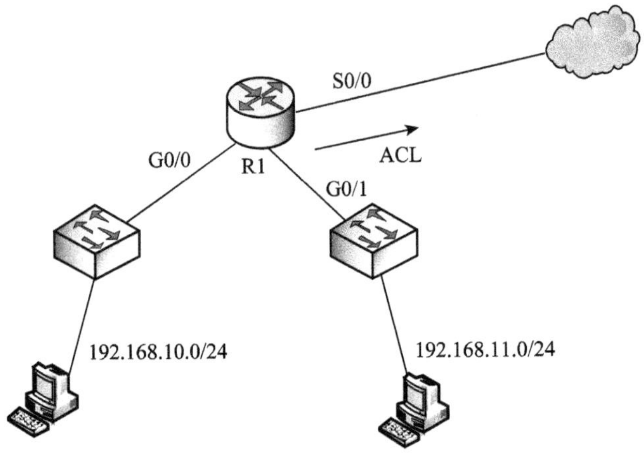


```
R1(config) #no access-list 1
R1(config) #access-list 1 deny host 192.168.10.10
R1(config) #access-list 1 permit 192.168.10.0 0.0.0.255
R1(config) #interface serial 0/0
R1(config-if) # ip access-group 1 out
```

图 9-4　允许特拒绝特定主机并允许特定子网

该 ACL 将再次应用到接口 S0/0 的出站方向上。

图 9-5 是一个拒绝特定主机的 ACL 示例。该 ACL 用于取代上一示例的 ACL。此示例仍会阻止来自主机 192. 168. 10. 10 的流量，但允许所有其他流量。

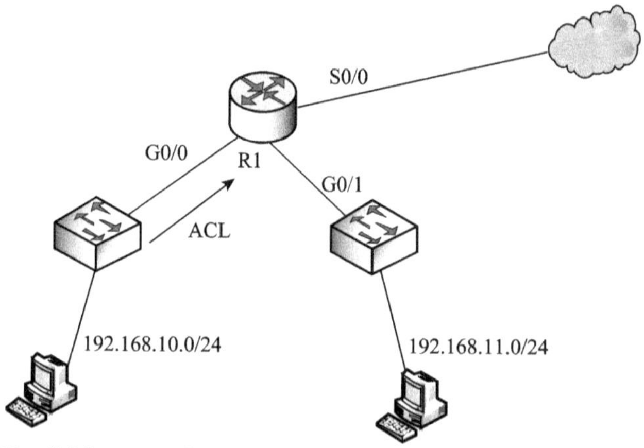


```
R1(config) #no access-list 1
R1(config) #access-list 1 deny host 192.168.10.10
R1(config) #access-list 1 permit any
R1(config) #interface g0/0
R1(config-if) # ip access-group 1 in
```

图 9-5　拒绝特定主机

前两条命令与上一个示例相同。第一个命令将删除之前的 ACL 1 版本，下一条 ACL 语句拒绝 IP 地址为 192. 168. 10. 10 网络中的主机。

第三行是一条新的语句，允许所有其他主机。这意味着将允许来自 192. 168. 10. 0/24 网络的所有主机，但由上一语句中拒绝的主机除外。

此 ACL 将应用于 G0/0 的入站方向。因为该过滤只会影响 G0/0 上的 192. 168. 10. 0/24 LAN，所以将 ACL 应用于入站接口更加有效。可将 ACL 应用于 S0/0 的出站方向，但是这样，R1 就必须检查来自所有网络的数据包，包括 192. 168. 11. 0/24。

9. 3. 5　创建命名标准 ACL

命名 ACL 让人更容易理解其作用。例如，可以将配置为拒绝 FTP 的 ACL 命名为 NO_ FTP。当使用名称而不是编号来标识 ACL 时，配置模式和命令语法略有不同。

下列输出和步骤显示了创建标准命名 ACL 的要求：

1）进入全局配置模式，使用 ip access-list 命令创建命名 ACL。ACL 名称可由字母、数字组成区分大小写，不能以数字开头，并且必须是唯一的。ip access-list standard name 命令用于创建标准命名 ACL，而 ip access-list extended name 命令用于创建扩展访问列表。由提示符可知，在输入命令后，路由器处于命名标准 ACL 配置模式。

```
Router(config)#ip access-list [standard | extended ] name
```

2）在命名 ACL 配置模式下，使用 permit 或 deny 语句指定一个或多个条件，以确定数据包应该是转发还是丢弃。

```
Router(config-std-nacl)#[permit | deny | remark ]{source [sourcewildcard} [log]
```

3）使用 ip access-group 命令将 ACL 应用于接口。请指定应当在数据包进入接口（In）时还是在数据包离开接口（Out）时将 ACL 应用于数据包。

```
Router(config-if )#ip access-group name [in | out ]
```

9.3.6 编辑 ACL

Cisco IOS 首次引入 ACL 时，其中并未内置编辑功能，因此不允许做出更改，必须重新输入整个 ACL。然而，随着 Cisco IOS 版本的更新，编辑功能已被引入。下面将介绍这些编辑功能。

1. 编辑标准编号 ACL

当配置标准 ACL 时，语句会添加到运行配置中。但是，没有内置编辑功能可供在 ACL 中进行编辑。

有下列两种方法可用于编辑标准编号 ACL。

（1）方法 1：使用文本编辑器。

熟悉了 ACL 的创建和编辑后，使用文本编辑器（如 Microsoft 记事本）构建 ACL 可能会比较容易。可以在编辑器中创建或编辑 ACL，然后将其粘贴到路由器中，对于现有的 ACL，可以使用 show running-config 命令显示 ACL，将其复制并粘贴到文本编辑器中，进行必要的更改并重新粘贴到路由器中。

例如，假设下列主机 IPv4 地址输入的有误：

```
R1(config)#access-list 1 deny host 192.168.10.99
R1(config)#access-list 1 permit 192.168.0.0 0.0.255.255
```

注意：不应该输入 192.168.10.99 主机，而应该输入 192.168.10.10 主机。

以下是编辑和更正 ACL1 的步骤：

1）使用 show running-config 命令显示 ACL。下列输出使用 include 关键字以便仅显示 ACE：

```
R1#show running-config | include access-list 1
access-list 1 deny host 192.168.10.99
access-list 1 permit 192.168.0.0 0.0.255.255
```

2）选中 ACL，将其复制并粘贴到 Microsoft 记事本中，根据需要编辑列表。当 ACL 在 Microsoft 记事本中正确显示后，选中它并进行复制。

```
access-list 1 deny host 192.168.10.10
access-list permit 192.168.0.0 0.0.255.255
```

3）在全局配置模式下，使用 no access-list 1 命令删除访问列表。否则，新的语句将附加到现有的 ACL 之后。然后，将新的 ACL 粘贴到路由器的配置中。

```
R1#config t
Enter configuration commands,one per line. End with CNTL/Z
R1(config)#no access-list 1
R1(config)#access-list 1 deny host 192.168.10.10
R1(config)#access-list 1 permit 192.168.0.0 0.0.255.255
```

4）使用 show running-config 命令验证更改。

```
R1#show running-config | include access-list 1
access-list 1 deny host 192.168.10.10
access-list 1 permit 192.168.0.0 0.0.255.255
```

应该注意的是，当使用 no access-list 命令时，不同 IOS 软件版本的运行方式不同。如果已删除的 ACL 仍应用于接口，那么某些 IOS 版本的运行与没有 ACL 保护网络时一样，而另外一些版本会拒绝所有流量。因此，比较好的做法是在修改访问列表之前将有关访问列表从接口删除。另外请注意，如果新列表中出现错误，则请将其禁用并解决该问题。对网络在更正过程同样会失去 ACL 的保护。

（2）方法2：使用序列号。

如下列输出所示，ACL1 的初始配置包括主机 192.168.10.99 的一条 host 语句。此配置有误，应当将该主机配置为 192.168.10.10。

原始配置：

```
R1(config)#access-list 1 deny host 192.168.10.99
R1(config)#access-list 1 permit 192.168.0.0 0.0.255.255
```

按照以下步骤，使用序列号编辑 ACL：

1）使用 show access-list 1 命令显示当前 ACL，此命令的输出将在后续部分详细讨论。序列号在每条语句的开头显示。在输入访问列表语句时，会自动分配序列号。注意，配置有误的语句，其序列号为 10。

```
R1#show access-lists 1
Standard IP access list 1
10 deny 192.168.10.99
20 permit 192.168.0.0,wildcard bits 0.0.255.255
R1#
```

2）输入用于配置命名 ACL 的 ip access-lists standard 命令。将 ACL 的编号 1 用作 ACL 的名称。首先，需要使用 no 10 命令（其中 10 为序列号）删除配置有误的语句。然后，使用命令 10 deny host 192.168.10.10 添加一条新的序列号为 10 的语句。

```
R1#config t
R1(config)#ip access-list standard 1
R1(config-std-nacl)#no 10
R1(config-std-nacl)#10 deny host 192.168.10.10
R1(config-std-nacl)#end
R1#
```

注意：使用与现有语句相同的序列号并不能覆盖语句。必须先删除当前语句，然后才能添加新语句。

3）使用 show access-lists 命令验证更改。

```
R1#show access-lists 1
Standard IP access list 1
10 deny 192.168.10.10
20 permit 192.168.0.0,wildcard bits 0.0.255.255
R1#
```

如前所述，Cisco IOS 对标准访问列表实施一种内部逻辑。标准 ACE 的输入顺序可能不是路由器对其进行存储、显示和处理的顺序。show access-lists 命令可用于将 ACE 与其序列号一起显示。

2. 编辑标准命名 ACL

在上述示例中，序列号用于编辑标准编号 ACL。通过引入语句序列号，可以很容易地插入或删除单条语句。此方法也可用于编辑标准命名 ACL。

下面显示了在命名 ACL 中插入一条语句的示例。

在第一个 show 命令的输出中，可以看到名为 NO_ACCESS 的 ACL 有两条编号的语句，表示 IPv4 地址为 192. 168. 11. 10 的工作站的访问规则。

```
R1#show access-lists
Standard IP access list NO_ACCESS
10 deny 192.168.11.10
20 permit 192.168.11.0,wildcard bits 0.0.0.255
R1#
```

其中，IP access-list standard 命名用于配置命名 ACL。可以从命名访问列表配置模式插入或删除语句，no sequence-number 命令可用于删除单条语句。

要添加一条拒绝另一个工作站的语句，则需要插入一个编号的语句。在本示例中，使用新的序列号 15 添加 IPv4 地址为 192. 168. 11. 11 的工作站。

```
R1#config t
Enter configuration commands,one per line. End with CNTL/Z.
R1(config)#ip access-list standard NO_ACCESS
R1(config-std-nacl)#15 deny host 192.168.11.11
R1(config-std-nacl)#end
```

最后的 show 命令输出用于确认是否已拒绝新添加的工作站进行访问。

```
R1#show access-lists
Standard IP access list NO_ACCESS
10 deny 192.168.11.10
15 deny 192.168.11.11
20 permit 192.168.11.0,wildcard bits 0.0.0.255
R1#
```

3. 检验 ACL

如下列输出所示，show ip interface 命令用于验证接口上的 ACL。

```
R1#show ip interface s0/0/0
Serial0/0/0 is up, line protocol is up
Internet address is 10.1.1.1/30
 <output omitted>
Outgoing access list is 1
Inbound access list is not set
 <output omitted>
R1#show ip interface g0/0
GigabitEthernet0/0 is up,line protocol is up
Internet address is 192.168.10.1/24
 <output omitted>
Outgoing access list is NO_ACCESS
Inbound access list is not set
```

```
<output omitted>
R1#
```

此命令的输出包括访问列表的编号或名称以及应用ACL的方向。输出显示，路由器R1上的访问列表1应用于其S0/0/0出站接口，而访问列表NO_ACCESS应用于其G0/0接口，也是在出站方向上。

下列输出显示了在路由器R1上发出show access-lists命令后得到的结果。

```
R1#show access-lists
Standard IP list 1
10 deny 192.168.10.10
20 permit 192.168.0.0,wildcard bits 0.0.255.255
Standard IP access list NO_ACCESS
15 deny 192.168.11.11
10 deny 192.168.11.10
20 permit 192.168.11.0, wildcard bits 0.0.0.255
R1#
```

要查看单个访问列表，使用show access-lists命令，然后使用访问列表的编号或名称。名为NO_ACCESS的语句可能看起来比较奇怪。注意，序列号15在序列号10前面显示。这是由于路由器的内部进程而产生的结果，将在本节稍后部分讨论。

9.3.7 使用标准ACL保护VTY端口

最常用的标准ACL是用于保护路由器VTY端口的ACL。下面将介绍配置标准ACL以保护VTY端口的方法。

Cisco推荐对路由器和交换机的管理连接使用SSH。如果路由器上的Cisco IOS软件映像不支持SSH，则可以通过限制VTY访问来改善管理线路的安全性。通过限制VTY访问，可以定义哪些IP地址能够通过Telnet访问路由器EXEC进程。可以通过ACL和VTY线路上配置的access-class语句来控制用于管理路由器的管理工作站或网络，也可以将该技术与SSH一同使用，以进一步提高管理访问的安全性。

线路配置模式中配置的access-class命令可限制特定VTY（接入Cisco设备）与访问列表中地址之间的传入和传出连接。标准访问列表和扩展访问列表应用于经过路由器的数据包。它们并非用于阻止路由器内部产生的数据包。默认情况下，出站Telnet扩展ACL不会阻止由路由器发起的Telnet会话。

过滤Telnet或SSH流量通常被认为是扩展IP ACL的功能，因为它会过滤较高级别的协议。但是，由于access-class命令用于按源地址过滤传入或传出Telnet/SSH会话，因此可以使用标准ACL。

access-class命令的语法如下：

```
Router(config-line)#access-class access-list-number { in [vrf-also] | out }
```

其中，参数in限制访问列表中的地址和Cisco设备之间的传入连接，而参数out则限制特定Cisco设备与访问列表中地址之间的传出连接。

允许一组地址访问VTY线路0～4的示例如图9-6所示。

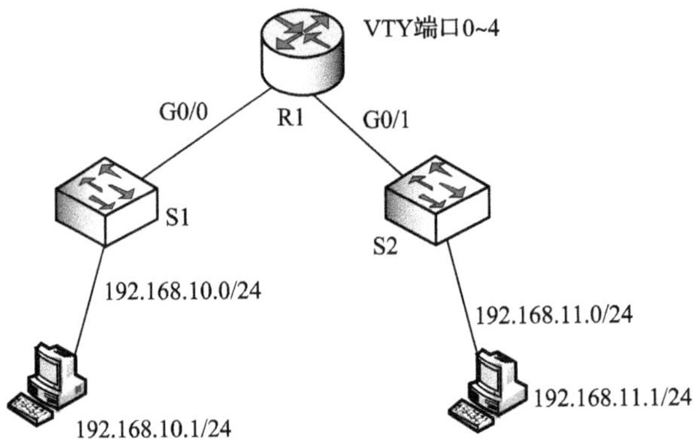


```
R1(config) #line vty 0 4
R1(config-line) #login local
R1(config-line) #transport input ssh
R1(config-line) #access-class 21 in
R1(config) #access-list 21 permit 192.168.10.0 0.0.0.255
```

图 9-6　使用标准 IPv4 ACL 保护 VTY 端口

将图中的 ACL 配置为允许网络 192.168.10.0 访问 VTY 线路 0 ~ 4，但拒绝所有其他网络。

当配置 VTY 上的访问列表时，应该考虑以下几点：

1）只用编号访问列表可以应用到 VTY。

2）应该在所有 VTY 上设置相同的限制，因为用户可以尝试连接到任意 VTY。

任务 4　配置扩展 ACL

扩展 ACL 与标准 ACL 类似。然而，由于扩展 ACL 有更多的条件需要查找，并且在其搜索过程中也有更多的要求，扩展 ACL 的语法更为复杂。下面将介绍扩展 IPv4 ACL 的结构。

9.4.1　定义扩展 ACL

为了更精确地控制流量过滤，可以创建扩展 IPv4 ACL。扩展 ACL 的数字编号在 100 ~ 199 和 2000 ~ 2699 两个区间内，总共可以产生 799 个扩展 ACL，也可以对扩展 ACL 命名。

扩展 ACL 比标准 ACL 更加常用，因为它们可以提供更大程度的控制。和标准 ACL 一样，扩展 ACL 也会检查数据包的源地址，但是它们还会检查目的地址、协议和端口号（或服务）。因此，可基于更多的因素来构建 ACL。例如，扩展 ACL 可以允许从某网络发送到指定目的地的电子邮件流量，同时拒绝文件传输和网页浏览流量。

由于扩展 ACL 具备根据协议和端口号进行过滤的功能，因此网络管理员可以构建针对性极强的扩展 ACL，可通过配置端口号或公认端口的名称来指定应用程序。

下列输出示例显示了管理员通过在扩展 ACL 语句末尾添加 TCP 或 UDP 端口号的方法来指定端口号。可以使用逻辑运算，如等于（eq）、不等于（neq）、大于（gt）和小于（lt）。

1）使用端口号：

```
access-list 114 permit tcp 192.168.20.0 0.0.0.255 any eq 23
access-list 114 permit tcp 192.168.20.0 0.0.0.255 any eq 21
access-list 114 permit tcp 192.168.20.0 0.0.0.255 any eq 20
```

2）使用关键字：

```
access-list 114 permit tcp 192.168.20.0 0.0.0.255 any eq telnet
access-list 114 permit tcp 192.168.20.0 0.0.0.255 any eq ftp
```

```
access-list 114 permit tcp 192.168.20.0 0.0.0.255 any eq ftp-data
```

表9-9 显示了如何显示一个端口号和关键字列表，以便在使用以下命令构建 ACL 时使用。

```
R1(config)#access-list 101 permit tcp any eq
```

表9-9 端口号和关键字

关键字	端口号
bgp	Border Gateway Protocol (179)
chargen	Character generator (19)
cmd	Remote commands (rcmd, 514)
daytime	Daytime (13)
discard	Discard (9)
domain	Domain Name Service (53)
drip	Dynamic Routing Information Protocol (3949)
echo	Echo (7)
exec	Exec (rsh, 512)
finger	Finger (79)
ftp	File Transfer Protocol (21)
ftp-data	FTP data connections (20)
gopher	Gopher (70)
hostname	NIC hostname server (101)
ident	Ident Protocol (113)
irc	Internet Relay Chat (194)
klogin	Kerberos login (543)
kshell	Kerberos shell (544)
login	Login (rlogin, 513)
lpd	Printer service (515)
nntp	Network News Transport Protocol (119)
pim-auto-rp	PIM Auto-RP (496)
pop2	Post Office Protocol v2 (109)
pop3	Post Office Protocol v3 (110)
smtp	Simple Mail Transport Protocol (25)
sunrpc	Sun Remote Procedure Call (111)
tacacs	TAC Access Control System (49)
talk	Talk (517)
telnet	Telnet (23)
time	Time (37)
uucp	Unix-to-Unix Copy Program (540)
whois	Nickname (43)
www	World Wide Web (HTTP, 80)

9.4.2 创建扩展 ACL

配置扩展 ACL 的步骤与配置标准 ACL 相同。首先配置扩展 ACL，然后在接口上激活。不过，用于支持扩展 ACL 所提供的附加功能的命令语法和参数较为复杂。

下列输出及表 9-10 显示了扩展 IPv4 ACL 的常用命令语法。注意，扩展 ACL 有许多关键字和参数。当配置扩展 ACL 时，不需要使用所有的关键字和参数。回想一下，“?” 可用于在输入复杂命令时获得帮助。

配置扩展 ACL 命令如下：

```
access-list access-list-number {deny | permit | remark} protocol source [source-wildcard] [operator operand] [port port-number or name] destination [destination-wildcard] [operator operand] [port port-number or name] established
```

表 9-10　扩展 IPv4 ACL 常用命令语法

参　数	说　　明
access-list-number	使用 100 ~ 199（扩展 IP ACL）和 2000 ~ 2699（扩充 IP ACL）之间的编号标识访问列表
deny	匹配条件时拒绝访问
permit	匹配条件时允许访问
remark	用于输入注释
protocol	Internet 协议的名称或编号。常用关键字包括 icmp、ip、tcp 或 udp。要匹配所有 Internet 协议（包括 ICMP、TCP 和 UDP），则使用 ip 关键字
source	发送数据包的网络号或主机号
source-wildcard	用于源地址的通配符位
destination	接收数据包的网络号或主机号
destination-wildcard	用于目标地址的通配符位
operator	（可选）比较源或目的端口。可能的运算符包括： 1）it（小于） 2）gt（大于） 3）eq（等于） 4）neq（不等于） 5）range（包括的范围）
port	（可选）十进制的 TCP/UDP 端口号或名称
established	（可选）仅用于 TCP，指示已建立的连接

图 9-7 所示为扩展 ACL 的示例。在本示例中，网络管理员已经配置了用于限制网络访问的 ACL，只允许从与接口 G0/0 连接的 LAN 对任何外部网络进行网页浏览。ACL 101 允许来自 192.168.10.0 网络中任何地址的流量发送到任何目的地，条件是这些流量仅适用端口 80（HTTP）和 443（HTTPS）。

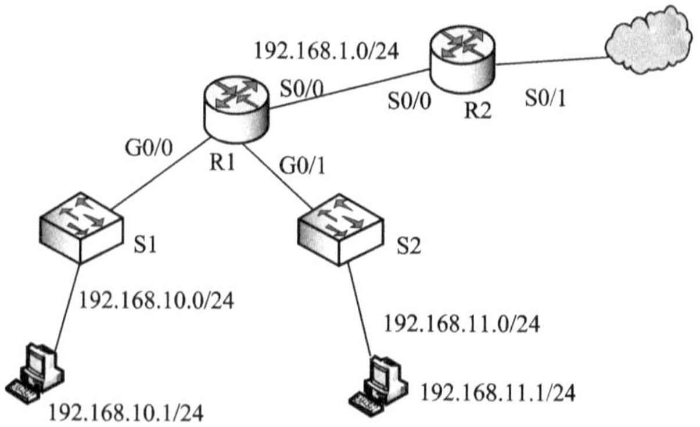

图 9-7 配置扩展 ACL

HTTP 的性质要求流量从通过内部客户端访问的网站返回到网络中。网络管理员希望将返回的流量限制为从所请求网站进行 HTTP 交换，同时拒绝所有其他流量。ACL 102 即可实现这一点，它会阻止除之前建立的连接以外的所有其他传入流量。ACL 104 中的 permit 语句使用 established 参数允许入站流量。

established 参数仅允许对源自 192. 168. 10. 0/24 网络的流量作出的响应返回该网络。当返回的 TCP 数据段具有 ACK 或重置（RST）位时将出现匹配项，表示该数据包属于现有连接。如果 ACL 语句中没有 established 参数，则客户端可以向 Web 服务器发送流量，但不会收到从 Web 服务器返回的流量。

9. 4. 3 应用扩展 ACL

1. 应用 ACL 于接口

在上述示例中，网络管理员配置了 ACL，允许来自 192. 168. 10. 0/24 网络的用户同时浏览不安全网站和安全网站。虽然已配置完毕，但只有将 ACL 应用于接口时，ACL 才能过滤流量。要将 ACL 应用到接口上，首先要考虑需要过滤的流量是传入还是传出流量。当内部 LAN 上的用户访问 Internet 中的网站时，流量是从 LAN 发出的；当内部用户收到来自 Internet 的一封电子邮件时，流量是传入本地路由器的。但是，在将 ACL 应用于接口时，传入和传出具有不同的含义。从 ACL 方面来讲，传入和传出与路由器接口有关。

在图 9-8 的拓扑中，R1 有 3 个接口：一个串行接口 S0/0 和两个千兆以太网接口 G0/0 和 G0/1。通常将扩展 ACL 应用到靠近源的位置上。在该拓扑中，离目标流量的源最近的接口是 G0/0 接口。

来自 192. 168. 10. 0/24 LAN 上的用户的 Web 请求流量对于 G0/0 接口来说是入站。从已建立连接向 LAN 上的用户返回的流量是从 G0/0 接口出站。该示例在 G0/0 接口的两个方向上都应用了 ACL，入站 ACL 101 将检查离开网络的流量类型，出站 ACL 102 检查从已建立连接返回的流量，这会将 192. 168. 10. 0 的 Internet 访问限定为仅允许浏览网站。

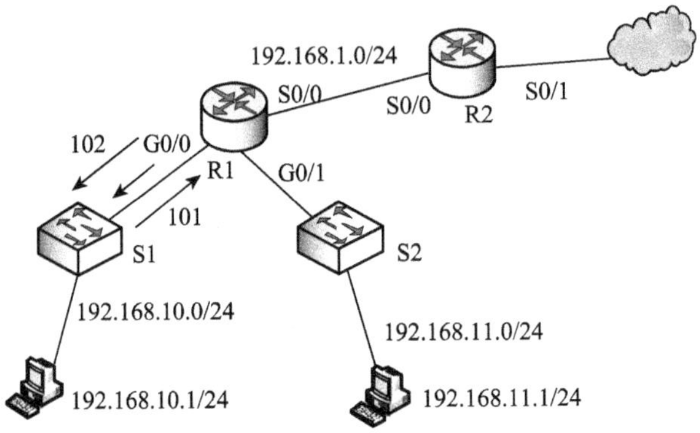


```
R1(config) #access-list 101 permit tcp 192.168.10.0 0.0.0.255 any eq 80
R1(config) #access-list 101 permit tcp 192.168.10.0 0.0.0.255 any eq 443
R1(config) #access-list 102 permit tcp any 192.168.10.0 0.0.0.255 established
R1(config) # interface g0/0
R1(config-if) # ip access-group 101 in
R1(config-if) # ip access-group 102 out
```

图 9-8　将 ACL 应用于接口

2. 使用扩展 ACL 过滤流量

图 9-9 所示的示例拒绝来自子网 192. 168. 11. 0 的 FTP 流量进入子网 192. 168. 10. 0，但允许所有其他流量。请注意通配符掩码的使用以及显示 deny any 语句。请记住，FTP 使用 TCP 端口 20 和 21，因此 ACL 要求同时使用端口名称关键字 ftp 和 ftp-data 或 eq 20 和 eq 21 才能拒绝 FTP。

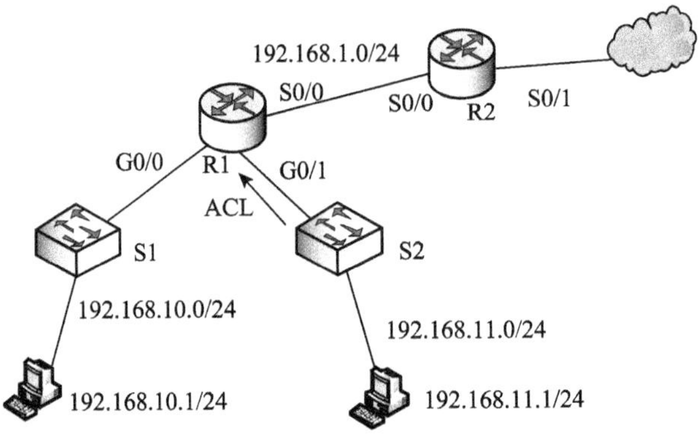


```
R1(config) #access-list 101 deny tcp 192.168.11.0 0.0.0.255 192.168.10.0
0.0.0.255 eq ftp
R1(config) #access-list 101 deny tcp 192.168.11.0 0.0.0.255 192.168.10.0
0.0.0.255 eq ftp-data
R1(config) #access-list 101 permit ip any any
R1(config) #interface g0/1
R1(config-if) #ip access-group 101 in
```

图 9-9　拒绝 FTP 的扩展 ACL

如果是使用端口号而不是使用端口名称，则命令将写为：

```
access-list 101 permit tcp 192.168.20.0 0.0.0.255 any eq 20
access-list 101 permit tcp 192.168.20.0 0.0.0.255 any eq 21
```

为了防止 ACL 末尾隐含的 deny any 语句拦截所有流量，可以添加 permit ip any any 语句。如果 ACL 中一条 permit 语句也没有，则应用了该 ACL 的接口会丢弃所有流量。应当将 ACL 应用于 G0/1 接口的入站方向，以便在流量进入路由器接口时过滤来自 192. 168. 11. 0/24 LAN 的流量。

在图 9-10 所示的示例中，拒绝来自任何源地址的 Telnet 流量发送到 192.168.11.0/24 LAN，但允许所有其他 IP 流量。

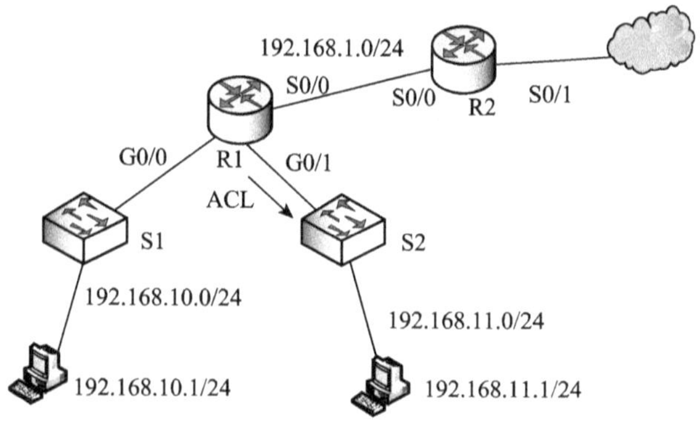


```
R1(config) #access-list 102 deny tcp any 192.168.11.0 0.0.0.255 eq 23
R1(config) #access-list 102 permit ip any any
R1(config) #interface g0/1
R1(config-if) #ip access-group 102 out
```

图 9-10　拒绝 Telnet 的扩展 ACL

由于发往 192.168.11.0/24 LAN 的流量从接口 G0/1 发出，因此可以使用 out 关键字将 ACL 应用到 G0/1。注意 permit 语句中 any 关键字的使用，添加这条 permit 语句，以确保其他流量不会受到阻止。

3. 创建命名扩展 ACL

实际上，命名扩展 ACL 的创建方法和命名标准 ACL 的创建方法相同。请按照以下步骤使用名称创建扩展 ACL：

1）进入全局配置模式，使用 ip access-list extended name 命令定义扩展 ACL 的名称。

2）在命名 ACL 配置模式中，指定 permit 或 deny 的条件。

3）返回特权 EXEC 模式，并使用 show access-lists name 命令检验 ACL。

4）使用 copy running-config startup-config 命令保存配置文件中的条目。

要删除命名扩展 ACL，请使用 no ip access-list extended name 全局配置命令。

将图 9-10 的示例改为命名扩展 ACL，如图 9-11 所示。

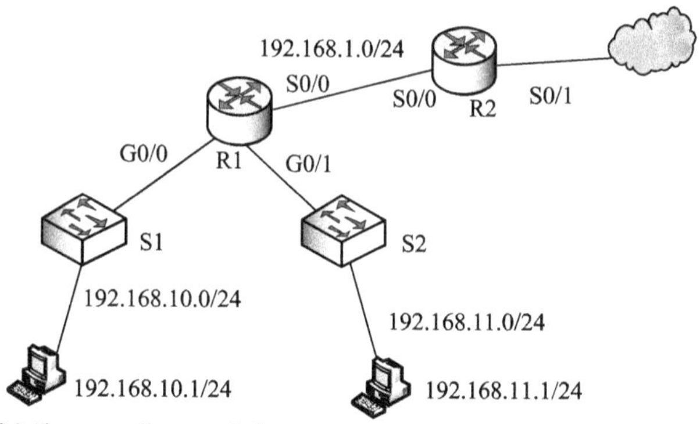


```
R1(config) #ip access-list extended test
R1(config-ext-nacl) #deny tcp any 192.168.11.0 0.0.0.255 eq 23
R1(config-ext-nacl) #permit ip any any
R1(config) #interface g0/1
R1(config-if) #ip access-group test out
```

图 9-11　创建命名扩展 ACL

4. 检验扩展 ACL

当 ACL 已配置并已应用于接口后，可以使用 Cisco IOS show 命令检验配置。在下列输出中，顶部的示例显示了用于显示所有 ACL 内容的 Cisco IOS 命令。底部的示例显示了在路由器 R1 上发出 show ip interface g0/0 命令后得到的结果。

```
R1#show access-lists
    Extended IP access list BROWSING
    10 permit tcp any 192.168.10.0 0.0.0.255 established
    Extended IP access list SURFING
    10 permit tcp 192.168.10.0 0.0.0.255 any eq www
    20 permit tcp 192.168.10.0 0.0.0.255 any eq 443
    R1#
    R1#show ip interface g0/0
    GigabitEthernet0/0 is up,line protocol is up
    Internet address is 192.168.10.1/24
 <output omitted for brevity>
    Outgoing access list is BROWSING
    Inbound access list is SURFING
 <output omitted for brevity>
```

与标准 ACL 不同，扩展 ACL 并不实施相同的内部逻辑和散列（Hash）函数。show access-lists 命令输出中显示的输出和序列号就是语句的输入顺序。host 条目不会自动列在 range 条目之前。

show ip interface 命令用于检验接口上应用的 ACL 及其应用方向。此命令的输出包括访问列表的编号或名称以及应用 ACL 的方向。采用大写字母表示的 ACL 名称（BROWSING 和 SURFING）在屏幕输出中显得非常醒目。

在完成 ACL 配置的验证后，下一步就是确认 ACL 是否按计划运行，如预期一样拦截和允许流量。

本节先前所述指导原则建议，应当在测试网络上配置 ACL，然后在生产网络中实施。

5. 编辑扩展 ACL

扩展 ACL 的编辑过程和前文所述标准 ACL 的编辑过程相同。通过以下方式可以修改扩展 ACL。

1）文本编辑器：使用此方法时，将 ACL 复制并粘贴到文本编辑器中，在文本编辑器中进行更改。使用 no access-list 命令删除当前访问列表，然后将修改过的 ACL 重新粘贴到配置中。

2）序列号：序列号可用于删除或插入 ACL 语句。使用 ip access-list extended name 命令进入命名 ACL 配置模式。如果是编号 ACL 而不是命名 ACL，则将 ACL 编号用到 name 参数中。可以插入或删除 ACE。

要查看当前序列号，请使用 show access-lists 命令。需要编辑的语句标识为语句 10，使用 no sequence_#命令删除原始语句。添加纠正后的语句，以替换原始语句。

任务 5　排除 ACL 故障

每位网络管理员工作的一部分就是排除 ACL 故障。本节将介绍入站和出站 ACL 之间的逻辑。

9.5.1 入站 ACL 的逻辑

如果数据包报头中的信息与某条 ACL 语句匹配，则会跳过列表中的其他语句，由匹配的语句决定是允许还是拒绝该数据包。如果数据包报头与 ACL 语句不匹配，那么将使用列表中的下一条语句测试数据包。此匹配过程会一直继续，直到抵达列表末尾。

每条 ACL 的末尾都有一条语句，该语句是一条隐式 deny any 语句，即该语句在输出中不显示，适用于不满足之前任何条件的所有数据包。这条最后的测试条件与所有其他数据包都匹配，并会产生“拒绝”操作。此时路由器不会让这些数据进入或送出接口，而是直接丢弃它们。由于该语句的存在，所以 ACL 中应该至少包含一条 permit 语句，否则 ACL 将阻止所有流量。

9.5.2 出站 ACL 的逻辑

在数据包转发到出站接口之前，路由器检查路由表以查看是否可以路由该数据包。如果该数据包不可路由，则将其丢弃，并且不进行 ACE 测试。接下来，路由器检查出站接口是否配置有 ACL，如果出站接口没有配置 ACL，那么数据包可以发送到输出缓冲区。下面是出站 ACL 的运作示例。

1）没有 ACL 应用于接口：如果出站接口没有配置出站 ACL，那么数据包可以直接发送到出站接口。

2）ACL 应用于接口：如果出站接口配置有出站 ACL，那么只有在经过出站接口所关联的 ACE 语句的测试之后，才会将数据包发送到出站接口。根据 ACL 测试的结果，数据包会被允许或拒绝。

对于出站列表，“允许”表示将数据包发送到输出缓冲区，而“拒绝”则表示丢弃数据包。

9.5.3 ACL 逻辑的工作原理

当数据包到达路由器接口时，无论是否使用 ACL，路由器过程都是相同的。当帧进入接口时，路由器查看其第二层目的地址是否与其第二层接口地址匹配，或查看该帧是否是广播帧。

如果可以接受该帧地址，那么路由器将解封装帧信息，并检查入站接口上的 ACL。如果存在 ACL，则按照列表中的语句测试该数据包。

如果数据包与某条语句匹配，则根据结果允许或拒绝该数据包。如果数据包被接受，将检查路由表条目来确定目的接口。如果目标存在路由表条目，数据包将被转发到送出接口，否则数据包将被丢弃。

接下来，路由器检查出站接口是否具有 ACL。如果存在 ACL，则按照列表中的语句测试该数据包。如果数据包与某条语句匹配，则根据结果允许或拒绝该数据包。如果没有 ACL 或数据包被允许，则将数据包封装在新的第二层协议中，并从相应接口转发到下一台设备。

项目小结

本章介绍了如何使用 ACL 实现流量控制，标准和扩展 IPv4 ACL 之间的差别是什么，ACL 如何使用通配符掩码，放置 ACL 的指导原则是什么，如何配置标准 IPv4 ACL 来过滤流量，如何配置扩展 IPv4 ACL 来过滤流量以及如何排除 ACL 故障？

ACL 要么配置用于入站流量，要么用于出站流量。标准 ACL 可以用于允许或拒绝仅来自源 IPv4 地址的流量，不涉及数据包的目的地址和相应的端口。放置标准 ACL 的基本规则是使其接近目的地址的位置。扩展 ACL 根据多种属性过滤数据包：协议类型、源或目的 IPv4 地址及源或目的端口。放置扩展 ACL 的基本规则是将其置于尽量靠近源地址的位置。

项目练习

1. 网络和通配符掩码为 192.168.70.0 0.0.0.127 代表的 IP 地址范围是（　　）。
   A. 192.168.70.0 ~ 192.168.70.127
   B. 192.168.70.0 ~ 192.168.70.255
   C. 192.168.70.0 ~ 192.168.70.63
   D. 192.168.70.0 ~ 192.168.71.255
2. 网络和通配符掩码为 192.168.70.0 0.0.1.255 代表的 IP 地址范围是（　　）。
   A. 192.168.70.0 ~ 192.168.71.255
   B. 192.168.70.0 ~ 192.168.70.255
   C. 192.168.70.0 ~ 192.168.73.255
   D. 192.168.70.0 ~ 192.168.76.255
3. 网络和通配符掩码为 172.16.32.0 0.0.15.255 代表的 IP 地址范围是（　　）。
   A. 172.16.32.0 ~ 172.16.47.255
   B. 172.16.32.0 ~ 172.16.34.255
   C. 172.16.32.0 ~ 172.16.63.255
   D. 172.16.32.0 ~ 172.16.240.255
4. 下列各组访问控制条目中，允许 192.168.10.0/24 网络上的所有用户访问位于 172.17.80.1 的 Web 服务器，但是不允许它们使用 Telnet 的是（　　）。
   A. access-list 103 deny tcp host 192.168.10.0 any eq 23
      access-list 103 permit tcp host 192.168.10.1 eq 80
   B. access-list 103 permit 192.168.10.0 0.0.0.255 host 172.17.80.1
      access-list 103 deny tcp 192.168.10.0 0.0.0.255 any eq telnet
   C. access-list 103 permit tcp 192.168.10.0 0.0.0.255 host 172.17.80.1 eq 80
      access-list 103 deny tcp 192.168.10.0 0.0.0.255 any eq 23
   D. access-list 103 permit tcp 192.168.10.0 0.0.0.255 any eq 80
      access-list 103 deny tcp 192.168.10.0. 0.0.0.255 any cq 23
5. 在将 ACL 应用到路由器接口的过程中，被指定为出站流量的是（　　）。
   A. 从源 IP 地址到路由器的流量
   B. 离开路由器，流向目的主机的流量
   C. 从目的 IP 地址到路由器的流量
   D. 路由器找不到路由表条目的流量
6. 扩展 ACL 中的 established 参数的作用是（　　）。
   A. 阻止所有入站流量到达网络
   B. 仅当作为与内部主机现有连接的一部分时，才允许外部流量进入网络
   C. 允许外部来源将未经请求的信息申请发送到网络中的源 IP 地址
   D. 允许来自授权源地址的流量到达网络之外的任何目的地
7. ACL 主要用于过滤流量，其两项额外的用途是（　　）。
   A. 指定身份验证的源地址　　B. 指定 NAT 的内部主机
   C. 确定 QoS 通信　　D. 重新组织进入 VLAN 的流量
   E. 过滤 VTP 数据包

8. 下列关于扩展ACL的说法中，正确的两项是（　　）。
   A. 扩展ACL使用1～99的编号范围
   B. 扩展ACL以隐式permit语句结尾
   C. 扩展ACL会检查源地址和目的地址
   D. 可通过添加对端口号的检查进一步定义ACL
   E. 可将多个相同方向的ACL放置到同一个接口上

项目实训

配置访问控制列表

1. 实训目的

1）了解ACL的功能。

2）掌握标准ACL的配置方法。

3）掌握扩展ACL的配置方法和应用场合。

2. 实训设备

1）PC1台。

2）交换机两台。

3）路由器1台。

4）服务器1台。

3. 实训任务

情景：据最近的报告称，中小型企业网络中的病毒呈上升趋势。网络管理员跟踪网络性能，发现一台特定主机不断从远程FTP服务器下载文件，该主机可能是整个网络长期存在的病毒来源。

要求：编写一个命名ACL来拒绝该主机访问FTP服务器，将该ACL应用到路由器的最有效的接口。

通过尝试访问FTP服务器的地址，检验该ACL能否拒绝主机访问FTP服务器。

项目 10　网络地址转换

Internet 上的所有公有 IPv4 地址必须使用地区 Internet 注册管理机构（RIR）进行注册。企业可以通过 ISP 租用公有地址，但只有已注册的公有 Internet 地址持有者才可以将该地址分配给网络设备。但是，IPv4 地址空间很有限，43 亿个地址是最大理论值。在 1981 年首次开发 TCP/IP 协议簇（包括 IPv4）时，开发者从未想象过 Internet 会变成什么样。当时，PC 主要是为了满足爱好者的好奇心，而万维网还是在十多年以后才出现的。

随着 PC 的激增和万维网的出现，很快 43 亿个 IPv4 地址就不够用了。长期解决方案是 IPv6，但是现在迫切需要更快的地址耗尽解决方案。就短期而言，IETF 实施了几种解决方案，包括网络地址转换（NAT）和 RFC 1918 私有 IPv4 地址。本章讨论 NAT 与私有地址空间一起如何用于节省并更有效地使用 IPv4 地址，从而让各种规模的网络访问 Internet。

在互联网中，各设备之间要实现连通性，则每个设备必须具有一个公有 IP 地址。目前，大多数企业仅仅申请注册了一个或几个公有 IPv4 地址，而内部网络中主机数量远远大于注册的 IP 地址数量，那么采用何种技术才能保证企业内部主机均可以接入互联网呢？

本章学习目标

1）了解 NAT 的应用场合。
2）了解 NAT 的分类及其工作原理。
3）掌握常见 NAT 的应用配置。
4）了解 NAT 的优点和缺点。
5）了解在实际网络中能够灵活选择合适的 NAT。

任务 1　了解 NAT 的工作原理

10.1.1　IPv4 私有地址空间

公有 IPv4 地址不足以为每台连接到 Internet 的设备分配一个唯一地址。通常使用 RFC 1918 "私有网络地址分配" 中定义的私有 IPv4 地址来实施网络。表 10-1 显示了 RFC 1918 中所包含的地址范围。

表 10-1　RFC 1918 中定义的私有 Internet 地址

类别	RFC 1918 内部地址范围	CIDR 前缀
A	10. 0. 0. 0 ~ 10. 255. 255. 255	10. 0. 0. 0/8
B	172. 16. 0. 0 ~ 172. 31. 255. 255	172. 16. 0. 0/12
C	192. 168. 0. 0 ~ 192. 168. 255. 255	192. 168. 0. 0/16

这些私有地址可在企业或站点内使用，允许设备进行本地通信。但是，由于这些地址没有标识任何一个公司或组织，因此私有 IPv4 地址不能通过 Internet 路由。为了使具有私有 IPv4 地

址的设备能够访问本地网络之外的设备和资源，必须首先将私有地址转换为公有地址。

如图10-1所示，NAT提供了私有地址到公有地址的转换过程。这使具有私有IPv4地址的设备能够访问其私有网络之外的资源，例如在Internet上找到的资源。NAT与私有IPv4地址相结合，已证明是一个用于节约公有IPv4地址的有效方法。单个公有IPv4地址可以由数百甚至数千台设备共享，而且每台设备配置一个唯一的私有IPv4地址。

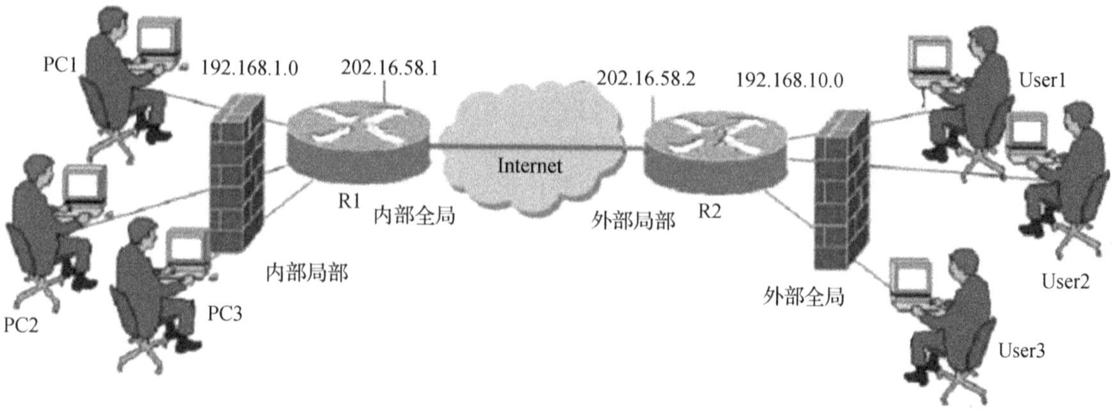

图10-1 NAT工作原理拓扑图

如果没有NAT，则IPv4地址空间耗尽问题可能早在2000年之前就会出现。但是，NAT也有一些限制，这将在本章后续部分探讨。为了应对IPv4地址空间耗尽问题以及NAT的局限性，最终需要向IPv6过渡。

10.1.2 什么是NAT

NAT有很多作用，但其主要作用是节省了公有IPv4地址。它通过允许网络在内部使用私有IPv4地址，而只在需要时提供到公有地址的转换，从而实现这一作用。NAT还能在一定程度上增加网络的私密性和安全性，因为它对外部网络隐藏了内部IPv4地址。

可以为启用NAT的路由器配置一个或多个有效的公有IPv4地址，这些公有地址称为NAT池。当内部设备将流量发送到网络外部时，启用NAT的路由器会将设备的内部IPv4地址转换为NAT池中的一个公有地址。对外部设备而言，所有进出网络的流量好像都有一个取自所提供地址池中的公有IPv4地址。

NAT路由器通常工作在末节网络边界。末节网络是一个与其相邻网络具有单个连接的网络，而且单进单出。在图10-1的示例中，R1和R2均为边界路由器。对ISP来说，R1和R2构成末节网络。

当末节网络内的设备想要与其网络外部的设备通信时，会将数据包转发到边界路由器。边界路由器会执行NAT过程，将设备的内部私有地址转换为公有的外部可路由地址。

任务2 了解NAT的类型

NAT有以下3种类型：

1）静态NAT。在静态NAT中，内部网络中的每个主机都被永久映射成外部网络中的某个合法的地址。静态NAT将内部本地地址与内部全局地址进行一对一的转换。如果内部网络有E-mail服务器或FTP服务器等可以为外部用户提供的服务，这些服务器的IP地址必须采用静态地址转换，以便外部用户可以访问这些服务。

2）动态 NAT。动态 NAT 是指动态一对一的映射。动态 NAT 首先要定义合法地址池，然后采用动态分配的方法映射到内部网络。

3）端口 NAT（PAT）。PAT 是把内部地址映射到外部网络 IP 地址的不同端口上，从而可以实现多对一的映射。由上面推论，PAT 理论上可以同时支持（65535 - 1024）= 64511 个会话连接。但是实际使用中由于设备性能和物理连接特性是不能达到的，Cisco 的路由器 NAT 功能中每个公共 IP 最多能有效地支持大约 4000 个会话。另外 PAT 对于节省 IP 地址是最为有效的。

10.2.1　静态 NAT

静态 NAT 是将内部网络的私有 IP 地址转换为公有 IP 地址。IP 地址是一对一的，是一成不变的，某个私有 IP 地址只转换为某个公有 IP 地址。借助于静态转换，可以实现外部网络对内部网络中某些特定设备（如服务器）的访问。这些内部本地地址和外部全局地址映射由网络管理员进行配置，并保持不变。

在图 10-2 中，边界路由器上配置了内网服务器的内部本地地址的静态映射。当这些设备向 Internet 发送流量时，它们的内部本地地址将转换为已配置的内部全局地址。对外部网络而言，这些设备具有公有 IPv4 地址。

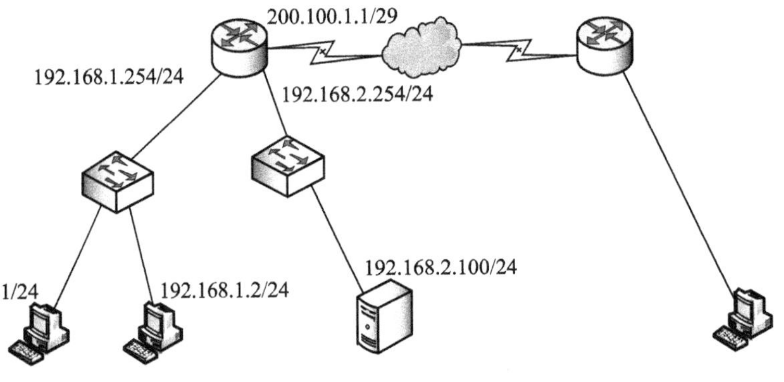

图 10-2　静态 NAT 拓扑图

静态 NAT 对于必须具有可从 Internet 访问的一致地址的 Web 服务器或设备特别有用，比如公司的 Web 服务器，而且对于必须支持授权人员离线访问而不支持 Internet 上的普通大众访问的设备也很有用。例如，来自外网的网络管理员可以使用 SSH 连接到服务器的内部全局地址（200.100.1.1），边界路由器将此内部全局地址转换为内部本地地址，并将管理员的会话连接到服务器。

为了满足所有同时发生的用户会话需要，静态 NAT 要求有足够的公有地址可用。

10.2.2　动态 NAT

动态 NAT 是指将内部网络的私有 IP 地址转换为公有 IP 地址时，IP 地址是不确定的，即是随机的，所有被授权访问上 Internet 的私有 IP 地址可随机转换为任何指定的合法 IP 地址。也就是说，只要指定哪些内部地址可以进行转换，以及用哪些合法地址作为外部地址时，就可以进行动态转换。动态转换可以使用多个合法内部地址集。当 ISP 提供的合法 IP 地址略少于网络内部的计算机数量时，可以采用动态转换的方式。但在一个时间点上，同时访问外网的主机数量不会多于地址中的公有 IP 地址数量，只有释放后才能被其他的内网主机重新获取分配。即在一个时间点上是一对一的关系，在一个时间段上是一对多的关系。

动态 NAT 使用公有地址池，并以先到先得的原则分配这些地址。当内部设备请求访问外部网络时，动态 NAT 会从地址池中分配一个公共 IPv4 地址。

在图 10-2 中，内部网络中的主机需要将数据发送到 Internet 时，都需要在边界路由器上完成内部 IP 地址到公有 IP 地址的转换。

与静态 NAT 类似，为了满足所有同时发生的用户会话需要，动态 NAT 要求有足够的公有地址可用。

10.2.3　端口 NAT

端口 NAT（PAT，也称为 NAT 过载）是指改变外出数据包的源端口并进行端口转换，采用端口多路复用方式。如图 10-3 所示，内部网络的所有主机均可共享一个合法外部 IP 地址实现对 Internet 的访问，从而可以最大限度地节约 IP 地址资源。同时，又可隐藏网络内部的所有主机，有效避免来自 Internet 的攻击。目前大多数家用路由器都是如此，即 ISP 为路由器分配了一个地址，而几个家庭成员可以同时访问 Internet。目前网络中应用最多的就是端口 NAT 的方式。

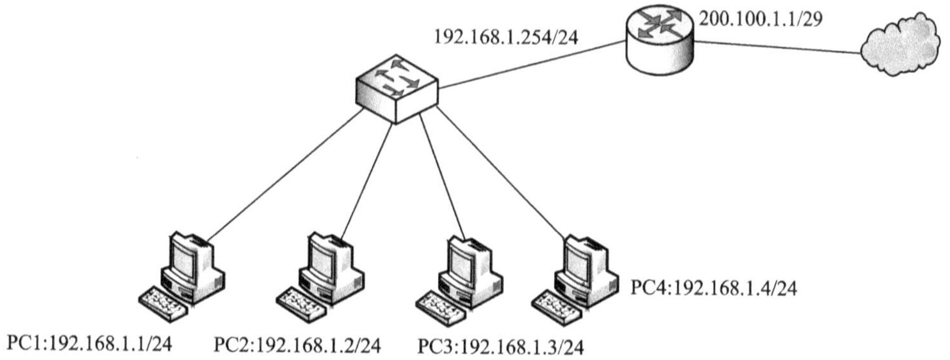

图 10-3　PAT 拓扑图

PAT 可以将多个地址映射到一个或少数几个地址，因为每个私有地址也会用端口号加以跟踪。当设备发起 TCP/IP 会话时，它将生成 TCP 或 UDP 源端口值，以唯一标识会话。当 NAT 路由器收到来自客户端的数据包时，将使用其源端口号来唯一确定特定的 NAT 转换。

PAT 确保设备使用不同的 TCP 端口号与 Internet 上的服务器进行对话。当服务器返回响应时，源端口号（在回程中变成目的端口号）决定路由器将数据包转发到哪个设备。PAT 流程还会确认是否请求过传入的数据包，因此这在一定程度上提高了会话的安全性。

图 10-3 中路由器上的地址转换见表 10-2。

表 10-2　PAT 转换表

内部私有 IP 地址	外部公有 IP 地址
192. 168. 1. 1:1500	200. 100. 1. 1:1500
192. 168. 1. 2:1500	200. 100. 1. 1:1501
192. 168. 1. 3:1510	200. 100. 1. 1:1510
192. 168. 1. 4:1511	200. 100. 1. 1:1511

当数据包经过路由器时，它使用端口号来识别发起数据包的设备。源地址为内部本地地址加上 TCP/IP 分配的端口号，目的地址为外部本地地址加上服务的端口号。

对于源地址，路由器会将内部本地地址转换为内部全局地址，并添加端口号。目的地址未做更改，但此时称为外部全局 IP 地址。当 Web 服务器做出回复时，路径正好相反。

路由器在为内部地址转换添加端口号时，会试图保留原始的源端口，如果此端口未被使用则分配与源端口一样的端口号，如果这些端口号已被其他正在进行的会话所使用，则路由器会从相应源端口开始搜索下一个可用的端口号。如果没有其他可用端口，而地址池中的外部地址多于一个，则 PAT 会进入下一地址并尝试重新分配原始的源端口。这一过程会一直持续，直到不再有可用端口或外部 IP 地址。

10.2.4 比较 NAT 和 PAT

总结 NAT 和 PAT 之间的差异将有助于理解这两者。

1. NAT 方式

这种方式指在出方向上转换 IP 报文头中的源 IP 地址，而不对端口进行转换。NAT 方式下私有网络地址和外部网络地址之间建立一对一映射，不能达到内部网多台主机共用同一个公网地址访问外部网络的目的，所以在实际应用中很少采用这种方式。而由于内外网地址一一对应，实现比较简单，只转换 IP 报文头中的 IP 地址，所以适用于所有 IP 报文转换。

2. PAT 方式

此方式利用了 TCP/UDP 的端口号进行地址转换。PAT 方式的地址转换是采用了“地址 + 端口”的映射方式，因此可以使内部局域网的许多主机共享一个 IP 地址访问 Internet。在私有网络地址和外部网络地址之间建立多对一映射，达到了内部网多台主机共用同一个公网地址访问外部网络的目的，所以在实际应用中多数采用这种方式。PAT 方式下不同的内部网地址，转换时采用相同的公网地址，并依靠不同的端口号来区分每一个内部网主机。在使用 PAT 方式的地址转换时，既转换了数据包中的源地址也转换了数据包中的端口信息。

显然可以看出，NAT 方式的地址转换只能适用在 TCP/UDP 中，一般称只转换地址方式的地址转换为“简单的地址转换”；PAT 方式需要转换 IP 地址和端口信息，所以只使用于 TCP/UDP 报文的转换。

10.2.5 NAT 的优缺点

1. NAT 的优点

1）NAT 允许对内部网络实行私有寻址，从而维护合法注册的公有寻址方案。NAT 通过应用程序端口级别的多路复用节省了地址。利用 NAT 过载，对于所有外部通信，内部主机可以共享一个公有 IPv4 地址。在这种配置类型中，只需极少的外部地址就可支持很多内部主机。

2）NAT 增强了与公有网络连接的灵活性。为了确保可靠的公有网络连接，可以实施多池、备用池和负载均衡池。

3）NAT 为内部网络寻址方案提供了一致性。在不使用私有 IPv4 地址和 NAT 的网络上，更改公有 IPv4 地址方案时需要对现有网络上的所有主机重新寻址，而主机重新寻址的成本会非常高。NAT 允许维持现有的私有 IPv4 地址方案，同时能够很容易地更换为新的公有寻址方案。这意味着公司可以更换 ISP 而不需要更改任何内部客户端。

4）NAT 提供了网络安全性。由于私有网络在实施 NAT 时不会通告其他地址或内部拓扑，因此在实现受控外部访问的同时能确保安全。不过，NAT 不能取代防火墙。

2. NAT 的缺点

NAT 确实有一些缺点。Internet 上的主机看起来是直接与启用 NAT 的设备通信，而不是与私有网络内部的实际主机通信，这一事实会造成几个问题。

使用 NAT 的一个缺点就是影响网络性能，尤其是对实时协议（如 VoIP）的影响。转换数据包报头内的每个 IPv4 地址需要时间，因此 NAT 会增加交换延迟。第一个数据包采用进程交换，它始终会经过较慢的路径。路由器必须查看每个数据包，以决定是否需要转换。路由器必须更改 IPv4 报头，甚至可能要更改 TCP 或 UDP 报头。每次进行转换时，都必须重新计算 IPv4 报头校验和以及 TCP 或 UDP 校验和。如果缓存条目存在，则其余数据包经过快速交换路径，否则也会被延迟。

使用 NAT 的另一个缺点是端到端寻址的丢失。许多互联网协议和应用程序取决于从源到目的地的端到端寻址。某些应用程序不能与 NAT 配合使用。例如，一些安全应用程序（如数字签名）会因为源 IPv4 地址在到达目的地之前发生改变而失败。使用物理地址而非限定域名的应用程序无法到达经过 NAT 路由器转换的目的地。有时，通过实施静态 NAT 映射可避免此问题。

另外，端到端 IPv4 可追溯性也会丧失。由于经过多个 NAT 地址转换点，数据包地址已改变很多次，因此追溯数据包将更加困难，排除故障也更具挑战性。

使用 NAT 也会使隧道协议（如 IPSec）更加复杂，因为 NAT 会修改报头中的值，从而干扰 IPSec 和其他隧道协议执行的完整性检查。

另外，需要外部网络发起 TCP 连接的一些服务，或者无状态协议（诸如使用 UDP 的无状态协议），可能会中断。除非对 NAT 路由器进行配置来支持此类协议，否则传入的数据包将无法到达目的地。一些协议可以支持参与通信的双方中的一方采用 NAT 机制（如被动模式 FTP），但是当两个系统均通过 NAT 与 Internet 分隔时，这些协议会失败。

任务3　配置 NAT

NAT 的配置通常在边界路由器上实现。在配置网络地址转换的过程之前，首先必须搞清楚内部接口和外部接口，以及在哪个外部接口上启用 NAT。通常情况下，连接到用户内部网络的接口是 NAT 内部接口，而连接到外部网络（如 Internet）的接口是 NAT 外部接口。

10.3.1　配置静态 NAT

静态 NAT 为内部地址和外部地址的一对一映射。静态 NAT 允许外部设备使用静态分配的公有地址发起与内部设备的连接。例如，可以将内部 Web 服务器映射到特定的内部全局地址，以便从外部网络对其进行访问。

图 10-4 和表 10-3 显示了一个内部网络，它包含一个具有私有 IPv4 地址和 Web 服务器。

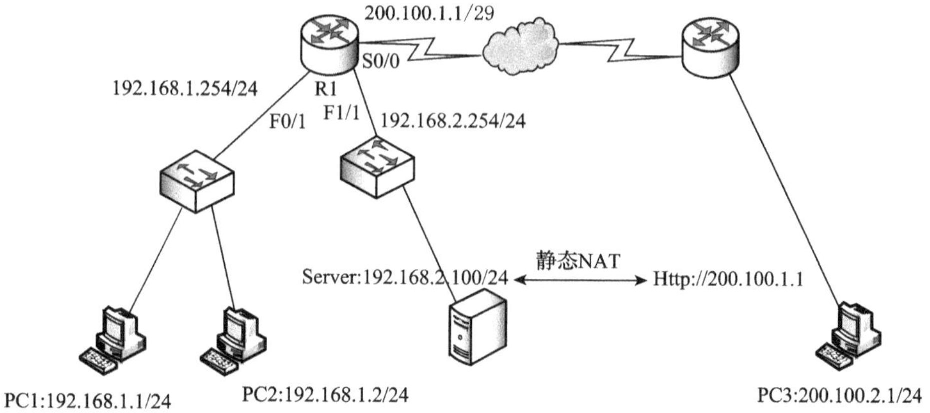

图 10-4　静态 NAT 拓扑

表 10-3　静态 NAT 表

内部本地地址	内部全局地址
192.168.2.100	200.100.1.1

路由器 R1 上配置了静态 NAT，以允许外部网络（Internet）上的设备访问 Web 服务器。外部网络中的客户端使用公有 IPv4 地址访问 Web 服务器。静态 NAT 可以将公有 IPv4 地址转换为私有 IPv4 地址。

1. 配置静态 NAT

在配置静态 NAT 转换时，有两个基本任务：

1）指定参与转换的接口配置为内部或外部接口。在本示例中，R1 的 F1/1 接口为内部接口，而 S0/0 为外部接口。

2）指定接口之后，就是建立内部本地地址与内部全局地址之间的映射。例如，图 10-4 和表 10-3 中的内部本地地址 192.168.2.100 和内部全局地址 200.100.1.1 已配置为静态 NAT 转换。

对经过已配置的内部本地 IPv4 地址（192.168.2.100）到达 R1 内部接口（F1/1）的数据包进行转换，然后将其转发到外部网络。到达 R1 外部接口（S0/0）的数据包，其目的地址是已配置的内部全局 IPv4 地址（200.100.1.1），将该目的地址转换为内部本地地址（192.168.2.100），然后将数据包转发到内部网络。

配置静态 NAT 所需的步骤及命令如下。

1）指定内部接口：

```
Router(config)#interface type number      //输入 interface 命令,CLI 提示符从 Router
(config)#变为 Router(config-if)#
```

2）将接口标记为连接内部网络的接口：

```
Router(config-if)#ip nat inside
```

3）退出接口配置模式：

```
Router(config-if)#exit
```

4）指定外部接口：

```
Router(config)#interface type number
```

5）将接口标记为连接外部网络的接口：

```
Router(config-if)#ip nat outside
```

6）建立内部本地地址和内部全局地址之间的静态转换：

```
Router(config)#ip nat inside source static local-ip global-ip     //输入 no ip
inside source static 全局配置模式命令以删除静态源转换
```

以下命令用于在图 10-4 中配置静态 NAT 拓扑。

1）配置内部接口：

```
R1(config)#interface f1/1
R1(config-if)#ip address 192.168.2.254 255.255.255.0
R1(config-if)#ip nat inside
R1(config-if)#exit
```

2）配置外部接口：

```
R1(config)#interface s0/0
R1(config-if)#ip address 200.100.1.1 255.255.255.248
R1(config-if)#ip nat outside
R1(config-if)#exit
```

3）配置地址映射：

```
R1(config)#ip nat inside source static 192.168.2.100 200.100.1.1
```

通过如上所示配置，R1 将来自 Web 服务器（地址 192.168.2.100）的数据包转换到公有 IPv4 地址 200.100.1.1。Internet 客户端向公有 IPv4 地址 200.100.1.1 发送网页请求，R1 将此流量转发到位于 192.168.2.100 的 Web 服务器。

2. 分析静态 NAT

使用上述配置，图 10-4 说明了客户端和 Web 服务器之间的静态 NAT 转换过程。当外部网络（Internet）上的客户端需要到达内部网络上的服务器时，通常使用静态转换。

1）客户端想要打开与 Web 服务器的连接。客户端使用公有 IPv4 目的地址 200.100.1.1 将数据包发送到 Web 服务器。该地址是 Web 服务器的内部全局地址。

2）R1 在其 NAT 外部接口上收到来自客户端的第一个数据包，这使得 R1 开始检查 NAT 表。目的 IPv4 地址位于 NAT 表中，因此对其进行转换。

3）R1 使用内部本地地址 192.168.2.100 替换内部全局地址 200.100.1.1。R1 随后将数据包转发到 Web 服务器。

4）Web 服务器接收数据包，并使用内部本地地址 192.168.2.100 对客户端做出响应。

5）R1 在其 NAT 内部接口上接收来自 Web 服务器的数据包，该 NAT 内部接口具有 Web 服务器内部本地地址（192.168.2.100）的源地址。R1 检查 NAT 表，以便进行内部本地地址的转换。该地址可在 NAT 表中找到。R1 将源地址转换为内部全局地址 200.100.1.1，并将数据包从其 S0/1/0 接口转发到客户端。

6）客户端接收数据包并继续会话，NAT 路由器对每个数据包执行步骤 2 到步骤 5（图 10-4 中未显示的步骤 6）。

3. 检验静态 NAT

用于检验 NAT 运行的一个有用命令是 show ip nat translations。此命令可用于显示活动的 NAT 转换。与动态转换不同，静态转换始终在 NAT 表中进行。下面是使用上述配置示例显示此命令的输出。

```
R1# show ip nat translations
Pro    Inside  global    Inside local      Outside local      Outside local
---     200.100.1.1     192.168.2.100      ---                 ---
```

注意静态转换如何始终在 NAT 表进行。

由于该示例是静态 NAT 配置，因此不论正在进行的是何种通信，转换都会在 NAT 表中进行。如果此命令是正在进行会话时发出的，则输出还会表示出外部设备的地址，如下列输出所示。

```
R1# show ip nat translations
Pro    Inside  global    Inside local      Outside local      Outside local
```

```
---      200.100.1.1   192.168.2.100   209.165.200.254   209.165.200.254
```

另一个有用的命令是 show ip nat statistics ，但为了验证 NAT 转换是否正常工作，最好在测试前使用 clear ip nat statistics 命令清除任何之前转换的统计信息，如下列输出所示。

```
R1#clear ip nat statistics

R1#show ip nat statistics
Total translations: 1 (1 static,0 dynamic,0 extended)
Peak translations: 0
Outside interfaces:
Serial0/0
Inside interfaces:
Fast Ethernet1/1
Hits: 0 Misses: 0
<output omitted>
```

Show ip nat statistics 命令的输出显示有关总活动转换数、NAT 配置参数、地址池中地址数量和已分配地址数量的信息。

在与 Web 服务器通信之前，show ip nat statistics 命令显示当前无匹配（Hit）。在客户端与 Web 服务器建立会话后，show ip nat statistics 命令显示匹配（Hit）数增加到 5 个，如下列输出所示。这验证了在 R1 上正在发生静态 NAT 转换。

```
R1#show ip nat statistics
Total translations: 1 (1 static, 0 dynamic, 0 extended)
Peak translations: 2, occurred 00:00:14 ago
Outside interfaces:
Serial0/0
Inside interfaces:
Fast Ethernet1/1

Hits: 5 Misses: 0
<output omitted>
```

10.3.2　配置动态 NAT

动态 NAT 可用于批量的内部企业设备，了解如何配置这一类型的 NAT 非常重要。动态 NAT 在配置上略显复杂，因此请仔细阅读本节，确保掌握每个命令的用途。

1. 动态 NAT 的工作原理

静态 NAT 提供内部本地地址与内部全局地址之间的永久映射，而动态 NAT 使内部本地地址与内部全局地址能够进行自动映射，这些内部全局地址通常是公有 IPv4 地址。动态 NAT 使用一个公有 IPv4 地址组或池来实现转换。

像静态 NAT 一样，动态 NAT 也要求对参与 NAT 的内部和外部接口进行配置。但是，静态 NAT 创建与单个地址的永久映射，而动态 NAT 使用一个地址池。

在图 10-5 所示的示例拓扑中，有一个内部网络使用的是来自 RFC 1918 私有地址空间的地址。与路由器 R1 连接的是两个 LAN：192. 168. 1. 0/24 和 192. 168. 2. 0/24。同时在路由器 R1（边界路由器）上配置动态 NAT，使用从 200. 100. 1. 1 ~200. 100. 1. 14 的公有 IPv4 地址池，见表 10-4。

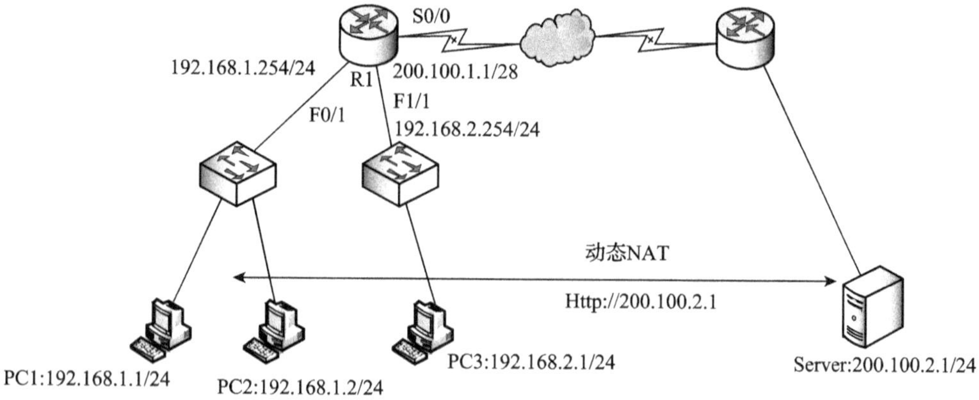

图 10-5　动态 NAT 拓扑

表 10-4　IPv4 动态 NAT 池

内部本地地址	内部全局地址
192.168.1.1	200.100.1.1
192.168.1.2	200.100.1.2
可用的	200.100.1.3
…	…
可用的	200.100.1.14

这个公有 IPv4 地址池（内部全局地址池）根据先到先得的原则用于内部网络中的任何设备。使用动态 NAT 时，单个内部地址将转换为单个外部地址。要进行此类转换，池中必须有足够地址以满足需要同时访问外部网络的所有内部设备。如果池中的所有地址已经用完，设备必须等待有可用地址时才能访问外部网络。

2. 配置动态 NAT

配置动态 NAT 的步骤和命令如下。

1）识别内部接口：

```
interface type number
ip nat inside
```

2）识别外部接口：

```
interface type number
ip nat outside
```

3）定义转换中使用的全局地址池：

```
ip nat pool name start-ip end-ip {netmask netmask | prefix-length prefix-length}
```

4）配置标准 ACL，以允许应转换的地址：

```
access-list access-list-number permit source [source-wildcard]
```

5）通过指定前面步骤中定义的 ACL 和地址池建立动态源转换：

```
ip nat inside source list access-list-number pool pool-name
```

其中，步骤 3 使用 ip nat pool 命令定义将用于转换的地址池，该地址池通常是一组公有地址。这些地址是通过指明池中的起始 IP 地址和结束 IP 地址而定义的。netmask 或 prefix-length 关键字指示哪些地址位属于网络，哪些位属于该地址范围内的主机。

步骤 4 配置一个标准 ACL，用于仅标识（允许）那些将要进行转换的地址。范围太宽的 ACL 可能会导致意料之外的后果。请记住，每个 ACL 的末尾都有一条隐式的 deny all 语句。

步骤 5 使用 ip nat inside source list access-list-number pool pool-name 命令用来绑定 ACL 与地址池。路由器使用该配置来确定哪些设备（列表）接收哪些地址（池）。

用以下命令完成图 10-5 中动态 NAT 配置。

1）配置内部接口：

```
R1(config)#interface f0/1
R1(config-if)#ip address 192.168.1.254 255.255.255.0
R1(config-if)#ip nat inside
R1(config-if)#exit
R1(config)#interface f1/1
R1(config-if)#ip address 192.168.2.254 255.255.255.0
R1(config-if) ip nat inside
R1(config-if)#exit
```

2）配置外部接口：

```
R1(config)#interface s0/0
R1(config-if)#ip address 200.100.1.1 255.255.255.240
R1(config-if)#ip nat outside
R1(config-if)#exit
```

3）配置地址映射：

```
R1(config)#ip nat pool NAT-POOL1 200.100.1.1 200.100.1.14 netmask 255.255.255.
240
R1(config)#access-list 1 permit 192.168.0.0 0.0.255.255
R1(config)#ip nat inside source list 1 pool NAT-POOL1
```

当 192.168.0.0/16 网络上所有主机（包括 192.168.1.0 LAN 和 192.168.2.0 LAN）生成的流量进入 F0/1 和 F1/1 而退出 S0/0 时，这一配置将允许对其进行转换。这些主机将转换为范围为 200.100.1.1 ~ 200.100.1.14 的地址池中的一个可用地址。

3. 分析动态 NAT

步骤如下：

1）源 IPv4 地址为 192.168.1.1（PC1）和 192.168.2.1（PC2）的主机发送数据包，请求与位于公有 IPv4 地址（200.100.2.1）的服务器连接。

2）R1 收到来自主机 192.168.1.1 的第一个数据包。由于此数据包是在一个配置为内部 NAT 接口的接口上接收的，因此 R1 将检查 NAT 配置，以确定是否应该对其进行转换。ACL 允许该数据包，因此 R1 对数据包进行转换。R1 将检查其 NAT 表。因为此 IP 地址的转换条目不存在，所以 R1 确定必须动态转换源地址 192.168.1.1。R1 从动态地址池中选择一个可用全局地址，并创建一个转换条目 200.100.1.1。在 NAT 表中，最初的源 IPv4 地址（192.168.1.1）是内部本地地址，而转换后的地址是内部全局地址（200.100.1.1）。对于第二台主机 192.168.2.1，R1 将重复以上步骤，从动态地址池中选择下一个可用全局地址，并创建第二个转换条目 200.100.1.2。

3）R1 使用转换后的内部全局地址 200.100.1.1 替换 PC1 的内部本地源地址 192.168.1.1。使用 PC2 转换后的地址（200.100.1.2），对来自 PC2 的数据包执行同一过程。

4）服务器收到来自 PC1 的数据包，使用 IPv4 目的地址 200.100.1.1 做出响应。当服务器收到第二个数据包时，它将使用 IPv4 目的地址 200.100.1.2 对 PC2 做出响应。

5）当 R1 收到目的 IPv4 地址为 200.100.1.1 的数据包时，它会执行 NAT 表查找。使用表中的映射，R1 将地址转换回内部本地地址（192.168.1.1）并将数据包转发到 PC1。当 R1 收到目的 IPv4 地址为 200.100.1.2 的数据包时，它会执行 NAT 表查找。使用表中的映射，R1 将地址转化回内部本地地址（192.168.2.1）并将数据包转发到 PC2。

6）位于 192.168.1.1 的 PC1 和位于 192.168.2.1 的 PC2 接收数据包并继续会话。路由器对每个数据包执行步骤 2 至步骤 5（图中未显示步骤 6）。

4. 检验动态 NAT

下列所示的 show ip nat translations 命令的输出显示了之前两个 NAT 分配的细节。该命令输出显示所有已配置的静态转换和所有由流量创建的动态转换。

```
R1#show ip nat translations
Pro    Inside global      Inside local      Outside local      Outside global
---     200.100.1.1       192.168.1.1          ---                ---
---     200.100.1.2       192.168.2.1          ---                ---
```

增加 verbose 关键字可显示关于每个转换的附加信息，包括创建和使用条目的时间。

```
R1# show ip nat translations verbose
Pro    Inside global      Inside local      Outside local      Outside global
---     200.100.1.1       192.168.1.1          ---                ---
        Create 00:17:25,use 00:01:54,timeout:86400000,left
23:58:05, Map - Id(In): 1,
Flags
none, use count: 0, entry - id: 32, lc_entries: 0
---     209.165.200.227     192.168.2.100        ---                ---
      Create 00:17:25, use 00:01:51, timeout: 86400000, left
23:58:08, Map-Id(In): 1,
  Flags:
none, use count: 0, entry-id: 34, lc_entries: 0
```

转换条目默认超时时间为 24h，但在全局配置模式下使用 ip nat translation timeout timeout-seconds 命令可重新配置超时时间。要在超时之前清除动态条目，请使用 clear ip nat translation 全局配置模式命令：

```
R1#clear ip nat translation *
R1#show ip nat translation
```

在测试 NAT 配置时清除动态条目非常有用。该命令可以清除表中所有转换，也可以与关键字和变量一起使用以控制清除哪些条目，还可以清除特定条目以避免活动会话中断。具体命令格式如下：

```
clear ip nat translation *      //清除 NAT 转换表中的所有动态地址转换条目
clear ip nat translation inside global - ip local - ip[ outside local - ip global -
```

ip]　//清除一个包含内部转换或包含内部与外部转换的简单动态转换条目

clear ip nat translation protocol inside global - ip global - port local - ip local - port [outside local - ip local - port global - ip global - port]　//清除一个扩展动态转换条目

在下列输出中，show ip nat statistics 命令显示有关总活动转换数、NAT 配置参数、地址池中地址数量和已分配地址数量的信息。

```
R1#clear ip nat statistics
<PC1 and PC2 establish sessions with the external server.>

R1#show ip nat statistics
Total active translations: 0 (0 static,2 dynamic,0 extended)
Peak translations: 6, occurred 00:27:07 ago
Outside interfaces:
Serial0/0
Inside interfaces:
FastEthernet0/1, FastEthernet1/1
Hits: 24 Misses: 0
CEF Translated packets: 24, CEF Punted packets: 0
Expired translations: 4
Dynamic mappings:
 -- Inside Source
[ID:1] access-list 1 pool NAT-POOL1 refCount 2
Pool NAT-POOL1: netmask 255.255.255.240
Start 200.100.1.1 end 200.100.1.14
Type generic,total addresses 15, allocated 2 (13%), misses 0

Total doors: 0
Appl doors: 0
Normal doors: 0
Queued Packets: 0
R1#
```

或者使用 show running-config 命令查看 NAT、ACL、接口或池命令，仔细检查并纠正所发现的任何错误。

10.3.3　配置端口 NAT

PAT 在小型公司和大型企业中都很常用。PAT 可以使用两种方法实施：一种方法是使用地址池；另一种方法是使用与 Internet 相连的路由器接口的 IP 地址。

1. 配置 PAT：地址池

PAT 允许路由器为许多内部本地地址使用一个内部全局地址，从而节省了内部全局地址池中的地址。换句话说，一个公有 IPv4 地址可用于数百甚至数千个内部私有 IPv4 地址。当配置了此类转换后，路由器会保存来自更高层协议的足够信息（如 TCP 或 UDP 端口号），以便将内部全局地址转换回正确的内部本地地址。当多个内部本地地址映射到一个内部全局地址时，每台内部主机的 TCP 或 UDP 端口号可用于区分不同的本地地址。

配置 PAT 的方法有两种，具体采用哪一种则取决于 ISP 分配公有 IPv4 地址的方式：第一种分配方式是 ISP 为企业分配多个公有 IPv4 地址；另一种是为企业分配单个 IPv4 地址，使其通过该地址连接到ISP。

如果某个站点发出了多个公有IPv4地址，这些地址可能是PAT使用的地址池的一部分。这与动态NAT相似，不同之处在于没有足够的公有地址可用于内部到外部地址的一对一映射，因此这个小的地址池在更多设备之间共享。

使用地址池配置PAT的步骤与命令如下。

1）识别内部接口：

```
interface type number
ip nat inside
```

2）识别外部接口：

```
interface type number
ip nat outside
```

3）定义转换中使用的全局地址池：

```
ip nat pool name start-ip end-ip{netmask netmask |prefix-length prefix-length}
```

4）配置标准访问列表以允许应转换的地址：

```
access-list access-list-number permit source [source-wildcard]
```

5）通过制定前面步骤中定义的访问列表和池建立过载转换：

```
ip nat inside source list access-list -number pool name overload
```

这种配置与动态、一对一NAT配置的主要区别是前者使用了overload关键字。overload关键字会启用PAT。

示例拓扑如图10-6所示。

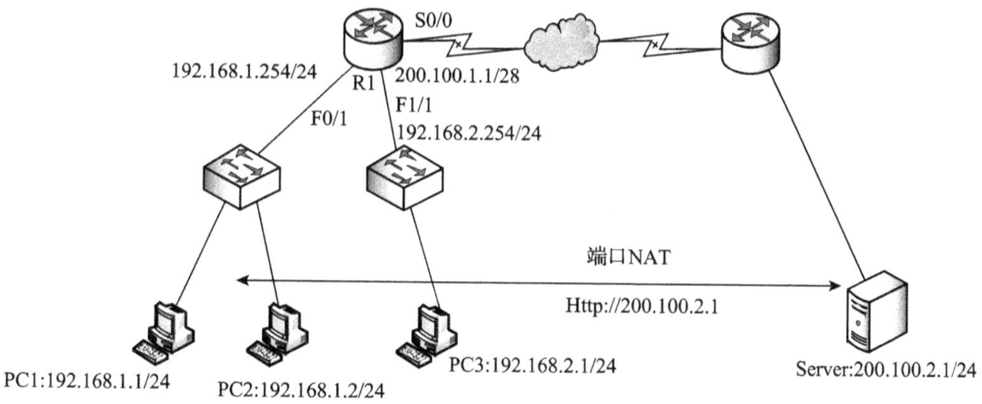

图10-6　PAT拓扑示例

用以下命令完成图10-6中端口NAT配置。

1）配置内部接口：

```
R1(config)#interface f0/1
R1(config-if)#ip address 192.168.1.254 255.255.255.0
R1(config-if)#ip nat inside
R1(config-if)#exit
R1(config)#interface f1/1
```

```
R1(config-if)#ip address 192.168.2.254 255.255.255.0
R1(config-if) ip nat inside
R1(config-if)#exit
```

2）配置外部接口：

```
R1(config)#interface s0/0
R1(config-if)#ip address 200.100.1.1 255.255.255.240
R1(config-if)#ip nat outside
R1(config-if)#exit
```

3）配置地址映射：

```
R1(config)#ip nat pool NAT-POOL2 200.100.1.2 200.100.1.14 netmask 255.255.255.240
R1(config)#access-list 1 permit 192.168.0.0 0.0.255.255
R1(config)#ip nat inside source list 1 pool NAT-POOL2 overload
```

上述配置为名 NAT-POOL2 的 NAT 池建立了过载转换。NAT-POOL2 包含 200.100.1.2～200.100.1.14 范围内的地址。192.168.0.0/16 网络上的主机需要转换。F0/1 和 F1/1 接口标识为内部接口，而 S0/0 接口标识为外部接口。

2. 配置 PAT：单个地址

图 10-6 的拓扑图也可用于单个公有 IPv4 地址的转换。

在示例中，来自网络 192.168.0.0/16 的所有主机（匹配 ACL 1）通过路由器 R1 将流量发送到外网，这些主机地址将会转换为 IPv4 地址 200.100.1.1（接口 S0/0 的 IPv4 地址），如 NAT 表所示（表 10-5）。由于使用了 overload 关键字，因此在 NAT 表中可通过端口号来识别通信流。

表 10-5　实施了 PAT 的 NAT 表

内部本地地址	内部全局地址	外部本地地址	外部全局地址
192.168.1.1:1500	200.100.1.1:1500	200.100.2.1:80	200.100.2.1:80
192.168.2.1:1500	200.100.1.1:1501	200.100.2.1:80	200.100.2.1:80

如果只有一个公有 IPv4 地址可用，则过载配置通常会将此公有地址分配给与 ISP 连接的外部接口。所有内部地址离开该外部接口时，均被转换为 IPv4 地址。单一 IPv4 地址配置 PAT 的步骤和命令如下。

1）识别内部接口：

```
interface type number
ip nat inside
```

2）识别外部接口：

```
interface type number
ip nat outside
```

3）配置标准访问列表以允许应转换的地址：

```
access-list access-list-number permit source [source-wildcard]
```

4）使用访问列表编号、interface 和 overload 关键字配置源转换。

```
ip nat inside source list access-list-number interface type number overload
```

其中，interface 关键字用于确定在转换内部地址时使用哪个接口 IP 地址（应与步骤 2 指定的外部接口对应）；overload 关键字指示路由器跟踪端口号以及每个 NAT 条目。

此配置与动态 NAT 相似，不同之处在于没有使用地址池，而是使用 interface 关键字来标识外部 IPv4 地址，并且使用了 overload 关键字。因此没有定义 NAT 池。

3. 分析 PAT

不论使用地址池还是使用单个地址，NAT 过载过程相同。继续上述 PAT 示例，一个客户端希望使用单个公有 IPv4 地址与外部 Web 服务器通信。同时，另一个客户端希望与 Web 服务器建立类似会话。两个客户端主机都配置了私有 IPv4 地址，在 R1 上完成私有地址到公有地址的转换。分析步骤如下：

1）客户机 192.168.1.1（PC1）和客户机 192.168.2.1（PC2）分别向服务器 200.100.2.1（Server）发送数据包。PC1 具有源 IPv4 地址 192.168.1.1，而且使用 TCP 源端口 1500。PC2 具有源 IPv4 地址 192.168.2.1，也使用了 TCP 源端口 1500。

2）来自 PC1 的数据包先到达 R1。通过使用 PAT，R1 将源 IPv4 地址更改为 200.100.1.1（内部全局地址），见表 10-6。NAT 表中没有其他设备使用端口 1500，因此，PAT 保存了相同的端口号，随后将数据包转发到 200.100.2.1。

表 10-6 显示从 PC 执行 PAT 分析的 NAT 表

内部本地地址	内部全局地址	外部本地地址	外部全局地址
192.168.1.1:1500	200.100.1.1:1500	200.100.2.1:80	200.100.2.1:80
192.168.2.1:1500	200.100.1.1:1501	200.100.2.1:80	200.100.2.1:80

3）接着，来自 PC2 的数据包到达 R1。PAT 已配置为对所有转换使用一个内部全局 IPv4 地址 200.100.1.1。与 PC1 的转换过程类似，PAT 将 PC2 的源 IPv4 地址更改为内部全局地址 200.100.1.1。但是，PC2 具有与当前 PAT 条目（PC1 的转换）相同的源端口号。PAT 将增大源端口号，直到源端口号在其表中唯一值。在本示例中，NAT 表中的源端口条目和来自 PC2 的数据包收到的端口号为 1501。

尽管 PC1 和 PC2 使用相同的转换后地址（内部全局地址 200.100.1.1）和相同的源端口号 1500，但修改后的 PC2 的端口号（1501）使 NAT 表中的每个条目都是唯一的。这在从服务器发送的数据包返回客户端时显得十分明显。

4）在典型的客户端—服务器互换中，Server 分别对从 PC1 和 PC2 收到的请求做出响应。服务器将来自已接收数据包的源端口用作目的端口，而将源地址用作返回流量的目的地址。服务器看起来像是和位于 200.100.1.1 中的同一主机通信，但事实并非如此。

5）当数据包到达时，R1 使用每个数据包的目的地址和目的端口在其 NAT 表（见表 10-6）中查找唯一条目。对于来自 Server 的数据包，目的 IPv4 地址 200.100.1.1 具有多个条目，但只有一个条目具有目的端口 1500。R1 使用其表中的条目，将数据包的目的 IPv4 地址更改为 192.168.1.1，而目的端口无须更改。随后将数据包转发到 PC1。

6）当来自 Server 的数据包到达 R1 时，对其执行类似转换。找到了目的 IPv4 地址 200.100.1.1，仍具有多个条目。但是，使用目的端口 1501，R1 能够唯一确定转换条目。目的 IPv4 地址已更改为 192.168.2.1。在这种情况下，目的端口也必须修改回 NAT 表中存储的它的原始值 1500。随后将数据包转发到 PC2。

4. 验证 PAT

路由器 R1 已经配置为向 192.168.0.0/16 客户端提供 PAT。当内部主机离开路由器 R1 进入

Internet 时，将其转换为来自 PAT 池的带有唯一源端口号的 IPv4 地址。

如下列输出所示，用于验证 PAT 的命令和用于验证静态和动态 NAT 的命令相同。show ip nat translation 命令用于显示从两个不同主机到服务器的转换。注意，为两台不同的内部主机分配了同一个 IPv4 地址 200. 100. 1. 1（内部全局地址）。NAT 表中的源端口号将这两个转换区分开来。

```
R1#show ip nat translation
Pro   Inside global         Inside local          Outside local      Outside global
tcp   200.100.1.1:51839     192.168.1.1:51839     200.100.2.1:80     200.100.2.1:80
tcp   200.100.1.1:42558     192.168.2.1:42558     200.100.2.1:80     200.100.2.1:80
```

如下列输出所示，show ip nat statistics 命令用于验证 NAT-POOL2 是否为两个转换分配了单个地址。输出中所包含的是有关活动转换的数量和类型、NAT 配置参数、地址池中的地址数量以及已分配的地址数量的信息。

```
R1#clear ip nat statistics
<PC1 and PC2 establish sessions with the external server.>
R1#show ip nat statistics
Total active translations: 0 (0 static, 2 dynamic, 2 extend)
Peak translations: 6, occurred 00:00:05 ago
Outside interfaces:
Serial0/0
Inside interfaces:
FastEthernet0/1, FastEthernet1/1
Hits: 4 Misses: 0
CEF Translated packets: 4, CEF Punted packets: 0
Expired translations: 4
Dynamic mappings:
--inside source
[ID: 3] access-list 1 pool NAT-POOL2 refCount 2
Pool NAT-POOL2: netmask 255.255.255.240
Start 200.100.1.2 end 200.100.1.14
Type generic, total addresses 15, allocated 1(6%), misses 0

Total doors: 0
Appl doors: 0
Normal doors: 0
Queued Packets: 0
```

任务 4　排除 NAT 故障

在所有的技术操作中，常见问题的故障排除是对每位技术人员提出的期望（即使是对新人亦是如此）。有时 NAT 问题很难检测，因为技术人员会怀疑其他问题。由于 NAT 的复杂性以及命令之间的相互依存，NAT 故障排除对于学生而言一直是挑战。

1. NAT 故障排除：show 命令

图 10-7 显示的是为 PAT 启用了 R1，使用的地址范围为 200. 100. 1. 2 ~ 200. 100. 1. 14。

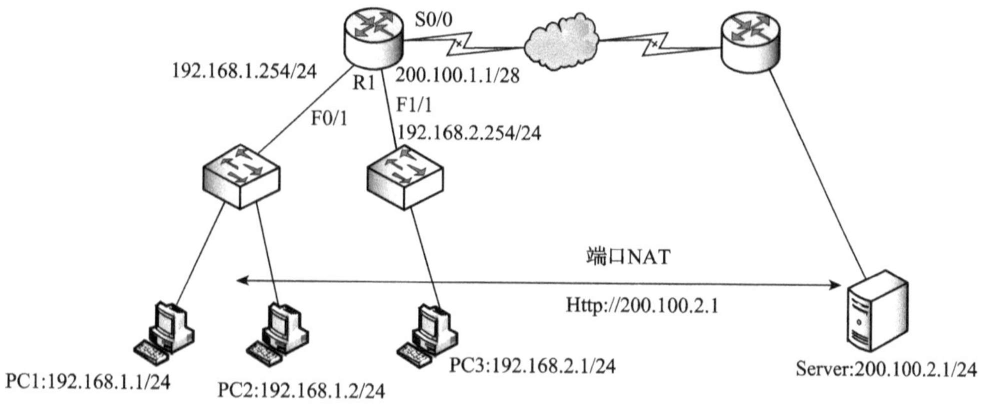

图10-7　PAT故障排除

当NAT环境中发生IPv4连通性问题时，经常难以确定问题的原因。解决问题的第一步便是检查NAT是否为故障的原因。请执行下列步骤来检验NAT是否如预期一样工作：

1）根据配置，清楚地确定应该实现什么样的NAT，这可能会揭示出配置问题。

2）使用show ip nat translation命令检验转换表是否包含正确的转换条目。

3）使用clear和debug命令检验NAT是否如预期一样工作。检查动态条目被清除后，是否又被重新创建出来。

4）详细审查数据包传送情况，确认路由器具有移动数据包所需的正确路由信息。

以下输出显示了show ip nat statistics和show ip nat translation命令的输出。在使用show命令之前，可以使用clear ip nat statistics和clear ip nat translation *命令清除NAT统计信息和NAT表中条目。

```
R1#clear ip nat statistics
R1#clear ip nat translation *
```

在位于192.168.1.1的主机通过Telnet连接到位于200.100.2.1的服务器上之后，将显示NAT统计信息和NAT表，以验证NAT是否如预期一样工作。

在简单的网路环境中，使用show ip nat statistics命令监控NAT统计信息是很有用的。show ip nat statistics命令显示有关总活动转换数、NAT配置参数、地址池中地址数量和已分配地址数量的信息。但是，在有多个转换发生的更复杂的NAT环境中，该命令可能无法清楚地识别问题。在路由器上运行debug命令可能十分必要。下列输出显示了NAT运行时的一个示例输出。

```
R1#show ip nat statistics
Total active translations: 0 (0 static, 1 dynamic, 1 extended)
Peak translations: 1, occurred 00:00:09 ago
Outside interfaces:
Serial0/0
Inside interfaces:
FastEthernet0/1, FastEthernet1/1
Hits: 31 Misses: 0
CEF Translated packets: 31, CEF Punted packets: 0
Expired translations: 0
```

```
Dynamic mappings:
 --Inside Source
[ID:5]access-list 1 pool NAT-POOL2 refCount 1
pool NAT-POOL2: netmask 255.255.255.240
start 200.100.1.1 end 200.100.1.14
type generic, total addresses 15, allocated 1(6% ), misses 0
 <output omitted>

R1#show ip nat translations
Pro  Inside global       Inside local       Outside local      Outside global
tcp  200.100.1.2:19005   192.168.1.1:19005   200.100.2.1:23     200.100.2.1:23
```

2. NAT 故障排除：debug 命令

debug ip nat 命令用来显示有关被路由器转换的每个数据包的信息，以检验 NAT 功能的运作。debug ip nat detailed 命令会产生要进行转换的每个数据包的说明。此命令还会输出关于某些错误或例外条件的信息，如分配全局地址失败等。debug ip nat detailed 命令会比 debug ip nat 命令产生更多开销，但它可以提供在排除 NAT 故障时可能需要的详细信息。请务必在完成后关闭调试。

使用 show access-list 命令检验将要转换哪些内部地址，命令如下。注意当存在匹配时，访问列表为 NAT 工作。

```
R1#show access-lists
Standard IP access list 1
10 permit 192.168.0.0, wildcard bits 0.0.255.255 (29 matches)
R1#
```

3. 案例研究

下列案例演示了 NAT 无法工作的情景。所给出的命令对于 NAT 或 PAT 故障排除至关重要。

图 10-8 显示来自 192.168.0.0/16 LAN 的主机无法对外部网络上的服务器进行 ping 操作。

在开始对该问题进行故障排除时，可使用 show ip nat translations 命令查看当前 NAT 表中是否存在任何转换。下列输出显示表中无任何转换。

```
R1#show ip nat translations
R1#
```

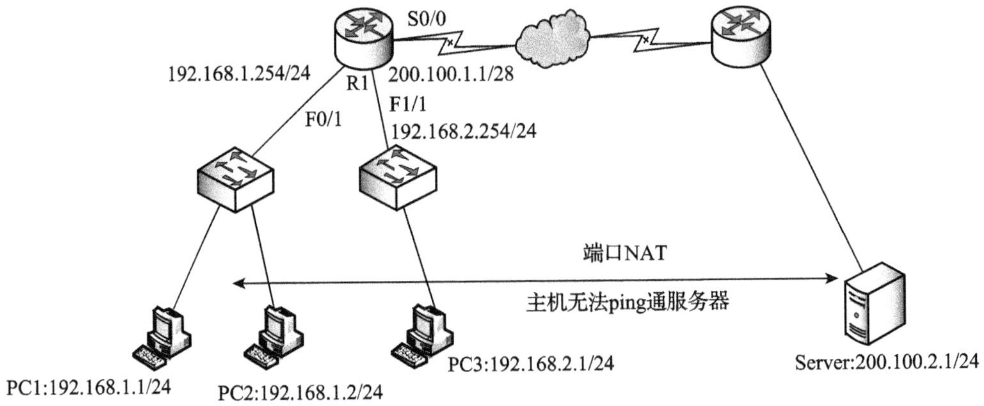

图 10-8　PAT 案例研究

show ip nat statistics 命令用于确定是否发生了任何转换，它还可以确定应当在哪些接口之间进行转换。如下输出所示，NAT 计数器显示 0，即表示未发生任何转换。也可以使用 show running-config 命令检验出这一错误配置。

在应用正确配置之前，必须从接口上删除当前 NAT 接口配置。

```
R1#show ip nat statistics
Total active translations: 0 (0 static,1 dynamic,1 extended)
Peak translations: 1, occurred 00:00:09 ago
Outside interfaces:
Serial0/0
Inside interfaces:
Serial0/1
Hits: 0 Misses: 0
CEF Translated packets: 20, CEF Punted packets: 0
Expired translations: 1
Dynamic mappings:
--Inside Source
[ID:5]access-list 1 pool NAT-POOL2 refCount 1
pool NAT-POOL2: netmask 255.255.255.240
start 200.100.1.2 end 200.100.1.14
type generic, total addresses 15, allocated 1 (6%), misses 0
<output omitted>
R1(config)#interface f0/1
R1(config-if)#no ip nat outside
R1(config-if)#ip nat inside
R1(config-if)#exit
R1(config)#interface f1/1
R1(config-if)#no ip nat outside
R1(config-if)#ip nat inside
R1(config-if)#exit
```

在正确定义了 NAT 内部接口和外部接口后，再次从主机对服务器执行 ping 操作，ping 操作仍然失败。再次使用 show ip nat translations 和 show ip nat statistics 命令验证是否仍未发生转换。

如下输出所示，show access-lists 命令可用于确定 NAT 命令中的 ACL 是否允许所有必需的网络。检查输出，输出指示用于定义需要转换的地址的 ACL 中使用了错误的通配符掩码。通配符掩码只允许 192.168.0.0/24 子网。

```
R1#show access-lists
Standard IP access list 1
10 permit 192.168.0.0,wildcard bits 0.0.0.255
R1#
```

先删除访问列表，然后使用正确的通配符掩码重新配置，如以下配置所示。

```
R1(config)#no access-list 1
R1(config)#access-list 1 permit 192.168.0.0 0.0.255.255
```

在更正了配置后，再次从 PC1 对 Server 执行 ping 操作，这次 ping 操作成功。如下所示，show ip nat translations 和 show ip nat statistics 命令用于验证是否发生了 NAT 转换。

```
R1#show ip nat statistics
Total active translations: 0 (0 static, 1 dynamic, 1 extended)
Peak translations: 1, occurred 00:00:09 ago
Outside interfaces:
Serial0/0
Inside interfaces:
FastEthernet0/1, FastEthernet1/1
Hits: 20 Misses: 0
<output omitted>

R1#show ip nat translations
Pro   Inside global      Inside local      Outside local      Outside global
Tcp   200.100.1.2:38     192.168.1.1:38    200.100.2.1:38     200.100.2.1:38
```

项目小结

本章介绍了如何使用 NAT 帮助缓解 IPv4 地址空间耗尽的问题。用于 IPv4 的 NAT 允许网络管理员使用 RFC 1918 私有地址空间，同时使用单个或数量有限的公有地址提供 Internet 连接。

NAT 可以节约公有地址空间，并节省相当大的添加、移动和更改等管理开销。NAT 和 PAT 的实施可以节省公有地址空间，并构建私有的安全内部网，而不会影响 ISP 连接。但是，NAT 的缺点在于它对设备性能、安全性、移动性和端到端连通性产生的负面影响，因此应将其视为针对地址耗尽问题采取的短期实施，而长期解决方案是使用 IPv6。

项目练习

1. 参考下列输出：

```
NAT1#show ip nat translations
Pro  Inside global          Inside local           Outside local           Outside global
udp  198.133.24.211:123     192.168.254.7:123      192.31.7.4:123          192.31.7.4:123
tcp  198.133.24.211:4509    192.168.254.66:4509    192.135.250.184:80      192.135.250.184:80
tcp  198.133.24.211:4643    192.168.254.66:4643    192.135.250.71:5190     192.135.250.71:5190
```

根据输出，下列关于 NAT 配置的说法正确的是（　　）。

A. 配置了静态 NAT　　B. 配置了动态 NAT

C. 配置了 NAT 过载（PAT）　　D. NAT 的配置不正确

2. NAT 转换的默认超时值是（　　）。

A. 1 小时　　B. 1 天　　C. 1 周　　D. 无限期

3. 请将 NAT 技术与其特点相匹配（注意，一项技术可能有多个特点）：

________动态 NAT

________ PAT

________静态 NAT

A. 提供本地地址到全局地址之间一对一固定映射

B. 从公有地址池中分配转换后的 IP 主机地址

C. 可以将多个地址映射到单个外部接口地址

D. 为每个会话分配内部全局地址的唯一源端口号

E. 允许外部主机与内部主机建立会话

4. 思考下列配置：

```
R1(config)#ip nat inside source static 192.168.0.100 209.165.200.2
R1(config)#interface s0/0/0
R1(config-if)#ip address 10.1.1.2 255.255.255.252
R1(config-if)#ip nat inside
R1(config-if)#exit
R1(config)#interface s0/1/0
R1(config-if)#ip address 200.100.1.1 255.255.255.224
R1(config-if)#ip nat outside
R1(config-if)#exit
```

NAT 将转换的主机是（　　）。

A. 10.1.1.2　　B. 192.168.0.100

C. 209.165.200.2　　D. 位于 10.1.1.0 网络的所有主机

E. 位于 192.168.0.0 网络的所有主机

5. 思考下列配置：

```
R1(config)#ip nat pool nat-pool1 200.100.1.1 209.165.200.240 netmask
255.255.255.0
R1(config)#ip nat inside source list 1 pool nat-pool1
R1(config-if)#interface s0/0/0
R1(config-if)#ip address 10.1.1.2 255.255.255.252
R1(config-if)#ip nat inside
R1(config-if)#exit
R1(config)#interface s0/1/0
R1(config-if)#ip address 209.165.200.1 255.255.255.224
R1(config-if)#ip nat outside
R1(config-if)#exit
R1(config)#access-list 1 permit 192.168.0.0 0.0.0.31
```

NAT 将转换的地址是（　　）。

A. 10.1.1.2 ~ 10.1.1.255

B. 192.168.0.0 ~ 192.168.0.255

C. 192.168.0.0 ~ 192.168.0.31

D. 209.165.200.240 ~ 209.165.200.255

E. 仅主机 10.1.1.2

F. 仅主机 209.165.200.255

6. 下面各种 NAT 解决方案中，允许外部用户访问网络上使用私有 IP 地址的内部 SFTP 服务器的是（　　）。

A. 动态 NAT　　B. PAT　　C. 静态 NAT　　D. NAT 过载

7. NAT 的两个缺点是（　　）。

A. 使用过多合法注册的地址　　B. 减少可用于公有网络的连接数量

C. 网络设备性能　　D. 端到端的可追溯性丢失

E. 增加网络开销　　F. 增加提供商开销

8. 使用地址池配置 PAT 的最后一步是（　　）。
   A. 创建访问列表　　B. 定义地址池
   C. 将访问列表绑定到地址池　　D. 在至少两个接口上应用 NAT
9. 下列参数中，定义了经由 NAT 转换的内部地址的是（　　）。
   A. 访问列表　　B. 地址池
   C. 应用了 ip nat inside 命令的接口　　D. 应用了 ip nat outside 命令的接口
10. 在 NAT 配置中添加关键字 overload 的作用是（　　）。
   A. 更多的接口可以参与 NAT
   B. 更多的内部地址可以转换为一个或多个公有地址
   C. 使路由器处于隐身模式以验证地址转换没有加重路由器硬件的负担
   D. 公有 IP 地址可以动态添加到 NAT 地址池中

项目实训

配置静态 NAT 以及 PAT

1. 实训目的

1）了解 NAT 的功能。
2）掌握静态 NAT 的配置方法。
3）掌握 PAT 的配置方法和应用场合。

2. 实训拓扑图

实训拓扑图如图 10-9 所示。

3. 实训要求

1）静态 NAT：将 Server1 的私有 IP 地址 192.168.2.100 映射为 200.100.1.2。
2）PAT：PC1 和 PC2 采用单一地址映射，使用 200.100.1.1 作为映射地址。

4. 实训任务

1）配置基础 IP 信息。
2）配置路由协议。
3）配置静态 NAT 以及 PAT。
4）测试 PC 间的连通性，分析原因。

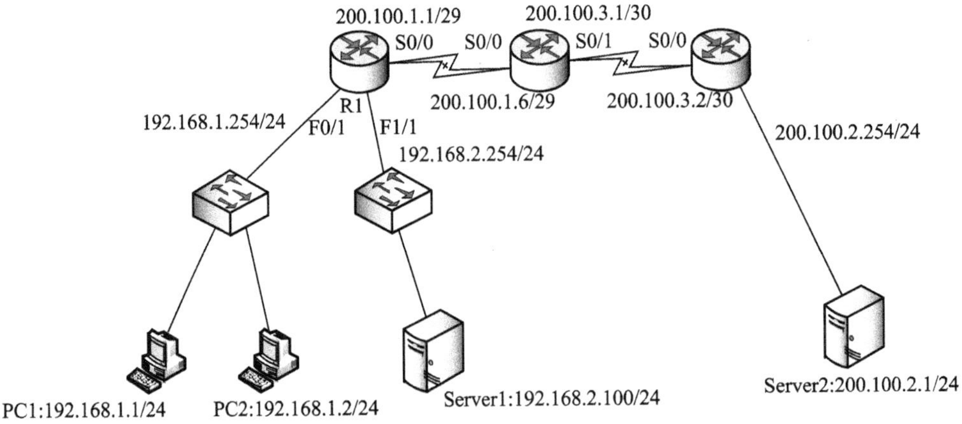

图 10-9　实训拓扑图和 IP 地址

参 考 文 献

[1] 孙良旭，李林林，吴建胜，等. 路由交换技术 [M]. 2 版. 北京：清华大学出版社，2016.
[2] 吴建胜. 路由交换技术 [M]. 北京：清华大学出版社，2010.
[3] 孙秀英，朱祥贤. 路由交换技术与应用 [M]. 西安：西安电子科技大学出版社，2009.
[4] 孙良旭，尹航. 路由交换技术实践教程 [M]. 北京：清华大学出版社，2014.
[5] 董晓丹. 路由与交换技术——网络互连技术应用 [M]. 北京：电子工业出版社，2015.
[6] 孙秀英，史红彦. 路由交换技术与应用项目化教程 [M]. 北京：机械工业出版社，2014.
[7] 孙秀英. 路由交换技术及应用 [M]. 2 版. 北京：人民邮电出版社，2015.
[8] 杭州华三通信技术有限公司. 路由交换技术（第4卷）[M]. 北京：清华大学出版社，2012.